木结构设计理论与实践丛书

钢木混合结构设计理论与方法

李　征　何敏娟　著

中国建筑工业出版社

图书在版编目（CIP）数据

钢木混合结构设计理论与方法/李征，何敏娟著．—北京：中国建筑工业出版社，2019.3（2024.1重印）
（木结构设计理论与实践丛书）
ISBN 978-7-112-23168-3

Ⅰ.①钢… Ⅱ.①李…②何… Ⅲ.①建筑结构-钢结构-木结构-混合-结构设计-研究 Ⅳ.①TU398

中国版本图书馆CIP数据核字（2019）第009055号

本书系统介绍了钢木混合结构体系的形式、受力特点以及研究进展，归纳了钢木混合结构体系设计的基本假定、重要设计参数以及参数的确定方法，阐述了钢框架和木剪力墙的设计方法以及钢木混合楼（屋）盖的受力特点、参数、构造连接及抗震性能等，提出了钢框架与木剪力墙的连接构造及受力特点。本书既包含钢木混合结构体系中各部分的基本原理，又通过大量试验验证了各部分的结构性能，还通过工程案例展示了设计方法。本书可作为从事该类结构设计、施工和工程管理等工作的工程技术人员的技术手册，也可作为大学本科高年级学生和研究生的科研参考资料。

责任编辑：王 梅 辛海丽
责任校对：芦欣甜

木结构设计理论与实践丛书
钢木混合结构设计理论与方法
李 征 何敏娟 著
*
中国建筑工业出版社出版、发行（北京海淀三里河路9号）
各地新华书店、建筑书店经销
北京科地亚盟排版公司制版
建工社（河北）印刷有限公司印刷
*
开本：787×1092毫米 1/16 印张：11¾ 字数：287千字
2019年3月第一版 2024年1月第三次印刷
定价：**38.00**元
ISBN 978-7-112-23168-3
（33251）

前　言

近年来，随着对建筑业可持续发展和建筑装配化的推动，业内对钢结构和木结构的应用发展越来越重视。木材资源最可再生，墙体保温性能好；钢木材料均可循环利用、工厂预制和现场组装、可实现绿色施工；且钢木结构重量轻、韧性好，抗震能力强。基于钢结构和木结构的众多优越特点，提出了一种可适用于多高层结构体系的钢木混合结构。木楼（屋）盖与钢框架梁组成水平抗侧力体系、木剪力墙与钢框架组成竖向抗侧力体系，这种体系充分发挥钢木材料各自的优势和特点，不失为一种受力合理、经济性好、可持续的新型结构体系。

目前，国内外对这类新型钢木混合结构体系的结构性能研究较少，尚无适用的设计标准。本书基于对该类结构开展的大量研究工作提出了设计方法。研究主要内容包括钢木混合结构抗侧力体系性能、钢木混合楼（屋）盖的平面内受力性能以及钢木构件间的连接方式及对结构抗侧力性能的影响；进行了钢木混合墙体试验、单层钢木混合结构拟静力试验、四层钢木混合结构整体振动台试验等大量试验工作；对连接、墙体、楼（屋）盖及结构整体等进行了全面的数值模拟计算；采用易损性分析方法和响应面法对钢木混合抗侧力体系的地震可靠度进行了分析。这些研究成果为钢木混合结构设计方法奠定了重要的理论基础。本书对钢木混合结构体系设计、受力特点及分析方法、构造要求等方面进行了系统介绍，以期对投资方进行工程决策、设计师进行工程设计、管理部门进行工程审批，以及相关工程技术人员从事项目建设与管理有所帮助。

本书共分八章，第一章对结构形式及优点、受力特点、研究与应用展望进行了概述；第二章规定了水平和竖向荷载计算假定、结构的重要设计参数以及相关参数的确定方法；第三章和第四章分别介绍了钢框架和木剪力墙的计算、构造要求和结构抗侧刚度确定方法；第五章阐述了钢木混合楼（屋）盖的特点、水平荷载转移能力、剪切位移角、构造及连接，并通过工程实例和试验研究进一步描述了该种楼（屋）盖体系的受力特征；第六章介绍了钢框架与木剪力墙的连接特点、计算及构造措施，并通过对单层钢木混合结构拟静力加载试验分析了不同连接方式下钢木混合墙体的抗侧力性能；第七章通过钢木混合结构抗侧力体系试验、带阻尼器的钢木混合结构框架剪力墙抗侧性能试验、四层钢木混合结构振动台试验，阐述了钢木混合结构的整体抗侧力性能；第八章结合设计案例介绍了钢木混合结构的设计方法。

本书由同济大学李征副教授和何敏娟教授合作完成。内容融合了团队近年来的大量研究成果，许多研究生参与了试验和数值模拟计算，博士研究生王希珺、罗琪对文字工作付出了很多努力，在此一并表示感谢。本书研究工作获得多个科研项目资助，本书出版得到加拿大木业协会的经费支持，也表示衷心感谢。限于作者时间和水平，书中谬误在所难免，敬请读者指正。

李征　何敏娟

2018 年 10 月于同济园

目　　录

第一章 概　　述

第一节　结构形式及优点

钢木混合结构是指在钢框架梁上铺设木楼（屋）盖、在钢框架柱间设置木剪力墙的新型多层混合结构。这种混合结构利用了钢框架体系结构效率高、木楼盖抗挠曲变形能力强的特点，可适用于建造多层乃至小高层房屋[1]。

一、结构形式

（一）水平向结构体系

钢木混合结构的水平向结构体系可采用轻型木楼盖或新型的轻型钢木混合楼盖。其中，新型的轻型钢木混合楼盖由卷边槽钢作为楼板搁栅，其上面铺规格木材，楼板搁栅与木规格材采用木螺钉相连，如图 1-1 所示。规格材间的缝隙以伸缩缝防水胶条填充。在木规格材上表面以骑马钉钉装钢筋网片，并浇筑聚酯砂浆，以增强楼板的整体性、抗震动性能和防火性能。该楼板可按照一定模数在工厂预制，现场直接安装在钢框架的钢梁上即可，在楼板双拼钢搁栅之间设置一块钢板，坐落于钢主梁的下翼缘上，并用螺栓连接。因此，该楼板的现场安装工作量仅为拧紧楼板搁栅与钢主梁的连接螺栓即可，相比于混凝土楼板和组合楼板，该楼板体系的应用可大大减少施工现场工作量，加快建造速度。

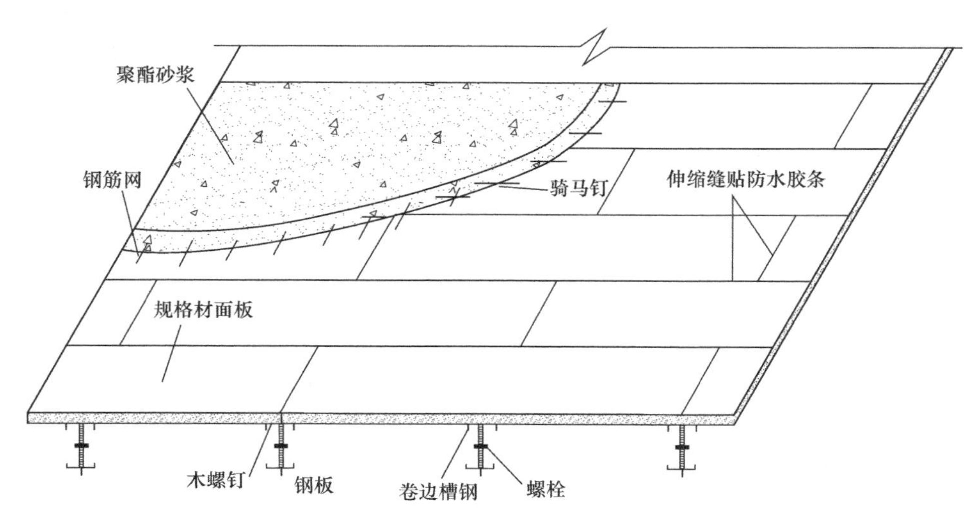

图 1-1　钢木混合楼盖

钢木混合结构的水平向结构体系除了承受竖向重力荷载外，还可以将水平地震作用、风荷载等分配到结构竖向抗侧力构件中，使结构各竖向抗侧力构件能够协同作用，充分发挥各自抵抗侧向荷载的能力，防止结构在地震作用下倒塌[2]。

（二）竖向抗侧力体系

钢木混合结构的竖向抗侧力体系由钢框架和内填轻型木剪力墙组成，两者通过螺栓连接，协同工作，共同抵抗地震、风等侧向荷载对结构的作用。

其中，轻型木剪力墙作为钢框架的填充墙，与钢框架共同工作，抵抗侧向荷载，并可在建筑中起到分隔的作用。图 1-2 为钢木混合结构的竖向抗侧力体系示意图。在实际应用中，若需更高的墙体抗侧承载力，可采用双面覆板的内填木剪力墙[1]。

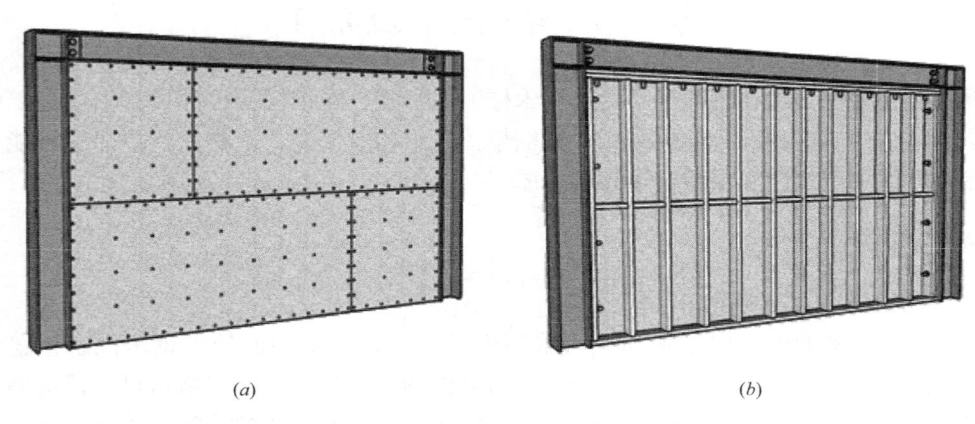

图 1-2　钢木混合结构竖向抗侧力体系示意图
（a）前视图；（b）后视图

（三）钢木连接

合理的钢木连接形式是钢木协同工作的基础，合理便捷的连接形式同时可以解决钢框架与轻型木剪力墙的现场安装问题。

钢框架与木剪力墙间连接形式诸多，较常见的连接形式包括普通螺栓连接和高强螺栓连接[3]。其中，高强螺栓连接相比于普通螺栓连接具有更大的连接刚度，对结构极限承载力的提高也更加显著。

二、优点

钢木混合结构结合了钢框架结构与轻木结构的特点，具有诸多优势，主要包括以下几个方面：

（一）抗震性能好

钢木混合结构充分发挥钢材和木材优点：钢材具有较高的抗拉和抗压强度以及较好的塑性和韧性，且钢材与木材自重轻，使钢木混合结构受到的地震作用较小，可在地震作用下表现出较好的抗震性能。

（二）节能环保

在钢木混合结构的建筑材料中，木材自然生长，具有天然环保之属性，是绿色建筑的首选建筑材料，图 1-3 为木结构房屋碳循环示意图；钢材轻质高强，且资源可重复利用。除此之外，钢木混合结构的施工过程湿作业少，可实现绿色施工，具有节能环保的特点。

（三）施工安装方便

钢木混合结构具有工业化生产程度高的特点：钢构件为工厂制作，具备成批大件生产和成品精度高等特点；单个木构件尺寸小、重量轻，为工厂化生产后的运输提供了可能。因此钢木混合结构可以实现工厂提供构件、现场拼装的建筑施工方式，从而提高了生产效率、加快了建设进程。

（四）通风、保温和隔热性能好

多层钢木混合结构的墙体和楼（屋）面包含了大量的规格材及胶合板，只要设计中构件的布置方向适当，各种管线的排放、保温材料的填放都较方便，从而提高了建筑物的通风、保温和隔热性能，保证了居住者的舒适度[4]。

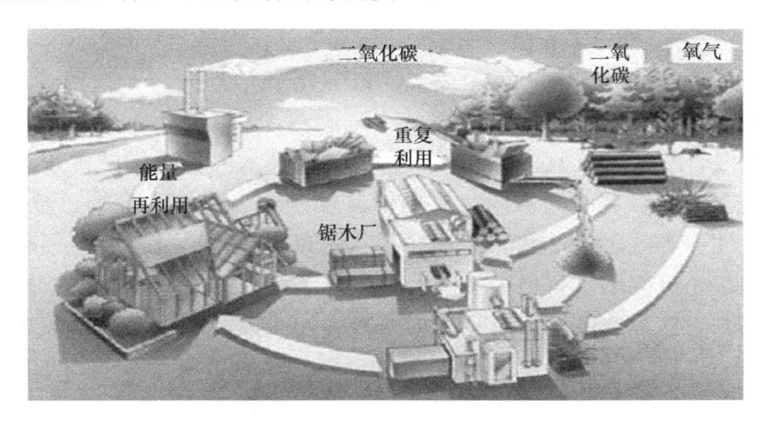

图 1-3 木结构房屋碳循环示意图

第二节 受力特点

基于结构行为或力的方向，可以把建筑物荷载分为两种类型，它们包括：竖向荷载和水平荷载（即侧向荷载），如表 1-1 所示[5]。

由方向来分类的建筑物荷载 **表 1-1**

竖向荷载	水平（侧向）荷载
恒荷载	风荷载（水平）
活荷载	地震作用（水平）
雪荷载	洪水（静态和动态水压力）
风荷载（竖向吸力）	土压力（侧向压力）
地震作用（竖向）	—

多层钢木混合结构的竖向荷载通过楼面（屋面）传递到钢梁上，再由钢梁传递到钢柱及木剪力墙，其中钢框架承担了大部分竖向荷载。

除此之外，结构常受到风荷载、地震作用等水平荷载的作用，钢木混合结构的楼（屋）盖除承受竖向重力荷载外，还将水平地震作用、风荷载等分配到由钢框架及内填轻型木剪力墙组成的竖向抗侧力构件中，使它们能够协同作用，充分发挥各自抵抗荷载的能力。其中，钢框架的存在可以限制剪力墙的上拔变形，而剪力墙的覆面板之间相互挤压耗能，固定覆面板与墙骨柱的钉连接变形耗散大量能量，使得轻型木剪力墙具有良好的耗能性能。在较大荷载作用下，轻型木剪力墙的抗侧刚度比钢框架更高，可以保护钢框架，避免钢框架因承受过大的水平荷载而进入塑性；在极大变形条件下，轻型木剪力墙具有良好的耗能性能和填充作用，可以预防结构连续性倒塌。同时，由于钢框架的参与，钢木混合结构拥有比纯木结构更强的变形能力。

第三节　研究与应用展望

一、研究进展

目前，钢木混合结构的研究进展主要包括以下几个方面。

（一）结构抗侧力性能试验

为研究钢木混合结构的抗侧力性能，对两个足尺钢木混合结构试件进行往复加载试验研究，试验得到了钢木混合结构竖向抗侧力体系的刚度、强度、变形、耗能和破坏形态，以及其恢复力特性、等效阻尼比和滞回特性等。研究发现：轻型木剪力墙被填充在钢框架中，对钢框架的初始抗侧刚度有很大提高作用，且整个抗侧力体系具有较好的延性。钢木混合结构竖向抗侧力体系的破坏始于轻型木剪力墙的面板钉连接，主要破坏模式有钉子被剪断、钉子拔出墙骨柱以及钉头陷入覆面板等；继而钢构件屈服，钢梁柱连接节点破坏。但由于钢木之间采用足够的螺栓连接，未发现在单独木剪力墙试验中常见的墙骨柱上拔等破坏模式。

为研究钢木混合楼盖的水平抗侧性能，对 4.8m×2.8m 的新型轻型钢木混合楼盖分别进行了垂直及平行于搁栅方向水平往复加载拟静力试验，试验分别考察其垂直及平行于搁栅方向的平面内刚度、强度、耗能、延性及变形特征等侧向性能，试验发现：轻型钢木混合楼盖垂直和平行于搁栅加载时，变形均以剪切变形为主，主要破坏形式均是两加载点外面板钉剪断。垂直于搁栅加载时，C 型钢搁栅跨中下翼缘局部屈曲，上翼缘因上铺面板对其有加强作用，未发生屈曲。此外，还定义了楼盖水平荷载转移能力系数，对楼盖水平荷载转移能力进行了量化。

除此之外，为研究不同的钢木连接方式对结构抗侧性能的影响，对普通螺栓和高强螺栓连接的钢木混合墙体进行了往复荷载下的抗侧性能试验研究。通过试验对比了钢木混合墙体在侧向力作用下的破坏模式，并由试验数据，分析其刚度退化、剪力分配情况和耗能性能等，试验表明，高强螺栓连接比普通螺栓连接的连接刚度更大，对钢木混合墙体极限承载力提高更加明显。与单榀纯框架相比，单榀钢木混合墙体体现出了良好的延性和耗能性能，但也伴随着明显的刚度退化。

（二）结构整体动力试验

为研究钢木混合结构在真实地震作用下的抗震性能，对缩尺比例为 2/3 的四层钢木混合结构模型进行了振动台试验。通过试验，获得了钢木混合结构在不同水准地震作用下的振动特性、动力响应、剪力分配和破坏模式。试验发现：随着地震强度的增加，轻木剪力墙出现刚度退化，所承担的地震剪力逐步减小，但仍能够承担相当一部分的地震剪力；振动台模型结构在地震作用下基本保持完好，仅在轻木剪力墙中出现钉头拔出、陷入覆面板和钉孔挤坏等现象，钢框架和钢木连接均没有发生破坏，并表现出良好的协同工作能力，显示了混合结构良好的抗震性能。

（三）结构数值模拟方法

基于模拟木剪力墙中钉连接特性的“HYST”算法，在通用有限元软件ABAQUS中开发相应用户自定义单元子程序，模拟钢木混合结构中木剪力墙的抗侧力性能。除此之外，提出了钢木混合结构在OpenSees中的简化模拟方法，并验证了此种方法的有效性。详细的模拟方法见附录部分。

（四）结构抗震可靠度分析和设计理论

采用易损性分析方法和响应面法两种方法对钢木混合抗侧力体系的地震可靠度进行计算和分析。结合试验和数值模拟结果，提出了钢木混合结构立即居住和防止倒塌性能水准层间位移角限值。研究钢木混合结构的等效阻尼比、钢木协同工作性能以及耗能性能等，提出了钢木混合结构等效阻尼比的估算公式，进一步提出了钢木混合结构的抗震设计方法，为实际工程提供参考。

二、应用展望

近年来，随着经济发展，我国的环境问题日益突出，节能减排和保护环境的重要性受到了政府和社会的广泛关注。建筑业作为我国国民经济支柱产业，其能源消耗总量从2001年的约3亿吨标准煤增长到2014年约8.14亿吨标准煤[6]，给我国的生态文明建设带来了巨大的挑战。我国民用建筑的建造和使用过程消耗了社会水资源和原材料总量的50%，同时产生了42%的温室气体排放。民用建筑在建材生产、建造和使用过程中，能耗占全社会总能耗的49.5%，其中建材生产能耗占20%，建造能耗占1.5%，使用能耗占28%[7~9]。相关研究表明，通过大力发展建筑节能与绿色建筑，预计到2020年，每年可以节约4200亿度电和2.6亿吨标准煤，同时可以减少8.46亿吨的温室气体排放量[10]。

木材依靠太阳能而周期性地自然生长，只要合理种植、开采，可认为是一种再生产容易、绿色环保的建筑材料[4]；钢结构具有轻质高强、资源可重复利用等优点。将钢材与木材结合，形成的钢框架梁上铺设木楼（屋）盖、在钢框架柱间设置木剪力墙的新型多层混合结构，可以充分发挥钢材和木材的优点，该结构抗震性能好、节能环保、施工安装方便，且通风、保温、隔热性能较好，适用于建造多层乃至小高层房屋，具有一定的应用前景。

第二章　设计基本规定

第一节　基本假定

一、水平荷载单向受力假定

钢木混合结构简化计算时，可把整个结构看作由若干平面框架和剪力墙等抗侧力结构组成。在平面正交布置的情况下，假定每一方向的水平力只由该方向的抗侧力承担，垂直水平力方向的抗侧力结构，在计算中不予考虑。在结构单元中框架和剪力墙与主轴方向成斜交时，在简化计算中可将柱和剪力墙的刚度转换到主轴方向上再进行计算[11]。

二、竖向荷载计算假定

竖向荷载作用下，钢框架承担了大部分荷载，木剪力墙也承担了一部分荷载，有利于减小钢构件的偏心受力情况。在钢木混合结构设计的简化计算中，假定竖向荷载全部由钢框架承担，可对钢框架进行初步估算和设计，确定钢框架的材料及截面等特性，进一步对木剪力墙及楼屋盖进行设计，并进行验算。

第二节　重要设计参数

一、层间位移角限值

在钢木混合抗侧力体系中，钢构件中的应力水平、木剪力墙中钉连接的破坏状况等均可作为结构性能目标，然而，这些性能目标仅能反映结构局部破坏状况，无法对应结构整体的安全性。北岭地震后，美国研究学者已经对轻型木结构和钢框架的性能需求与各水准地震作用之间相互关系做了较深入研究，并对不同水准地震作用下房屋所需达到的性能目标提出建议。现今，基于结构层间位移的性能目标为广大学者所接受[12,13]。层间位移不仅能反映结构整体的安全情况，还能反映结构主要构件的破坏情况。

我国《建筑抗震设计规范》[14]将建筑结构的性能划分为三个水准。其中，第一水准要求主体结构在震后达到不受损坏或不需修理可继续使用的水准（以下简称立即居住性能水准）；第二水准允许结构在震后发生损坏，但要求结构经一般性修理仍可继续使用（以下简称生命安全性能水准）；第三水准要求结构在震后不致倒塌或发生危及生命的严重破坏（以下简称防止倒塌性能水准）。并规定我国抗震设防的基本目标为：当结构遭受低于本地区抗震设防烈度的多遇地震影响时，需满足立即居住性能水准要求；当结构遭受相当于本地区抗震设防烈度的设防地震影响时，需满足生命安全性能水准要求；当结构遭受高于本地区抗震设防烈度的罕遇地震影响时，需满足防止倒塌性能水准要求。

钢木混合结构在不同性能目标下的层间位移角限值如表 2-1 所示。

钢木混合结构性能目标　　表 2-1

结构性能水准	立即居住	生命安全	防止倒塌
层间位移角限值	0.6%	1.5%	2.4%

二、竖向抗侧力体系抗侧刚度比

钢木混合结构的竖向抗侧力体系是由钢框架和木剪力墙组成的双重抗侧力体系。若木剪力墙抗侧刚度太低，对结构体系抵抗水平作用的贡献较小，会使结构无法满足抗侧力的需求；若木剪力墙的刚度太大，会造成结构刚度过大、自振周期过小，从而增加结构所承担的地震作用，造成不必要的浪费。因此适宜的刚度配比对实现结构延性破坏机制尤为重要。

内填轻型木剪力墙和钢框架的抗侧刚度比值 λ 对结构在水平地震作用下结构的最大层间位移角和木剪力墙承担结构水平剪力比率有较大影响，为保证两者能在水平力作用下充分发挥作用，建议在钢木混合结构设计中，抗侧刚度比 λ 取为 1.0～3.0，λ 的定义见式（2-1）。

$$\lambda = k_{\text{wood}}/k_{\text{steel}} \tag{2-1}$$

式中　k_{wood}——内填轻型木剪力墙的弹性抗侧刚度；

k_{steel}——钢框架的弹性抗侧刚度。

三、楼盖水平荷载转移能力系数

楼盖主要承受楼面竖向荷载，同时也决定着水平荷载在竖向抗侧力构件中的分配。我国《建筑抗震设计规范》规定的结构的楼层水平地震剪力分配原则如下：现浇和装配整体式混凝土楼、屋盖等刚性楼、屋盖建筑，宜按抗侧力构件等效刚度的比例分配；木楼盖、木屋盖等柔性楼、屋盖建筑，宜按抗侧力构件从属面积上重力荷载代表值的比例分配[14]。ASCE7-05 规定当楼盖的最大平面内变形是其下竖向抗侧力构件顶部平均位移 2 倍以上时为柔性楼盖，反之为刚性楼盖[15]。楼盖的刚柔直接决定了水平荷载的分配方式。

轻型钢木混合楼盖具有诸多优点，如质量轻、抗震性能好、抗弯强度及抗弯刚度大、工厂预制化程度高、现场湿作业少及绿色节能等。以楼盖平面内刚度与竖向抗侧力构件抗侧刚度比值 α、楼盖水平荷载转移能力系数 β 量化此种楼盖平面内刚度对水平荷载分配的影响，并根据 α 及 β 数值大小定义刚性楼盖：当 $\alpha \geqslant 3$ 时，增加楼盖平面内刚度对水平荷载的分配影响不大，楼盖为完全刚性。

四、钢木混合结构等效阻尼比

阻尼是反应结构动力特性的重要参数之一，其反映了结构在地震作用中能量耗散的能力。通常认为能量耗散主要来源于结构在线弹性受力范围内的耗能和结构进入弹塑性阶段后引起的能量耗散。其中，结构线弹性阶段的耗能主要包括材料的内摩擦作用使机械能转化为热能、周围介质对结构振动的阻尼、各构件连接处以及体系与支承之间的摩擦、通过地基散失的能量；当结构进入弹塑性之后，还会产生非线性滞回性能引起的能量耗散，这部分的能量耗散通常比结构在线弹性阶段的耗能更多[16]。

由于结构阻尼机制十分复杂，常用结构的等效阻尼比 ξ 来衡量结构的耗能水平，ξ 的计算方法如式（2-2）所示[17]。

$$\xi = \xi_{\mathrm{int}} + \xi_{\mathrm{hys}} \tag{2-2}$$

式中 ξ_{int}——结构的黏滞阻尼比，代表结构处于线弹性阶段的耗能，对于钢木混合结构，可取 $\xi_{\mathrm{int}}=0.045$；

ξ_{hys}——结构的滞回阻尼比，代表结构非线性滞回性能引起的耗能，对于钢木混合结构，可取 $\xi_{\mathrm{hys}}=(1.0787-0.0818\lambda)\mu-1/\pi\mu$[18]。

五、钢木剪力分配系数

在钢木混合结构设计过程中，确定木剪力墙和钢框架的剪力分配对结构设计至关重要。通过定义剪力分配系数 κ 以量化分配到钢框架和木剪力墙中的剪力，剪力分配系数 κ 的定义式见式（2-3）。

$$\kappa = \frac{V_{\mathrm{wood}}}{V_{\mathrm{wood}} + V_{\mathrm{steel}}} \tag{2-3}$$

式中 V_{wood}——木剪力墙所承担的剪力值；

V_{steel}——为钢框架所承担的剪力值。

研究表明，在弹性阶段，钢框架和木剪力墙的剪力分配近似按刚度比进行分配，即钢木混合结构的弹性设计阶段的剪力分配系数取 $\lambda/(\lambda+1)$。

第三节　层间位移角限值确定方法

一、立即居住性能水准层间位移角限值

《建筑抗震设计规范》对建筑结构立即居住性能水准的具体描述是：在该性能水准下，建筑主体结构不受损坏，非结构构件（包括围护墙、隔墙、幕墙、内外装修等）没有过重破坏并导致人员伤亡，保证建筑的正常使用功能。对于钢木混合结构来说，即在该性能水准下，允许钢框架有极少钢构件进入局部屈服，允许轻型木剪力墙的门窗洞口角部出现石膏板裂纹，钢木混合抗侧力体系整体处于弹性阶段[1]。以下将介绍钢木混合结构在立即居住性能水准下层间位移角限值的确定方法。

（一）有限元分析方法

（1）分析对象

分析采用单层单榀的钢木混合抗侧力体系模型，模型示意图如图 2-1 所示。其中钢框架由热轧 H 型钢拼装而成，钢材选用 Q235B，钢框架和木剪力墙间采用高强螺栓连接，此时钢框架和木剪力墙之间可视为完全连接。

由于钢木混合结构中木剪力墙与钢框架的刚度比 λ 对结构的抗侧力性能有较大影响，故将 λ 作为参数分析的参数之一，以衡量不同钢木混合抗侧力体系中木剪力墙和钢框架的相对强弱。分析考虑了五个不同的 λ 取值，分别为：1.0，1.5，2.0，2.5 和 3.0。除此之外，为考虑尺寸对钢木混合抗侧力体系抗侧性能的影响，分析结合了工程实际中的常用尺寸，选取了不同高度（2.4m，3.0m，3.6m，4.2m，4.8m）和跨度（3.6m，4.8m，

6.0m，7.2m）的钢木混合抗侧力体系模型，具体参数组合如表 2-2 所示。表 2-2 同时还给出了这些钢木混合抗侧力体系中钢构件截面的具体信息以及钢框架的抗侧刚度。

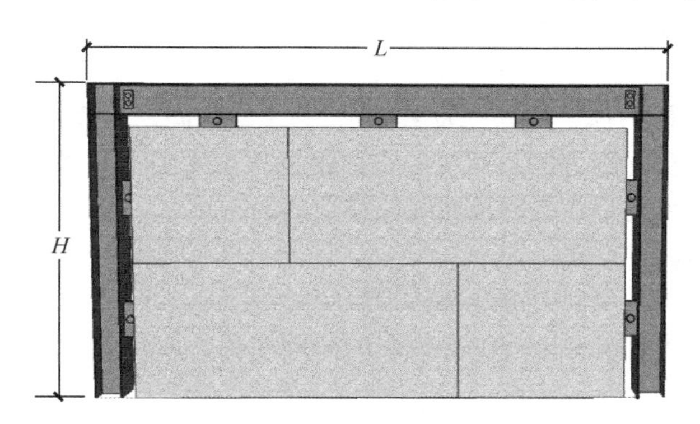

图 2-1　参数分析模型示意图

钢木混合抗侧力体系分析参数　　　　**表 2-2**

框架号	H(m)	L(m)	钢柱截面	钢梁截面	k_{steel}(kN/mm)
1	2.4	3.6	H200×200×8×12	H200×150×6×9	8.62
2	2.4	4.8	H200×200×8×12	H250×175×7×11	10.15
3	2.4	6.0	H300×300×12×12	H350×175×7×11	28.51
4	2.4	7.2	H300×300×12×12	H350×175×7×11	26.74
5	3.0	3.6	H200×200×8×12	H200×150×6×9	4.76
6	3.0	4.8	H200×200×8×12	H250×175×7×11	5.57
7	3.0	6.0	H300×300×12×12	H350×175×7×11	15.95
8	3.0	7.2	H300×300×12×12	H350×175×7×11	14.98
9	3.6	3.6	H200×200×8×12	H200×150×6×9	2.93
10	3.6	4.8	H200×200×8×12	H250×175×7×11	3.39
11	3.6	6.0	H300×300×12×12	H350×175×7×11	9.87
12	3.6	7.2	H300×300×12×12	H350×175×7×11	9.29
13	4.2	3.6	H200×200×8×12	H200×150×6×9	1.93
14	4.2	4.8	H200×200×8×12	H250×175×7×11	2.22
15	4.2	6.0	H300×300×12×12	H350×175×7×11	6.55
16	4.2	7.2	H300×300×12×12	H350×175×7×11	6.18
17	4.8	3.6	H200×200×8×12	H200×150×6×9	1.35
18	4.8	4.8	H200×200×8×12	H250×175×7×11	1.54
19	4.8	6.0	H300×300×12×12	H350×175×7×11	4.59
20	4.8	7.2	H300×300×12×12	H350×175×7×11	4.33
21	2.4	3.6	H300×300×12×12	H350×175×7×11	34.75
22	2.4	4.8	H300×300×12×12	H350×175×7×11	31.72
23	2.4	6.0	H350×350×10×16	H400×200×8×12	55.17
24	2.4	7.2	H350×350×10×16	H400×200×8×12	52.04

采用附录三的 OpenSees 简化模拟方法对表 2-2 中的钢木混合抗侧力体系进行建模，表中钢框架的抗侧刚度 k_{steel} 通过有限元软件的 pushover 分析确定。由于参数分析的样本量较大，故将样本进行分组，以“框架号-刚度比”来表示每一个样本编号，例如钢框架号为 2 的木剪力墙与钢框架刚度比 $\lambda=3.0$ 的钢木混合抗侧力体系可表示为：“2-3.0”。表中 21～24 组钢木混合抗侧力体系的高度及跨度与 1～4 组相同，但框架的梁柱截面较 1～4 组强，以研究在钢木混合抗侧力体系高跨一定、钢框架与木剪力墙刚度比 λ 相同的条件下，体系总抗侧刚度对体系抗侧性能以及屈服位移角的影响。

(2) 边界条件和加载方式

钢木混合抗侧力体系模型中钢框架柱脚假定为刚接，梁柱节点假定为完全刚接。对每一个钢木混合抗侧力体系模型进行位移控制的单调加载，加载点设置在钢木混合抗侧力体系模型的左上角梁柱节点处。

(二) 分析结果

(1) 屈服位移

目前，对于无明显转折点的力学行为的材料、构件及结构，其屈服点的确定方法主要包括作图法、等能量法以及残余塑性变形法等[19]。针对轻型木剪力墙，其等效屈服点的定义主要包括以下五种：Karacabeyli and Ceccotti 法（简称 K&C 法）[20]、CEN 法[21]、CSIRO 法[22]、Equivalent Energy Elastic Plastic 法（简称 EEEP 法）[23] 和 Yasumura and Kawai 法（简称 Y&K 法）[24]。

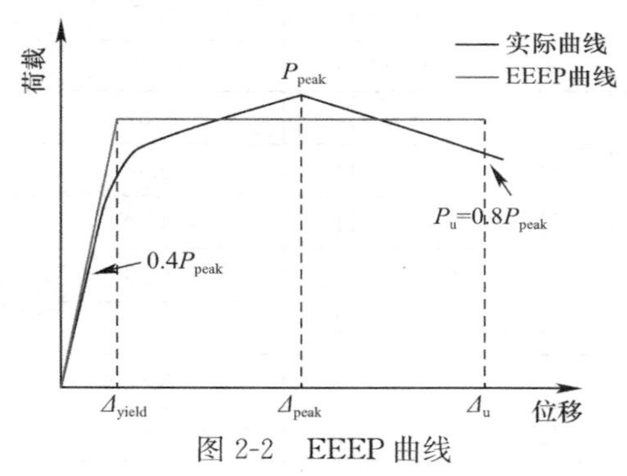

图 2-2 EEEP 曲线

由于 EEEP 法可以较好地反映结构的耗能情况，考虑采用 EEEP 法来定义钢木混合抗侧力体系的屈服点。EEEP 法主要通过 EEEP 曲线来定义研究对象的弹性极限和屈服点，并以 EEEP 曲线下从原点至钢木混合抗侧力体系破坏位移面积与单调荷载作用下的荷载-位移曲线或往复荷载作用下的第一循环包络线从原点至体系破坏位移面积相同的原则定义 EEEP 曲线，如图 2-2 所示。

利用 EEEP 法对上述的 120 个钢木混合抗侧力体系的屈服位移进行分析计算，各抗侧力体系的屈服层间位移角的统计结果如表 2-3 所示。

钢木混合抗侧力体系屈服位移角统计表 **表 2-3**

框架号	钢木混合抗侧力体系屈服位移角（%）				
	$\lambda=1.0$	$\lambda=1.5$	$\lambda=2.0$	$\lambda=2.5$	$\lambda=3.0$
1	0.80	0.81	0.81	0.81	0.82
2	0.76	0.74	0.72	0.67	0.71
3	0.65	0.66	0.73	0.74	0.75
4	0.68	0.72	0.73	0.69	0.69
5	0.82	0.79	0.76	0.74	0.73
6	0.86	0.82	0.79	0.77	0.75
7	0.71	0.71	0.71	0.71	0.62

续表

框架号	钢木混合抗侧力体系屈服位移角（%）				
	λ=1.0	λ=1.5	λ=2.0	λ=2.5	λ=3.0
8	0.72	0.71	0.71	0.71	0.70
9	0.94	0.91	0.88	0.87	0.85
10	0.98	0.94	0.91	0.88	0.86
11	0.73	0.72	0.70	0.69	0.69
12	0.79	0.78	0.77	0.77	0.76
13	0.99	0.94	0.90	0.87	0.85
14	1.03	0.97	0.93	0.89	0.87
15	0.76	0.73	0.72	0.70	0.69
16	0.83	0.81	0.79	0.78	0.77
17	1.05	0.96	0.91	0.86	0.83
18	1.15	1.08	0.95	1.00	0.97
19	0.82	0.78	0.75	0.72	0.70
20	0.88	0.84	0.82	0.80	0.78
21	0.65	0.67	0.69	0.70	0.71
22	0.61	0.62	0.63	0.63	0.63
23	0.66	0.68	0.70	0.71	0.72
24	0.66	0.68	0.69	0.70	0.71

（2）参数分析

从表 2-3 中可以看出，不同钢木混合抗侧力体系的屈服位移角数值大小存在明显差别。总体来看，相比于体系的高宽比，木剪力墙与钢框架的抗侧刚度比 λ 对屈服位移角的影响不显著。以 2 号框架和 18 号框架对应的钢木混合抗侧力体系为例，如图 2-3（*a*）所示，其中第 2 组混合抗侧力体系的高宽比为 0.5，第 18 组抗侧力体系的高宽比为 1.0。可以看出，当钢木混合抗侧力体系的抗侧刚度比 λ 从 1.0 增加到 2.0 时，2 号框架和 18 号框架所对应混合抗侧力体系的屈服位移分别降低了 4.35%和 17.61%左右；当混合抗侧力体系的抗侧刚度比 λ 从 1.0 增加到 3.0 时，2 号框架和 8 号框架所对应混合体系的屈服位移分别降低了 6.66%和 15.59%左右。而当体系的高宽比从 2 号框架的 0.5 增加到 18 号框

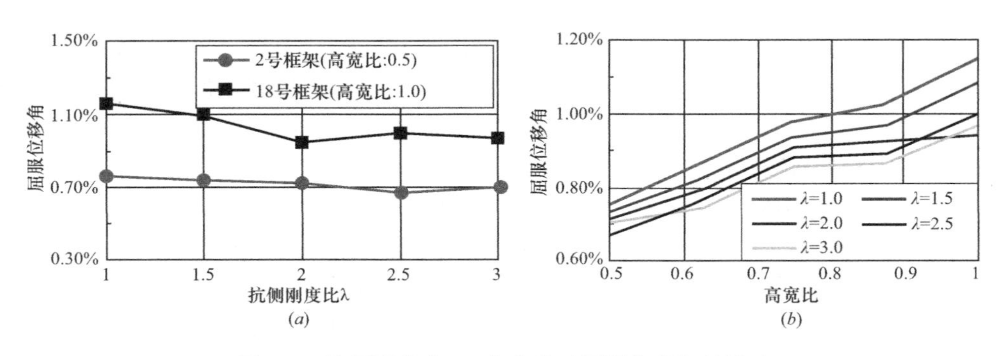

图 2-3　抗侧刚度比 λ、高宽比对屈服位移角的影响

（*a*）抗侧刚度比 λ 的影响；（*b*）高宽比的影响

架的 1.0 时，五组不同刚度比 λ 的平均屈服位移角增加了 43.0%左右。图 2-3（*b*）还给出了高宽比分别为 0.5、0.625、0.75、0.875 和 1.0 时（分别对应第 2、6、10、14、18 号钢框架所在的钢木混合抗侧力体系），钢木混合抗侧力体系屈服位移角的变化趋势，可以看出，随着高宽比的增大，体系的屈服位移角有较明显的提高。

除高宽比外，钢木混合抗侧力体系的总抗侧刚度也是影响其抗侧力性能的重要因素。在钢木混合抗侧力体系高宽一定、钢框架与木剪力墙刚度比 λ 相同的条件下，随着体系总抗侧刚度的增大，体系的屈服荷载和极限荷载都有显著提高，但体系的屈服位移角整体呈下降趋势，且下降幅度较小，除此之外，少部分体系由于受到钢框架截面选型的影响，其屈服位移角甚至会略有增大。以 1 号框架和 21 号框架木剪力墙与钢框架刚度比 $\lambda=1.0$ 的两组钢木混合抗侧力体系为例，两组混合抗侧力体系的尺寸相同，单调加载的荷载位移曲线及 EEEP 曲线如图 2-4 所示，其中 1-1.0 号钢木混合抗侧力的弹性阶段刚度为 17.10kN/mm，21-1.0 号钢木混合抗侧力的弹性阶段刚度为 63.44kN/mm。1-1.0 号钢木混合抗侧力体系的屈服荷载和极限荷载分别为 328.83kN、358.39kN，而 21-1.0 号钢木混合抗侧力体系的屈服荷载和极限荷载分别为 1079.34kN、1189.34kN，其值较 1-1.0 号钢木混合抗侧力体系分别增加约 228.2%和 231.9%。1-1.0 号钢木混合抗侧力的屈服位移为 19.23mm，而 21-1.0 号钢木混合抗侧力体系的屈服位移为 15.53mm，其值较前者降低约 19.2%。

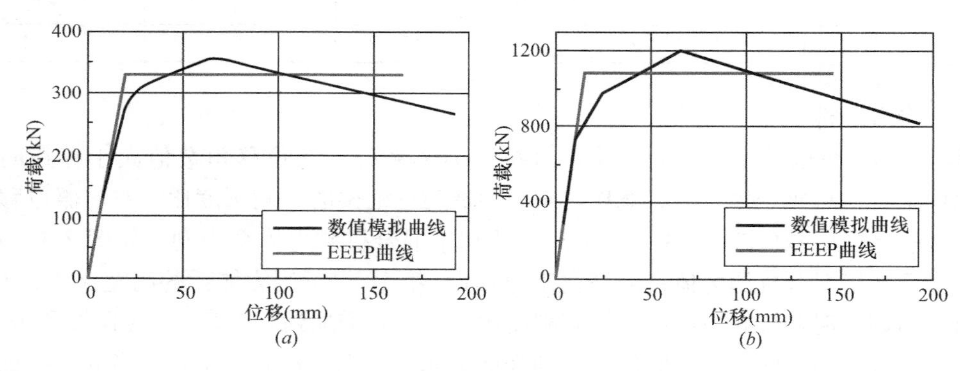

图 2-4　两组钢木混合抗侧力体系的 EEEP 曲线

（*a*）1-1.0 号；（*b*）21-1.0 号

（3）统计分析

对表 2-3 中 120 个钢木混合抗侧力体系的屈服位移角进行统计，并绘制屈服位移角的频数直方图，如图 2-5 所示。可以看出，虽然钢木混合抗侧力体系屈服位移角的分布区间较大，但其取值分布较集中于 0.65%～0.8%。根据频数直方图的特征，初步判断钢木混合抗侧力体系的屈服位移角服从极大值分布。

在 Minitab 软件中对 120 组钢木混合抗侧力体系的屈服位移角的概率分布进行拟合。根据我国《建筑结构可靠度设计统一标准》[25]中的规定，显著性水平取 $\alpha=0.05$。图 2-6 为置信区间为 95%的极大值分布拟合优度检验结果，可以看出 P 值大于 $\alpha=0.05$，即可认为钢木混合抗侧力体系的等效屈服位移角服从极大值分布。绘制由 120 组屈服位移角数据拟合得到的极大值分布的概率密度曲线，如图 2-7 所示。可以看出，取 95%保证率时的钢木混合抗侧力体系屈服位移角为 0.643%。

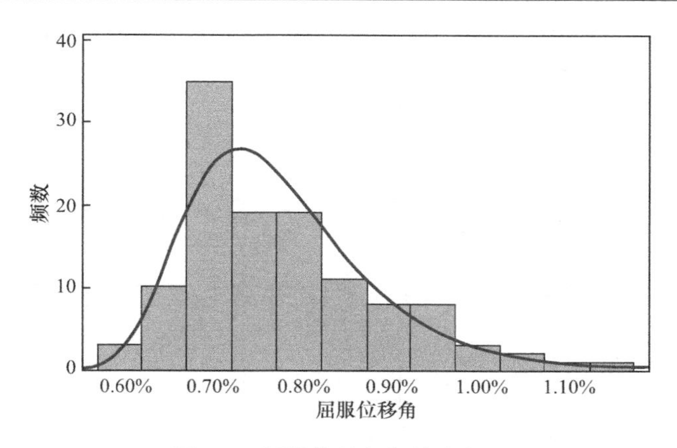

图 2-5　屈服位移角频数直方图

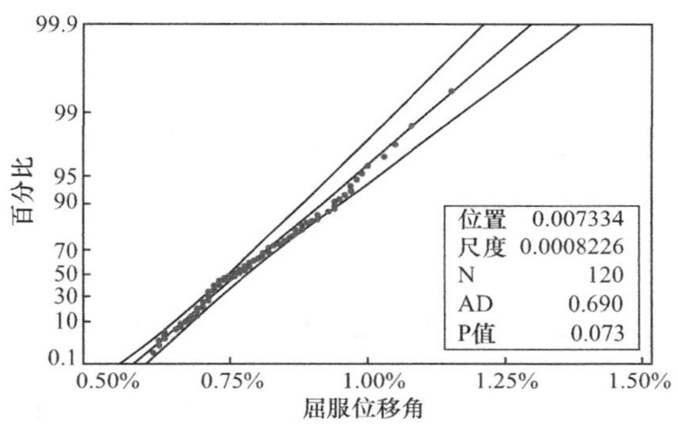

图 2-6　拟合优度检验结果

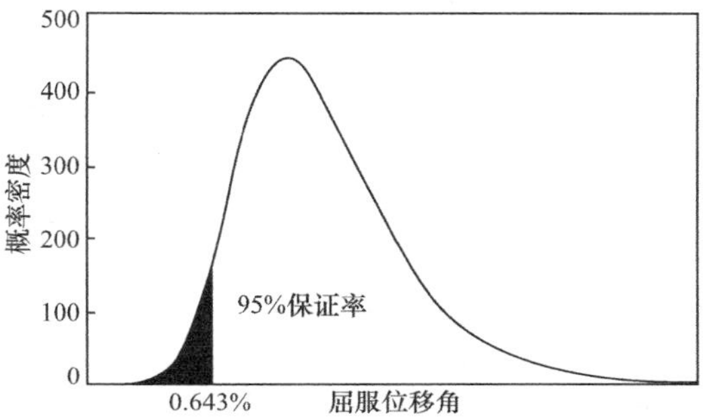

图 2-7　屈服位移角概率密度分布图

结合钢木混合结构单层足尺试验的试验现象[1]，建议钢木混合结构立即居住性能水准层间位移角限值取为 0.6%。

二、防止倒塌性能水准层间位移角限值

（一）增量动力分析

（1）分析对象

根据《钢结构设计标准》[26]和《建筑抗震设计规范》设计了层数分别为三层和六层的钢木混合结构，拟建场地的设防烈度为 8 度，场地类别为第Ⅱ类，设计分组第二组。各层层高均选为 3.3m，楼面活荷载为 2.5kN/m^2，屋面活荷载为 0.5kN/m^2，按实际情况设计所得的楼面恒荷载和屋面恒荷载分别为 4.0kN/m^2、1.8kN/m^2，钢材选用 Q235B。

为考虑木剪力墙与钢框架抗侧刚度比 λ 的影响，分析对象考虑了三种不同刚度比 λ（分别取 1.0，2.0 和 3.0）与前述两种层数钢木混合结构的组合，即共设计了六种不同的钢木混合结构，并将不同的钢木混合结构按“总层数-刚度比”进行编号，如刚度比 λ=1.0 的三层钢木混合结构编号为“3-1”。六组钢木混合结构的标准层平面布置图如图 2-8 所示，其中钢构件截面如表 2-4 所示，k_{steel}通过 pushover 分析得到，通过设计轻型木剪力墙的覆面板厚度、钉类型以及钉间距等参数即可获得所需刚度的轻木剪力墙。

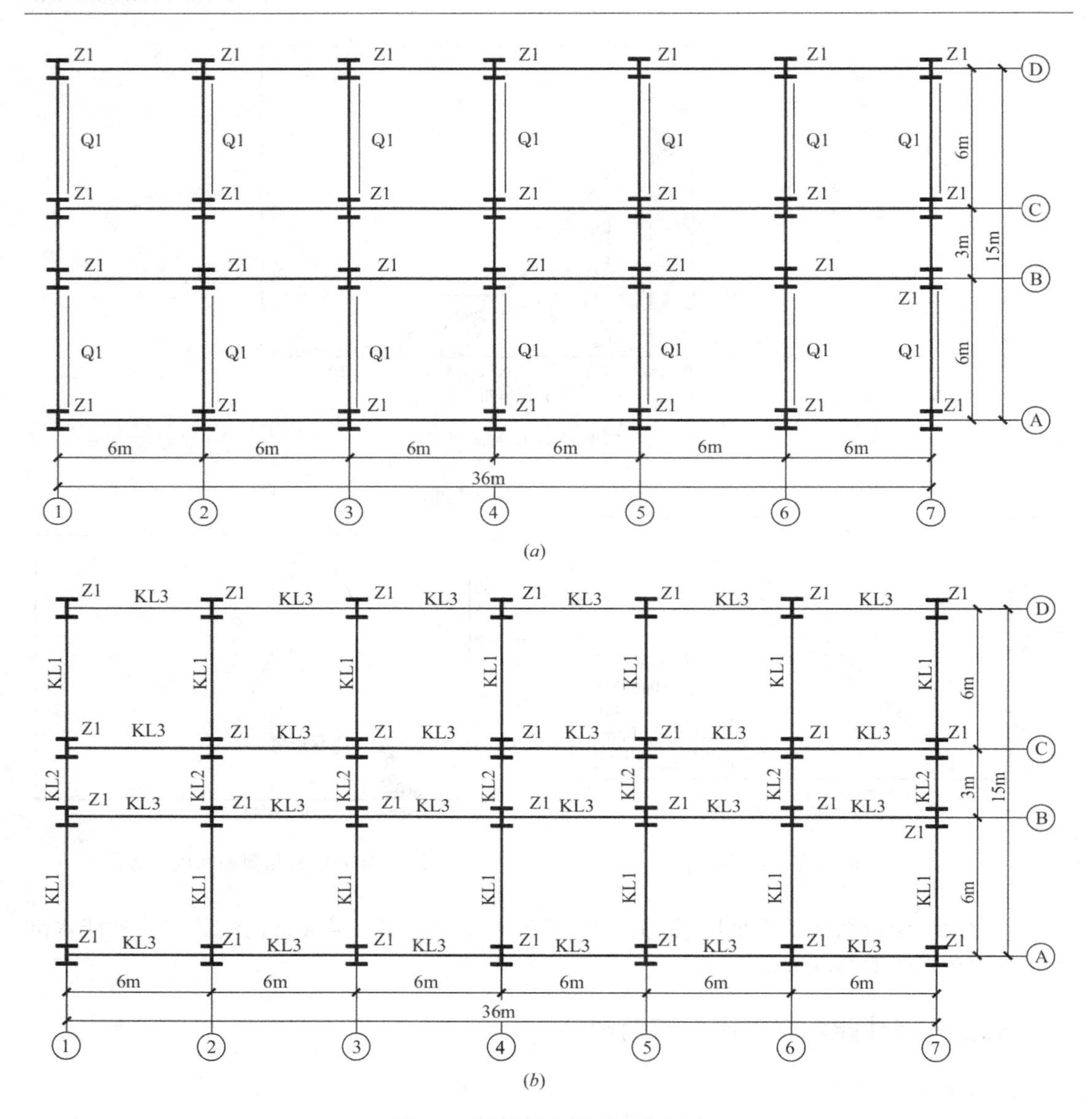

图 2-8　结构标准层平面布置图

（a）框架梁与剪力墙平面布置图；（b）框架梁与框架柱平面布置图

钢构件截面　　表 2-4

结构总层数	层数	柱截面	梁截面	走道梁截面
三层	1	H250×250×9×14	H350×175×7×11	H150×100×6×9
	2	H200×200×8×12	H350×175×7×11	H150×100×6×9
	3	H200×200×8×12	H250×175×7×11	H150×100×6×9
六层	1，2，3	H300×300×12×12	H350×175×7×11	H150×100×6×9
	4，5	H250×250×9×14	H350×175×7×11	H150×100×6×9
	6	H250×250×9×14	H250×175×7×11	H150×100×6×9

（2）地震记录的选择及调幅

选取地震记录时，需考虑结构所在的场地条件以及由地震记录转化的加速度反应谱与规范设计反应谱的匹配程度[27]。分析选取 10 条地震记录作为增量动力分析的地震输入，地震记录如表 2-5 所示。

分析中应用的地震动记录 表 2-5

序号	地震	时间	测站	分量	加速度峰值（g）
1	Imperial Valley	1979.10.15	Cerro Prieto	CPE147	0.168
2	Imperial Valley	1979.10.15	Parachute Test Site	PTS225	0.113
3	Tottori	2000.06.10	HRS021	EW	0.261
4	Northridge	1994.01.17	Moorpark-Fire Sta	MPR09	0.193
5	Northridge	1994.01.17	LA-Baldwin Hills	BLD090	0.239
6	Northridge	1994.01.17	Hollywood-Willoughby Ave	WIL090	0.136
7	Chichi	1999.09.20	TCU056	EW	0.156
8	Chuetsu-oki	2007.07.16	NIGH1	NS	0.184
9	Iwate	2008.06.13	Kami	NS	0.128
10	Darfield	2010.09.03	DFHS	EW	0.472

借助软件 Seismomatch 对以上 10 条地震记录进行调幅，目标反应谱为《建筑抗震设计规范》中的设计反应谱。为获得更有效的结构响应，选择 $0.2T_{min}\sim1.5T_{max}$作为反应谱的调幅区间，其中 T_{min} 和 T_{max} 为六种钢木混合结构的最小和最大基本自振周期。其中，按罕遇地震水准调幅后的地震记录反应谱如图 2-9 所示。采用表 2-5 中的地震记录对六组结构进行 IDA 分析，分别将地震记录的加速度峰值（Peak Ground Acceleration，简称 PGA）和结构最大层间位移角作为 IDA 分析中的 IM 和 DM。

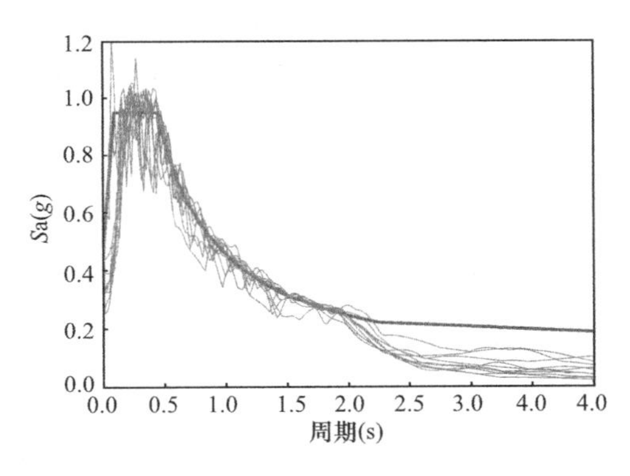

图 2-9 按罕遇地震水准调幅后的地震记录反应谱

（二）分析结果

（1）IDA 曲线分析

将上述 IDA 分析结果绘制成 IDA 曲线，如图 2-10 所示，由于篇幅所限，此处仅列出六组结构在 Tottori 地震记录下的 IDA 曲线。

从图 2-10 中可以看出，不同结构在 Tottori 地震记录作用下的 IDA 曲线随层间位移角的增大总体呈上升趋势，曲线斜率随地震强度的增加总体呈变缓趋势。其中，图 2-10（*a*）、（*b*）、（*f*）为典型的 IDA 曲线，曲线反映了结构性能随 *PGA* 增大的变化趋势。以图 2-10（*a*）为例，可以看出当刚度比 $\lambda=1.0$ 的三层钢木混合结构在 *PGA* 小于 0.5 的区间内，结构处于弹性状态；随着 *PGA* 的增大，IDA 曲线的斜率开始降低，结构开始进入塑性；当 *PGA* 进一步增大时，可以发现，在相同的 *PGA* 增量下，结构的最大层间位移角增量较弹性段显著加大，说明结构已大量进入塑性，结构刚度急剧下降。同时可以发现，部分结构的 IDA 曲线的斜率在某些阶段会略有提高，如图 2-10（*c*）、（*d*）所示，甚至在某些阶段会出现同一个 DM 点对应多个 *IM* 值的现象，如图 2-10（*e*）所示。这种现象被称为 IDA 曲线“硬化”现象，即结构在遭受给定强度的地震记录时表现出一定的结构响应，而在遭受更高强度的地震记录时，由于额外的硬化却只表现出同样的甚至更低的结构响应。这种现象产生的原因是随着 *PGA* 的不断放大，地震记录中强震前的区段引起的结构响应变得更强，导致结构特性发生了改变，如结构损伤或屈服等，从而改变了时程分析中强震区段中的结构响应[28]。

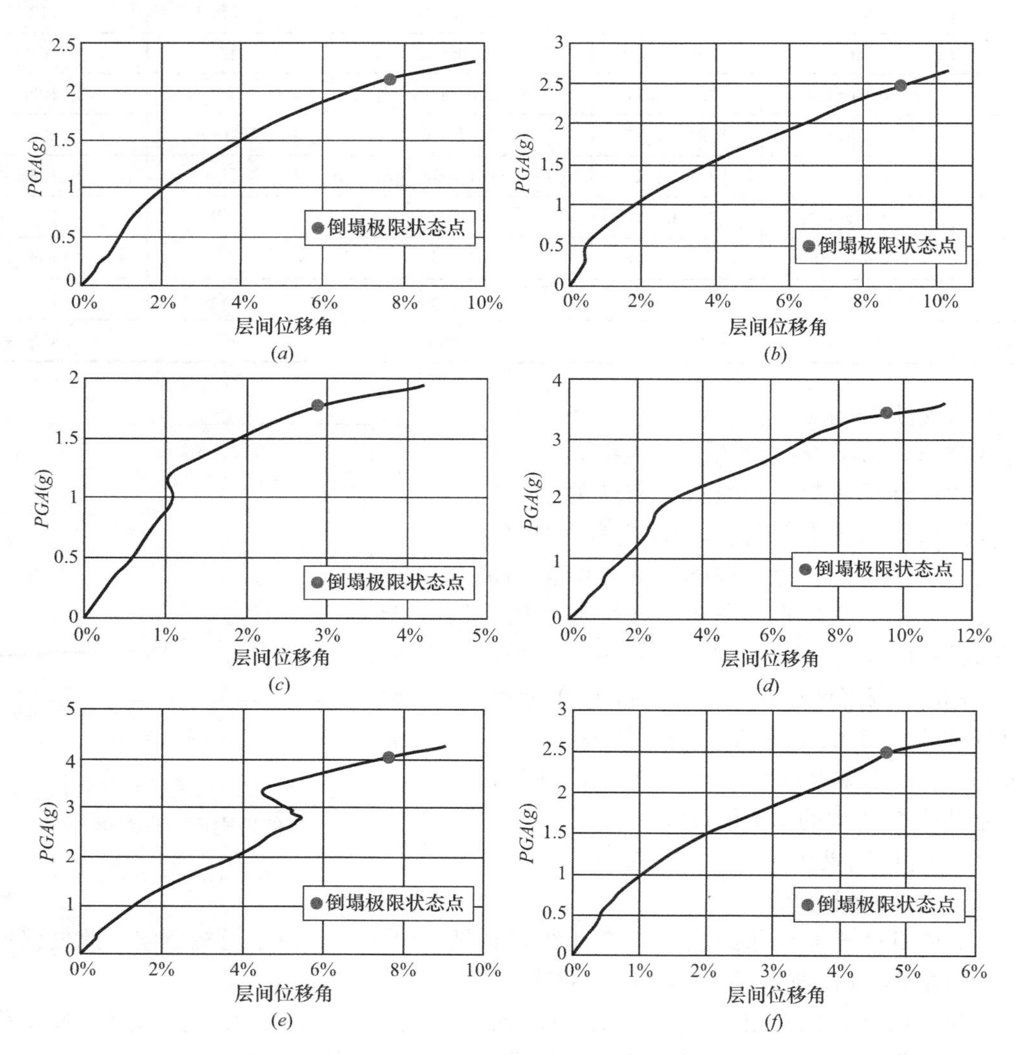

图 2-10　Tottori 地震记录下不同结构的 IDA 曲线

（*a*）结构 3-1；（*b*）结构 3-2；（*c*）结构 3-3；（*d*）结构 6-1；（*e*）结构 6-2；（*f*）结构 6-3

（2）统计分析

根据前述的定义方法对增量动力分析的六组钢木混合结构倒塌极限状态点的层间位移角进行统计，如表 2-6 所示。

倒塌极限状态层间位移角统计表　　表 2-6

地震记录		倒塌极限状态层间位移角（%）					
		3-1	3-2	3-3	6-1	6-2	6-3
1	Imperial Valley	4.61	3.40	2.29	5.60	5.24	6.37
2	Imperial Valley	8.58	6.87	2.45	10.00	6.35	3.41
3	Tottori	7.64	9.03	2.90	9.52	7.65	4.67
4	Northridge	8.87	3.14	6.84	4.68	6.09	4.95
5	Northridge	7.36	5.71	3.16	10.00	4.10	6.54
6	Northridge	5.21	5.06	3.67	3.15	3.15	3.29
7	Chichi	3.37	4.11	5.39	7.28	7.17	3.60
8	Chuetsu-oki	6.20	3.26	2.29	10.00	4.68	7.45
9	Iwate	3.56	4.19	2.13	8.27	9.71	7.94
10	Darfield	5.26	3.44	2.47	5.62	3.42	3.14

可以看出不同结构在不同的地震记录下倒塌极限状态点对应的层间位移角差别较大，最小的倒塌极限状态层间位移角为 2.13%，而刚度比 $\lambda=1.0$ 的六层钢木混合结构在第 2、5、8 条地震记录下层间位移角已达到 10.00%时，结构的 IDA 曲线斜率仍高于 K_e 的 20%，如图 2-11 所示，这种现象被称为 IDA 曲线的“复活”现象，是一种极端“硬化”现象的例子[29]，此时取上限值 10.00%作为结构的倒塌极限状态层间位移角。

为获得结构倒塌极限状态层间位移角的分布规律，对表 2-6 中的 60 组结构倒塌极限状态层间位移角进行统计并绘制频数直方图，如图 2-12 所示。根据频数直方图的特征初步判断钢木混合结构的倒塌极限状态层间位移角服从对数正态分布。

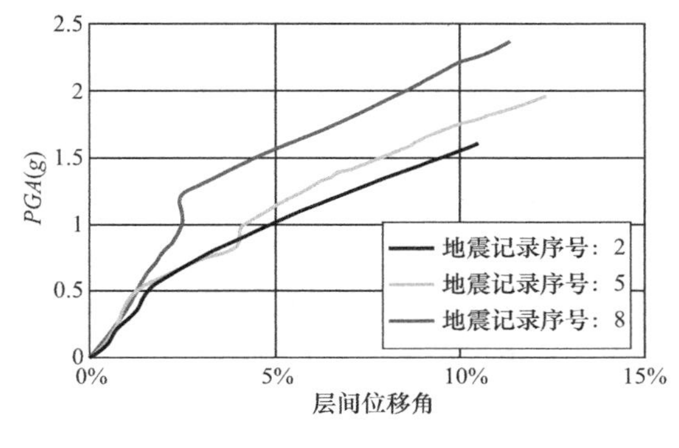

图 2-11　倒塌极限状态层间位移角为 10.00%的 IDA 曲线

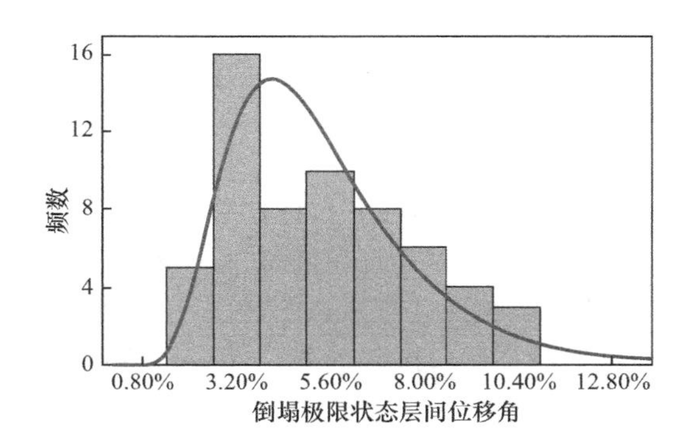

图 2-12　倒塌极限状态层间位移角频数直方图

利用 Minitab 软件对表 2-6 中结构倒塌极限状态层间位移角的概率分布进行拟合。根据我国《建筑结构可靠度设计统一标准》中的规定，显著性水平取 $\alpha=0.05$。图 2-13 为 95%置信区间的拟合优度检验结果，可以看出，P 值大于 $\alpha=0.05$，即认为钢木混合结构倒塌极限状态层间位移角分布满足对数正态分布。图 2-14 为由 60 组倒塌极限状态层间位移角数据拟合得到的对数正态分布的概率密度曲线，可以看出，取 95%保证率时钢木混合结构的倒塌极限状态层间位移角为 2.433%。

结合钢木混合结构单层足尺试验的试验现象[1]，建议钢木混合结构防止倒塌性能水准层间位移角限值取为 2.4%。

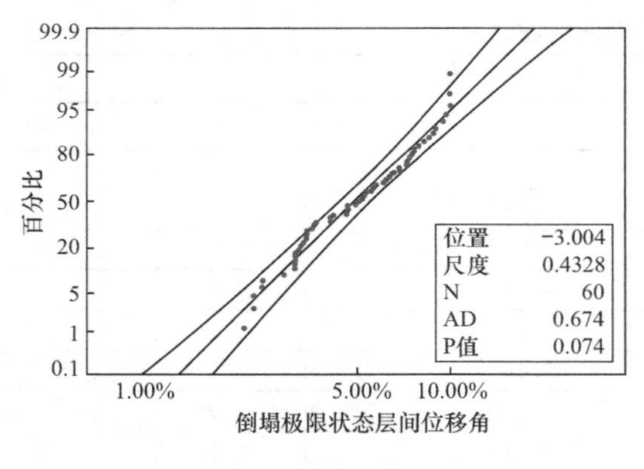

图 2-13 拟合优度检验结果

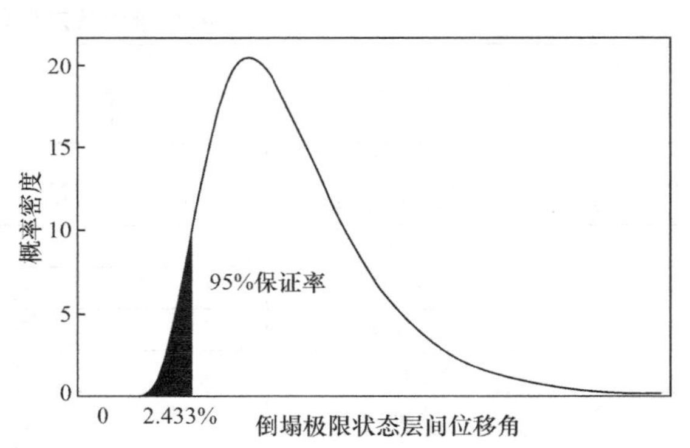

图 2-14 倒塌极限状态层间位移角概率密度分布图

第四节 等效阻尼比确定方法

一、概述

阻尼是反应结构动力特性的重要参数之一，常用结构的等效阻尼比 ξ 来衡量结构的耗能水平，ξ 的计算方法如式（2-2）所示[17]。

《建筑抗震设计规范》规定：除有专门规定外，建筑结构的阻尼比应取 0.05。对于多高层钢结构在多遇地震作用下的抗震计算，规定高度不大于 50m 时阻尼比可取 0.04，高度大于 50m 且小于 200m 时，可取 0.03，高度不小于 200m 时，宜取 0.02；罕遇地震下多高层钢结构的阻尼比可取 0.05。滞回阻尼比 ζ_{hys} 的计算方法如式（2-4）所示。

$$\zeta_{hys}=\frac{1}{4\pi}\frac{W_L}{W_S} \tag{2-4}$$

式中 W_L——结构在目标位移下一个滞回环内的能量耗散；

W_S——结构在目标位移下对应的应变能。

W_L 与 W_S 计算示意图如图 2-15 所示，其中 $S_{(abc+cda)}$ 为钢木混合抗侧力体系滞回曲线中一个循环所包围的面积，表示体系在一个循环中所耗散的能量总和，即 W_L；$S_{(obe)}$ 表示在目标位移下钢木混合抗侧力体系弹性范围内吸收的能量，即 W_S。

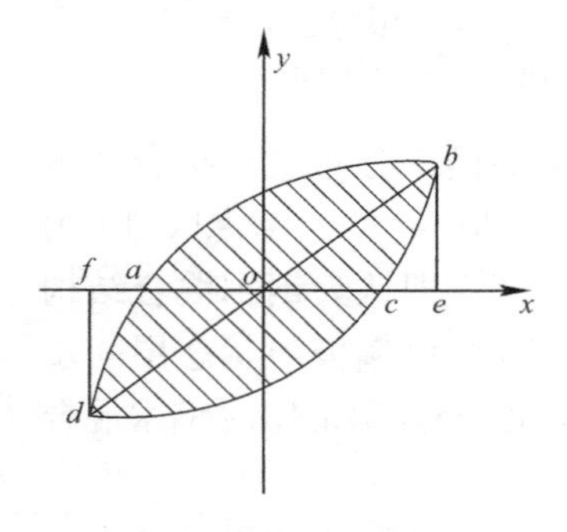

图 2-15 滞回耗能与应变能计算示意图

阻尼比的取值对地震作用下结构的响应影响很大，在直接位移的抗震设计方法中，结构的能量耗散主要通过等效阻尼比 ζ 来体现。杨志勇等[30]指出将 Rayleigh 阻尼自然推广到结构弹塑性分析对结构响应的影响，并提出了实时阻尼比概念，给出一种工程化的实时阻尼比计算方法；Bezabeh M A 等[31]通过对 243 个单层单榀钢框架-CLT 剪力墙模型进行数值分析，给出了钢框架-CLT 剪力墙结构在不同构造下的等效阻尼比计算公式；Gulkan P 等[32]对钢筋混凝土的非线性反应谱进行研究，并提出了用位移延性需求 μ 来表示钢筋混凝土结构的等效阻尼比的计算公式。对于钢木混合结构，何敏娟等[33]对其抗震性能进行了振动台试验研究，并得到钢木混合结构在不同地震激励下阻尼比的变化情况。然而目前尚无公式对其等效阻尼进行估算，本节将对钢木混合结构进行参数分析，总结钢木混合结构等效阻尼比、耗能能力以及钢木剪力分配系数的变化规律，并提出可供设计借鉴的等效阻尼比估算公式。

二、参数分析对象及加载方式

参数分析对象采用本章第三节中所述的 120 个不同构造的钢木混合抗侧力体系，详细信息见本章第三节，钢木混合抗侧力体系的钢框架柱脚仍假定为刚接。

为获得钢木混合抗侧力体系的滞回性能，对 120 个钢木混合抗侧力体系进行位移控制的往复加载模拟，加载点设置在钢木混合抗侧力体系左上角梁柱节点处。

三、分析结果

（一）累积耗能

钢木混合抗侧力体系所耗散的能量可由荷载-位移曲线得到，其在往复荷载作用中某目标位移处的累积耗能应为达到该位移前所有滞回环面积的总和。

分析结果显示，钢木混合抗侧力体系的累积耗能与其刚度比 λ 有关。当钢框架构造一定时，刚度比 λ 越大的钢木混合抗侧力体系累积耗能越多。以第 5 组钢木混合抗侧力体系为例，体系总耗能与 λ、层间位移角的关系如图 2-16 所示。可以看出，当 λ 从 1.0 取到 3.0 时，体系在同一位移幅值下的累积耗能呈上升趋势，$\lambda=2.0$ 和 $\lambda=3.0$ 的第 5 组钢木混合抗侧力体系在层间位移角为 3.5%时的累积耗能比 $\lambda=1.0$ 的体系耗能分别大 23.7%和 47.4%左右。

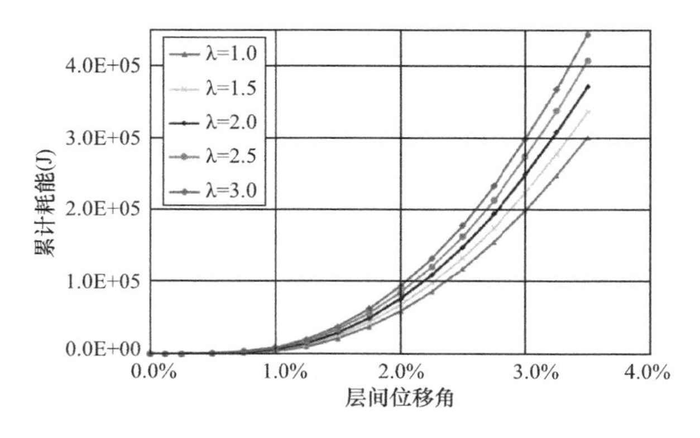

图 2-16　第 5 组钢木混合抗侧力体系耗能对比图

钢木混合抗侧力体系的初始刚度是影响体系累积耗能的重要参数。当体系的高宽以及刚度比 λ 一定时，初始刚度越大的钢木混合抗侧力体系在往复荷载作用中同一位移幅值下的累积耗能更多。以第 1 组和第 21 组 $\lambda=2.0$ 的钢木混合抗侧力体系为例，体系总耗能与体系初始刚度的关系如图 2-17 所示。其中，第 1 组与第 21 组体系的高度和跨度均分别为 2.4m、3.6m，第 21 组体系的初始抗侧刚度较第 1 组大 3 倍左右，第 21 组钢木混合抗侧力体系在层间位移角为 3.5%时的累积耗能比第 1 组的体系耗能大 252.4%左右。

除此之外，钢木混合抗侧力体系的高宽比也会影响体系累积耗能情况。当刚度比和钢框架截面一定时，高宽比较大的钢木混合抗侧力体系在往复荷载作用中同一位移幅值下的累积耗能较少。以第 3、11 和 19 组 $\lambda=2.0$ 的钢木混合抗侧力体系为例，体系总耗能与体系高宽比的关系如图 2-18 所示。其中，第 3、11、19 组钢木混合抗侧力体系的高度分别为 2.4m、3.6m、4.8m，跨度均为 6.0m。可以看出，第 3 组钢木混合抗侧力体系在层间位移角幅值为 3.5%的累积耗能比第 11 组和第 19 组分别大 29.3%和 97.1%左右。另外，在钢框架截面相同的前提下，对高度相同但跨度不同的钢木混合抗侧力体系的累积耗能进行比较，发现其累积耗能差距不显著，这是由于本章的内填轻型木剪力墙是按其初始刚度与钢框架的初始刚度成比例设计的，木剪力墙的抗侧性能主要受框架柱刚度的影响。若保证木剪力墙构造一定（钉间距等参数相同），跨度越大的混合抗侧力体系具有更高的侧向承载力，同时也会产生更多的累积耗能。

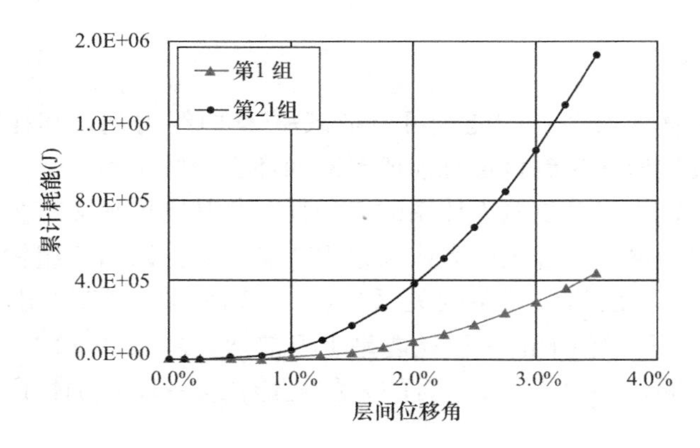

图 2-17 初始刚度对累积耗能的影响

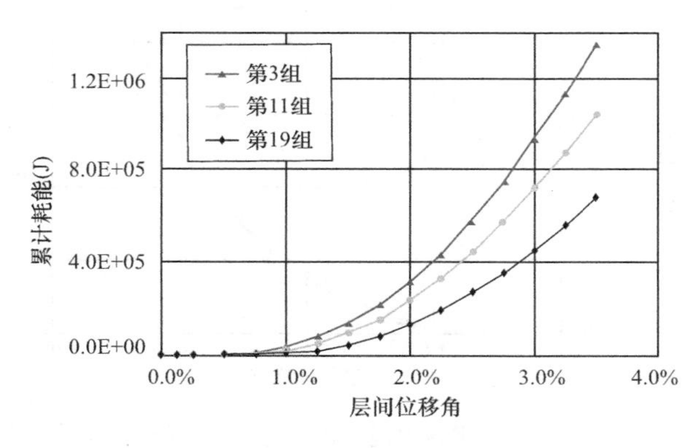

图 2-18 高宽比对累积耗能的影响

（二）滞回阻尼比

阻尼比是反应结构动力特性的重要参数之一，按式（2-4）计算可得到 120 个钢木混合抗侧力体系的滞回阻尼比在往复荷载作用下的变化趋势。对 120 组钢木混合抗侧力体系的滞回阻尼比数据进行分析统计可以发现，随着往复加载过程中位移幅值的不断增大，钢木混合抗侧力体系的滞回阻尼比也随之增大，如图 2-19 所示。由于篇幅所限，图 2-19 仅列出 $\lambda=1.0$ 时的 24 组钢木混合抗侧力体系滞回阻尼比随层间位移角幅值变化情况。

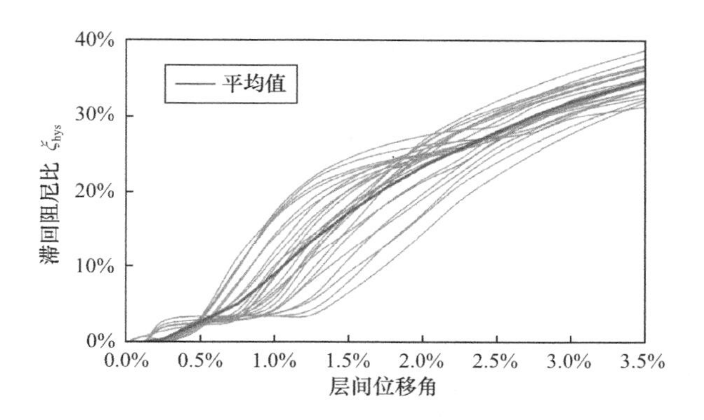

图 2-19　滞回阻尼比随层间位移角幅值变化曲线（λ=1.0）

木剪力墙与钢框架的抗侧刚度比 λ 是影响钢木混合抗侧力体系滞回阻尼比的重要参数。随着钢木混合抗侧力体系往复加载过程位移幅值的增大，刚度比小的抗侧力体系比刚度比大的抗侧力体系具有更大的滞回阻尼比。以框架号为 5 的钢木混合抗侧力体系为例，该组不同刚度比 λ 的钢木混合抗侧力体系滞回阻尼比随延性需求系数 μ 的变化趋势如图 2-21 所示。延性需求系数 μ 的定义见式（2-5）。

$$\mu = \frac{\Delta_t}{\Delta_y} \tag{2-5}$$

式中　Δ_t——钢木混合抗侧力体系在往复加载某循环中的目标位移；

Δ_y——该钢木混合抗侧力体系的屈服位移，按本章第三节中的定义方法进行确定。

可以看出，当延性需求系数 μ 小于 1.5 时，不同刚度比的钢木混合抗侧力体系的滞回阻尼比相差不大；当延性需求系数 μ 大于 1.5 时，刚度比对钢木混合抗侧力体系滞回阻尼比影响较显著：当延性需求系数为 4.0 时，λ=1.0 的钢木混合抗侧力体系滞回阻尼比为 λ=1.5 滞回阻尼比大 3%左右，比 λ=3.0 的滞回阻尼比大 9%左右。值得注意的是，从图 2-20 中可发现，当延性需求系数 μ 小于等于 1.0 时，体系已有部分滞回阻尼比存在，这是由于钢木混合抗侧力体系的屈服点位移是按 EEEP 法确定的，而在实际体系的滞回曲线在该位移处已表现出部分塑性。

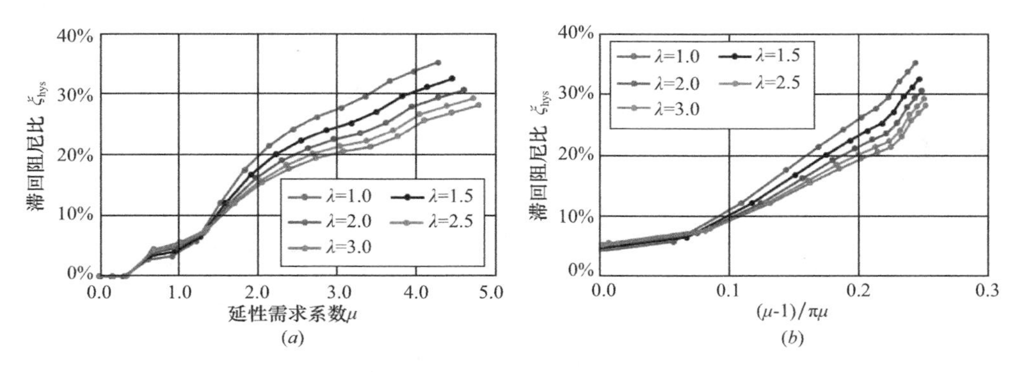

图 2-20　第 5 组钢木混合抗侧力体系滞回阻尼比变化趋势

（a）滞回阻尼比与延性需求系数的关系；（b）滞回阻尼比与延性需求系数函数的关系

钢木混合抗侧力体系的高宽比同样是影响体系滞回阻尼比的因素之一。以第 3、11、19 组以及第 19、20 组刚度比 λ=2.0 的钢木混合抗侧力体系为例，如图 2-21 所示。从

图 2-21（a）中可以看出，当延性需求系数大于 2.5 时，高宽比较大的第 19 组混合体系在相同的延性需求系数处具有更大的滞回阻尼比；而当延性需求系数介于 1.0～2.0 之间时，高宽比较小的第 3 组混合体系则具有更大的滞回阻尼比。同时从图 2-21（b）可发现中，高度相同但跨度不同第 19 组和第 20 组混合体系滞回阻尼比差别不显著。

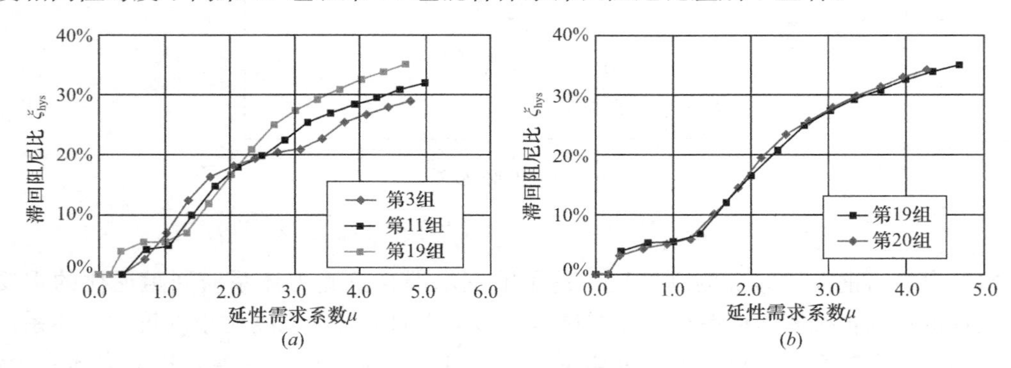

图 2-21　不同高宽比钢木混合抗侧力体系滞回阻尼比对比图

（a）不同高度的钢木混合抗侧力体系；（b）不同跨度的钢木混合抗侧力体系

统计结果表明，钢木混合抗侧力体系的抗侧刚度也会对体系的滞回阻尼比造成一定影响，但总体影响不显著。以第 1、2、3、4、21、22、23、24 组 $\lambda=2.0$ 的钢木混合抗侧力体系为例，如图 2-22 所示。其中，第 21、22、23、24 组钢木混合抗侧力体系的初始刚度较第 1、2、3、4 组混合体系分别大 303.1%、212.5%、93.5%和 94.6%左右。可以发现，在混合体系的高宽比以及刚度比 λ 相同的前提下，第 1、2、3、4 组混合体系与刚度较大的第 21、22、23、24 组混合体系的滞回阻尼比数值略有不同，但差别不显著。

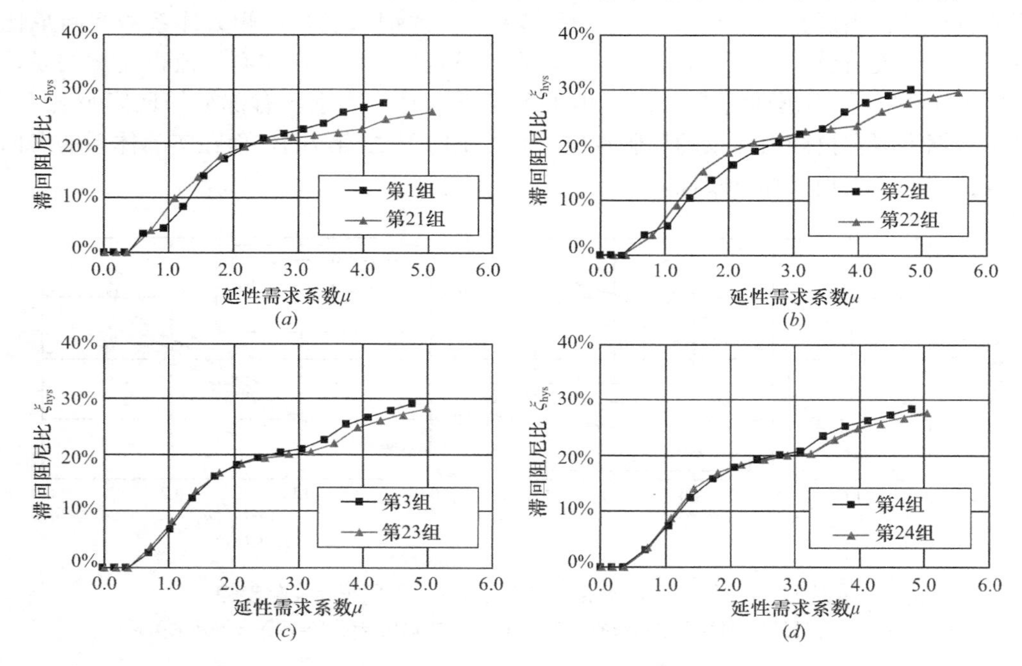

图 2-22　不同抗侧刚度的钢木混合抗侧力体系滞回阻尼比对比图

（a）第 1、21 组；（b）第 2、22 组；（c）第 3、23 组；（d）第 4、24 组

（三）等效阻尼比建议取值

何敏娟等[33]对一个缩尺比为 2/3 的四层钢木混合结构进行了振动台试验研究，如图 2-23 所示。试验得到了钢木混合结构在不同地震激励下阻尼比的变化情况，如图 2-24 所示，图中各工况均为白噪声工况，其中在工况 1 和工况 7 之间对结构进行了多遇地震激励，在工况 7 和工况 29 之间对结构进行了不同的设防烈度地震激励，工况 29 和工况 40 间进行了不同的罕遇地震激励。可以看出，钢木混合结构在弹性阶段的阻尼比为 4.5%左右。基于振动台试验结果，取钢木混合结构的黏滞阻尼比 ζ_{int} 为 4.5%。

图 2-23　钢木混合结构振动台试验

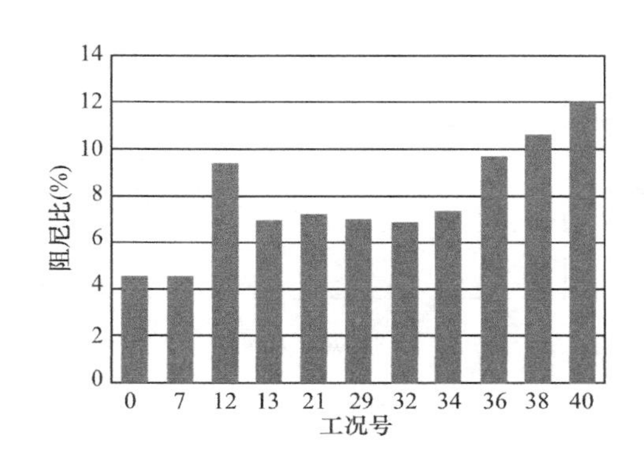

图 2-24　钢木混合结构阻尼比变化

对于滞回阻尼比，Dwairi HM 等[34]提出了滞回阻尼比和峰值位移处延性需求系数 μ 的关系规律，见式（2-6）。

$$\zeta_{\text{hys}}=C\left(\frac{\mu-1}{\pi\mu}\right) \tag{2-6}$$

式中　C——常数；

μ——延性需求系数。

采用式（2-6）的滞回阻尼比公式研究钢木混合结构的滞回阻尼比与延性需求系数之间规律，120 组钢木混合抗侧力体系阻尼比与延性需求系数的关系如图 2-25 所示。由于钢木混合抗侧力体系的刚度比 λ 是影响其滞回阻尼比的重要参数，分析时将 120 组钢木混合抗侧力体系的滞回阻尼比按刚度比进行分类，如图 2-25（a）～（e）所示，为更直观地观察 C 的取值和变化规律，图 2-25 中各图的横坐标均为（$\mu-1$）/$\pi\mu$，此时 C 值即图中线性预测线的斜率。

从图 2-25（a）～（e）中可以发现，当木剪力墙和钢框架刚度比 λ 一定时，滞回阻尼比与体系（$\mu-1$）/$\pi\mu$ 的关系可近似为线性，图中红色实线为线性拟合的趋势线。可以看出，对于 λ 较大的钢木混合抗侧力体系，其拟合的趋势线的斜率反而较小，即随着钢木混合抗侧力体系往复加载过程位移幅值的增大，刚度比小的抗侧力体系比刚度比大的抗侧力体系在相同延性水平下具有更大的滞回阻尼比，这与前述的结论是一致的。对比线性拟合的趋势线和数值模拟的散点图，可以发现当（$\mu-1$）/$\pi\mu$ 介于 0 至 0.05 之间时，数值模拟得出的点离散型较大，且大部分高于拟合的趋势线，这是由于以当钢木混合抗侧力体系达到 EEEP 法定义的屈服点时，体系已有部分滞回耗能，即已有部分滞回阻尼比产生，故（$\mu-1$）/$\pi\mu$ 等于零点处的滞回阻尼比已达到 5%左右。

除此之外，由于过高地估计结构的阻尼比会对结构的抗震设计造成不利影响，以95%保证率的直线斜率绘制滞回阻尼比与 $(\mu-1)/\pi\mu$ 的关系，即使得公式预测的滞回阻尼小于95%的结构滞回阻尼比的值，既可以考虑结构进入塑性后滞回耗能对阻尼的影响，也可以保证抗震设计的安全性。不同刚度比 λ 的95%保证率预测直线如图2-25 (a)～(e) 所示。

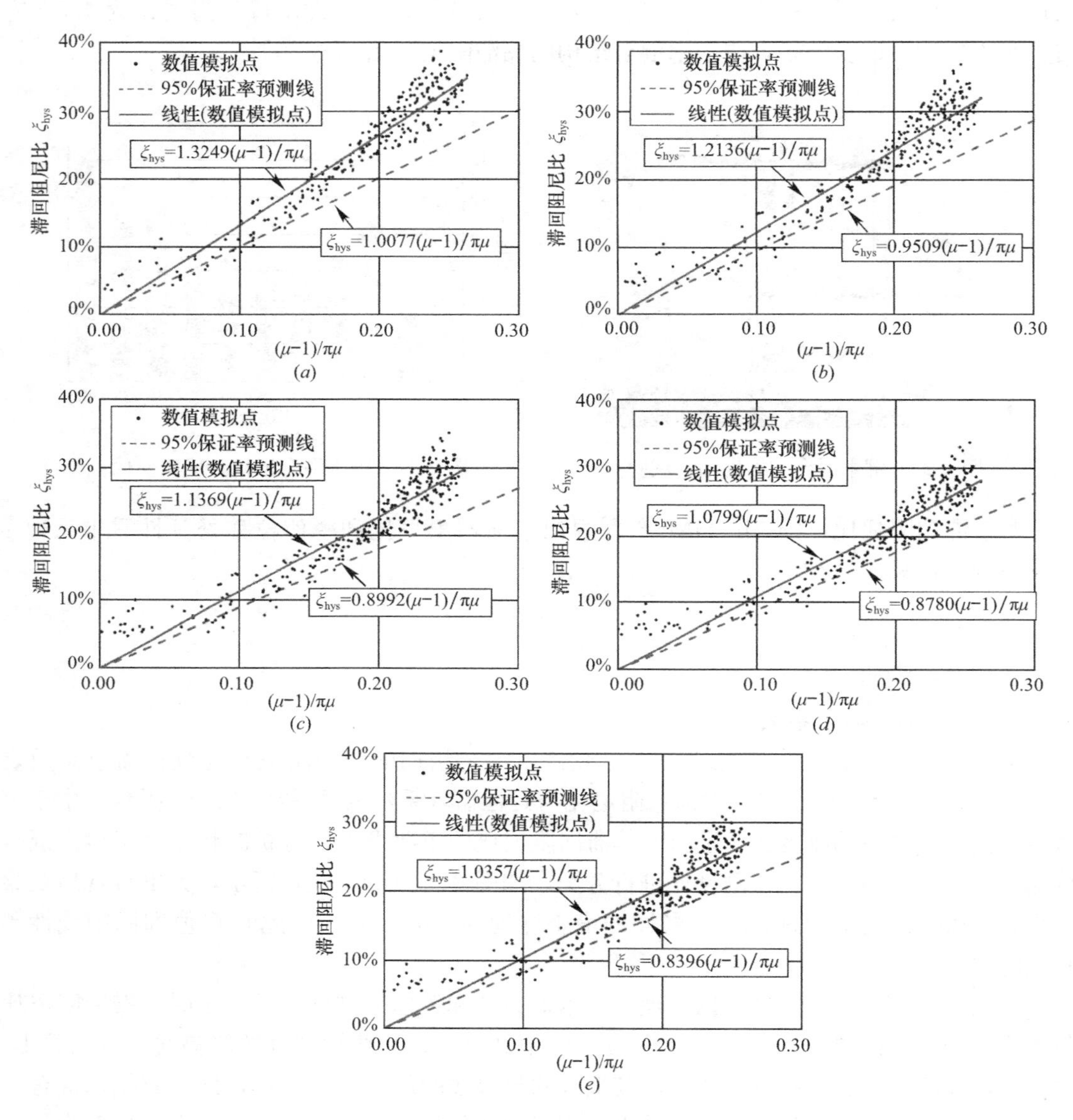

图2-25　滞回阻尼比变化趋势图

(a) λ=1.0；(b) λ=1.5；(c) λ=2.0；(d) λ=2.5；(e) λ=3.0

将图2-26中满足95%保证率的预测线斜率 C 与 λ 进行对比，可以发现 C 与 λ 近似呈线性关系，如图2-26所示。常用钢框架和木剪力墙刚度比（1.0、1.5、2.0、2.5和3.0）的钢木混合结构等效阻尼比可用式（2-7）估算。

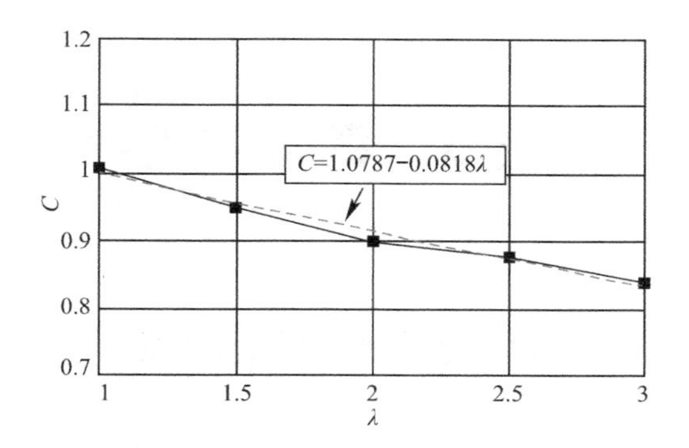

图 2-26　C 与 λ 关系图

$$\zeta = \zeta_{\text{int}} + \zeta_{\text{hys}} = 0.045 + (1.0787 - 0.0818\lambda)\left(\frac{\mu - 1}{\pi\mu}\right) \tag{2-7}$$

第三章　钢框架设计

第一节　钢框架计算

在钢木混合结构抗侧力体系中，钢框架作为结构的整体骨架，有效地提高了结构的整体性。钢框架主要承担结构的竖向荷载，并与木剪力墙协同工作，共同构成混合结构的水平抗侧力体系。由于木剪力墙能够对结构抗侧承载力有较大的提高，因此混合结构中钢框架的构件截面能够比普通钢结构中的构件截面更小。

与普通钢结构类似，在钢木混合结构中，钢框架的计算包括构件的强度计算、变形计算和稳定性验算，具体计算方法可参考钢结构设计相关书籍，本书不作赘述。

第二节　钢框架构造要求

钢木混合结构中的钢框架与传统钢框架结构基本相同，只是在特定的位置需要预留螺栓孔，或加焊连接板，方便轻型木剪力墙与钢框架连接。

钢柱和钢梁宜选用 H 型钢，因为 H 型钢方便木剪力墙通过螺栓等与钢框架连接，为螺栓紧固等安装工作预留了操作空间。为符合建筑工业化的发展趋势，钢框架梁柱节点宜采用螺栓连接，方便运输和现场安装，减少现场焊接作业。钢框架的柱脚宜选用外包式柱脚或埋入式柱脚，以增大柱脚的锚固长度，提高抗弯和抗剪能力，防止整体结构倾覆。

第三节　钢框架弹性抗侧刚度确定方法

一、单层钢木混合结构

单层钢木混合结构的钢框架抗侧刚度 k_{steel} 通过有限元软件的 pushover 分析确定。

二、多层钢木混合结构

对于多层钢木混合结构，其钢框架各层抗侧刚度受到该层及其上下层梁柱截面的影响，可以采用 D 值法或如下方法进行计算：

（一）利用有限元分析软件（如 SAP2000 等）对初步设计的钢框架建模，进行模态分析，计算钢框架的基本振型 $\{\phi_i^1\}$ 以及基本周期 T_{f}；

（二）将结构简化为多质点体系进行计算，如图 3-1 所示的多层房屋，通常将每一层楼面活楼盖的质量及上下各一半的楼层结构质量集中到楼面或楼盖标高处，作为一个质点，并假定由无重的弹性直杆支承于地面，把整个结构简化成一个多质点弹性体系。一般来说，n 层房屋应简化成 n 个质点的弹性体系[35]。

按以上方法计算并统计各层的质量 $\{m_j\}$，建立多自由度动力学模型，利用式（3-1）进行计算即可得到空框架的等效抗侧刚度[36]。

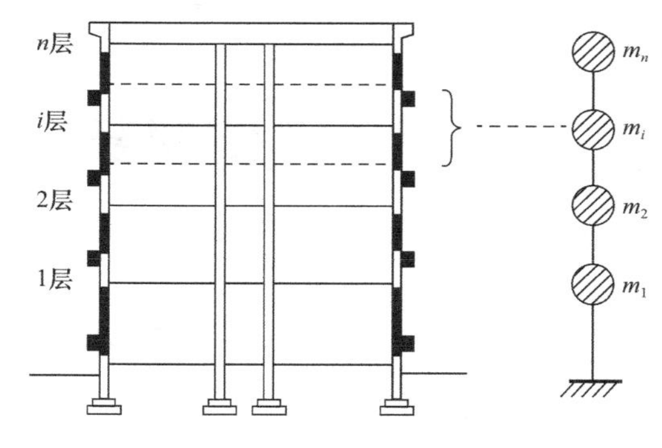

图 3-1　多质点体系计算简图

$$K_{\mathrm{f},i}=\left(\frac{2\pi}{T_\mathrm{f}}\right)^2\frac{\sum_{j=i}^{n}m_j\phi_j^1}{\Delta\phi_i^1}$$

$$\Delta\phi_i^1=\phi_i^1-\phi_{i-1}^1;\Delta\phi_1^1=\phi_1^1 \tag{3-1}$$

式中　$K_{\mathrm{f},i}$——第 i 层框架的等效抗侧刚度；

T_f——结构的基本周期；

m_j——结构第 j 层质量；

$\{\phi_i^1\}$——结构的基本振型。

第四章　木剪力墙设计

第一节　木剪力墙计算

一、轻型木剪力墙计算[37]

（一）剪力墙墙肢的高宽比不应大于3.5。

（二）单面采用竖向铺板或水平铺板（图4-1）的轻型木剪力墙抗剪承载力设计值应按公式（4-1）进行计算。

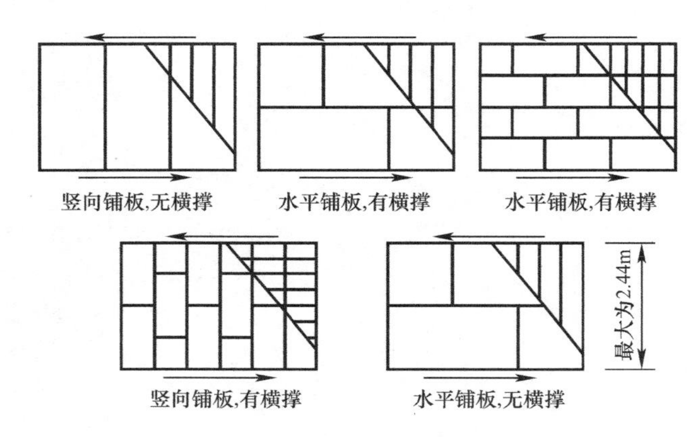

图4-1　剪力墙铺板示意图

$$V_d = \sum f_{vd} k_1 k_2 k_3 l \tag{4-1}$$

式中　f_{vd}——单面采用木基结构板材作面板的剪力墙的抗剪强度设计值（kN/m），应按表4-1的规定取值；

l——平行于荷载方向的剪力墙墙肢长度（m）；

k_1——木基结构板材含水率调整系数，应按表4-2的规定取值；

k_2——骨架构件材料树种的调整系数，应按表4-3的规定取值；

k_3——强度调整系数，仅用于无横撑水平铺板的剪力墙，应按表4-4的规定取值。

（三）对于双面铺板的剪力墙，无论两侧是否采用相同材料的木基结构板材，剪力墙的抗剪承载力设计值等于墙体两面抗剪承载力设计值之和。

二、剪力墙两侧边界杆件

剪力墙两侧边界杆件所受的轴向力应按下式计算：

$$N = \frac{M}{B_0} \tag{4-2}$$

式中　N——剪力墙边界杆件的拉力或压力设计值（kN）；

M——侧向荷载在剪力墙平面内产生的弯矩（kN·m）；

B_0——剪力墙两侧边界构件的中心距（m）。

轻型木结构剪力墙抗剪强度设计值 f_{vd} 和抗剪刚度 K_w　　表 4-1

面板最小名义厚度(mm)	钉入骨架构件最小深度(mm)	钉直径(mm)	面板边缘钉的间距（mm）											
			150			100			75			50		
			f_{vd} (kN/m)	K_w(kN/mm)		f_{vd} (kN/m)	K_w(kN/mm)		f_{vd} (kN/m)	K_w(kN/mm)		f_{vd} (kN/m)	K_w(kN/mm)	
				OSB	PLY		OSB	PLY		OSB	PLY		OSB	PLY
9.5	31	2.84	3.5	1.9	1.5	5.4	2.6	1.9	7.0	3.5	2.3	9.1	5.6	3.0
9.5	38	3.25	3.9	3.0	2.1	5.7	4.4	2.6	7.3	5.4	3.0	9.5	7.9	3.5
11.0	38	3.25	4.3	2.6	1.9	6.2	3.9	2.5	8.0	4.9	3.0	10.5	7.3	3.7
12.5	38	3.25	4.7	2.3	1.8	6.8	3.3	2.3	8.7	4.4	2.6	11.4	6.8	3.5
12.5	41	3.66	5.5	3.9	2.5	8.2	5.3	3.0	10.7	6.5	3.3	13.7	9.1	4.0
15.5	41	3.66	6.0	3.3	2.3	9.1	4.6	2.8	11.9	5.8	3.2	15.6	8.4	3.9

注：1. 表中 OSB 为定向木片板，PLY 为结构胶合板。

2. 表中抗剪强度和刚度为钉连接的木基结构板材的面板，在干燥使用条件下，标准荷载持续时间的值；当考虑风荷载和地震作用时，表中抗剪强度和刚度应乘以调整系数 1.25。

3. 当钉的间距小于 50mm 时，位于面板拼缝处的骨架构件的宽度不应小于 64mm，钉应错开布置；可采用两根 40mm 宽的构件组合在一起传递剪力。

4. 当直径为 3.66mm 的钉的间距小于 75mm 或钉入骨架构件的深度小于 41mm 时，位于面板拼缝处的骨架构件的宽度不应小于 64mm，钉应错开布置；可采用两根 40mm 宽的构件组合在一起传递剪力。

5. 当剪力墙面板采用射钉或非标准钉连接时，表中抗剪承载力应乘以折算系数 $(d_1/d_2)^2$；其中，d_1 为非标准钉的直径，d_2 为表中标准钉的直径。

木基结构板材含水率调整系数 k_1　　表 4-2

木基结构板材的含水率 ω	$\omega<16\%$	$16\%\leqslant\omega<19\%$
含水率调整系数 k_1	1.0	0.8

骨架构件材料树种的调整系数 k_2　　表 4-3

序号	树种名称	调整系数 k_2
1	兴安落叶松、花旗松—落叶松类、南方松、欧洲赤松、欧洲落叶松、欧洲云杉	1.0
2	铁—冷杉类、欧洲道格拉斯松	0.9
3	杉木、云杉—松—冷杉类、新西兰辐射松	0.8
4	其他北美树种	0.7

无横撑水平铺设面板的剪力墙强度调整系数 k_3　　表 4-4

边支座上钉的间距（mm）	中间支座上钉的间距（mm）	墙骨柱间距（mm）			
		300	400	500	600
150	150	1.0	0.8	0.6	0.5
150	300	0.8	0.6	0.5	0.4

注：墙骨柱柱间无横撑剪力墙的抗剪强度可将有横撑剪力墙的抗剪强度乘以抗剪调整系数。有横撑剪力墙的面板边支座上钉的间距为 150mm，中间支座上钉的间距为 300mm。

第二节 木剪力墙构造要求

钢框架-轻木剪力墙混合结构由钢框架和轻木框架剪力墙构成，结构中采用的木剪力墙的构造与轻型木框架结构中的木剪力墙的组成基本一致。墙体一般由墙骨柱、顶梁板、底梁板、覆面板（在木框架的一侧或两侧覆盖的木基或者其他板材）等组成，如图 4-2[3] 所示。钢木混合结构体系中木剪力墙的构造基本要求如下：

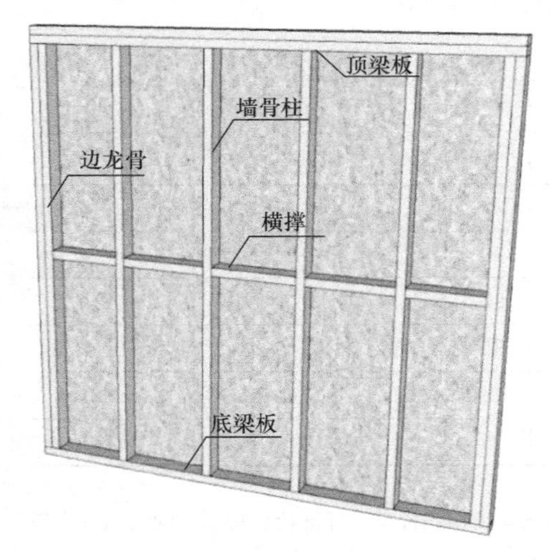

图 4-2 轻型木剪力墙

一、墙骨柱

墙骨柱是墙体木框架中的垂直构件，通常由截面为 40mm×90mm（或 140mm）的规格材制成。墙骨柱的基本构造要求如下[4]：墙体中的墙骨柱应当连续，中心间距不超过 600mm。为了提高轻木剪力墙的刚度和承载力，使之与钢框架的刚度相适应，中心间距多为 300mm 或 400mm。

二、顶梁板和底梁板

顶梁板和底梁板分别是墙体木框架中顶部和底部的水平构件，通常与墙骨柱采用相同的材料等级和截面尺寸。当多层墙体梁板设有接缝时，上下层接缝相距至少为一个墙骨柱间距，接缝位置应在墙骨柱上。

三、覆面板

覆面板采用的木基结构板材，平面尺寸一般为 1.2m×2.4m。在剪力墙边界或开孔附近，可以使用不小于 300mm 的窄板，但不得多于两块。考虑到面板可能的膨胀，在同一根墙骨柱上拼接的面板在安装时应留有 3mm 的缝隙。

四、钉连接

钉子距覆面板边缘距离不得小于 10mm，中间钉距不得大于 300mm，钉子应牢固地打入骨架构件当中，且保持顶面与板面平齐。通常面板边缘钉间距较小，中间钉间距较大。同时，钉子不得过度打入面板，特别是当钉子用气枪打入骨架时应当注意。过度打入会使面板开裂，影响墙体的承载力和延性。

当墙体两侧均铺设覆面板时，墙体两侧面板的接缝应当相互错开，避免设置在同一根骨架构件上。当骨架构件宽度大于 65mm 时，墙体两侧面板拼缝可在同一根构件上，但钉子应当交错布置。

五、其他构造要求

为了提高钢木混合结构体系的预制装配化水平，轻型木剪力墙宜在工厂加工制造，现场只进行简单的连接操作。在设计时，木剪力墙尺寸应略小于钢框架，以使轻型木剪力墙能够顺利安装。钢框架和木剪力墙间的空隙通过连接来填补固定。

第三节　木剪力墙弹性抗侧刚度确定方法

轻型木剪力墙的初始抗侧刚度采用 EEEP（Equivalent Energy Elastic Plastic）方法定义[38]。EEEP 法主要通过 EEEP 曲线来定义研究对象的弹性极限和屈服点，并以 EEEP 曲线下从原点至钢木混合抗侧力体系破坏位移面积与单调荷载作用下的荷载-位移曲线或往复荷载作用下的第一循环包络线从原点至体系破坏位移面积相同的原则定义 EEEP 曲线，如图 4-3 所示。

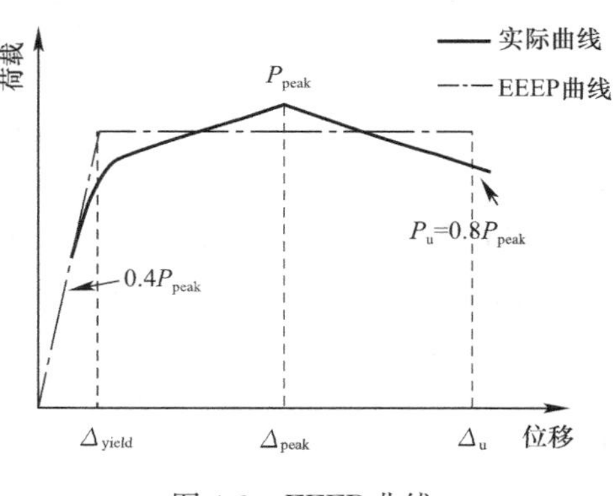

图 4-3　EEEP 曲线

将荷载-位移曲线（或第一循环包络线）上原点和荷载值达到极限荷载 40%时的 P_{peak}所对应点的连线斜率定义为墙体在弹性阶段的刚度，如式（4-3）所示。

$$K_e = 0.4P_{peak}/\Delta_{wall} \tag{4-3}$$

式中　P_{peak}——轻型木剪力墙的极限抗侧承载力；

Δ_{wall}——木剪力墙在 0.4P_{peak}处所对应的侧向位移。

第五章　钢木混合楼（屋）盖设计原理

第一节　钢木混合楼（屋）盖的特点

在结构设计中，楼盖的作用主要体现在两个方面：一是承担楼面传来的竖向荷载；二是将水平力分配到结构竖向抗侧力构件中。在钢木混合结构设计时，采用钢木混合楼盖作为结构的楼盖形式，可以减轻结构自重，降低结构在地震作用下的响应，从而有利于减小构件截面，降低基础造价。同时，由于钢木混合楼盖具有较高的预制装配化水平，可以有效减少现场的湿作业。

已有较多研究表明，简单的将轻型木楼盖作为柔性楼盖的假定具有一定的局限性[39,40]。Li S[41]等曾对混凝土框架-轻型木楼盖混合结构的水平荷载分配关系进行了试验研究，结果表明轻型木楼盖具有较高的平面内刚度和承载力，对水平剪力的分配起到了重要作用，可视为半刚性楼盖。何敏娟、马仲[42]等研究者对采用轻型木楼盖和轻型钢木混合楼盖的单层钢木混合结构进行了试验研究，结果表明，楼盖的水平荷载转移能力与楼盖平面内刚度及竖向抗侧力构件刚度有关，当竖向抗侧力构件为纯框架时，楼盖可视为刚性楼盖，当竖向抗侧力构件为钢框架和轻木剪力墙时，楼盖可视为半刚性楼盖。

在设计中，如采用不恰当的楼盖刚度假定，很可能导致对抗侧力体系的不安全设计。因此，在工程设计中，应当对钢木混合结构的楼盖刚度进行合理的考虑。

第二节　楼（屋）盖的水平荷载转移能力

楼盖的平面内刚度大小决定了楼层水平力的分配关系。为了对水平力分配关系进行定量研究，定义楼盖平面内刚度与竖向抗侧力构件抗侧刚度比值 α 和楼盖水平荷载转移能力系数 β。如图 5-1 所示，作用于中间框架上的水平力可以通过框架两侧楼板传递到两侧框架上，楼板实际转移的水平力之和与完全刚性楼板假定时楼板转移的水平力之和的比值定义为水平荷载转移能力系数 β。β 越大时，楼盖转移水平荷载的能力越强，楼盖越接近于完全刚性。

影响 β 值最主要因素是楼盖平面内刚度与竖向抗侧力框架抗侧刚度的比值 α。当 α 接近于 0 时，楼盖为完全柔性楼盖；当 α 接近于无穷大时，楼盖为完全刚性楼盖。在工程实际中，β 值介于 0 到 1 之间。

文献［42］通过数值模拟的方式，得到的 α 与 β 的关系曲线，如图 5-2 所示。当 $\alpha<0.2$ 时，楼盖转移能力小于 36.9%。此时楼盖刚度继续减小，水平荷载转移能力下降也非常有限，此时可以偏安全认为楼盖为完全柔性楼盖。当 α 逐渐增加至 3 时，β 随之迅速增长，达到 86.8%；当 α 继续增加至 10 时，β 上升的幅度趋缓，仅增长 6.3%；因此认为当 $\alpha>3$ 时，楼盖为完全刚性，此时继续增加楼盖平面内刚度，对水平荷载的分配影响不大。当 $0.2\leqslant\alpha\leqslant3$ 时，楼盖为半刚性楼盖，在设计时需考虑其平面内刚度对结构受力的影响。

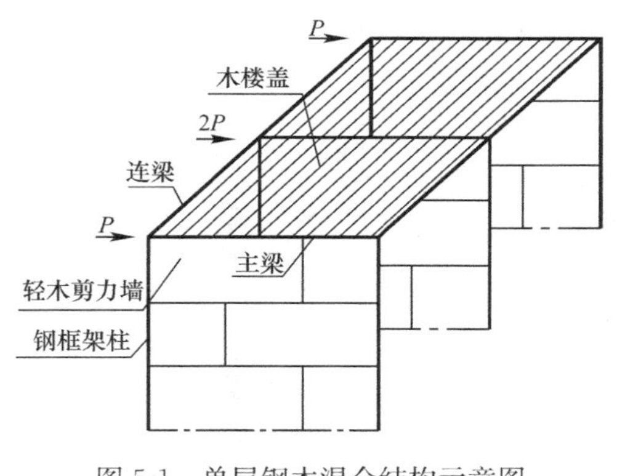

图 5-1　单层钢木混合结构示意图

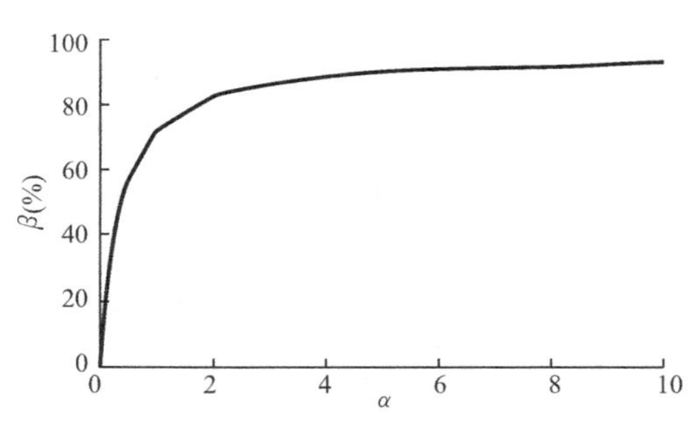

图 5-2　楼盖水平荷载转移能力系数曲线

第三节　楼（屋）盖平面内剪切位移角

由于钢木混合楼盖不完全是刚性楼盖，在水平荷载作用下，各榀框架位移不完全一致，楼盖存在平面内剪切变形。

对于混合结构中的木楼盖，许多学者进行了研究。Cohen G L[43]对单层砌体木楼盖混合结构进行了振动台试验。试验结果表明，该类结构地震破坏不能简单用墙体的层间位移角来表示，还需定义楼盖平面剪切位移角。当位移角达到 0.35%时，横墙有很明显的破坏，楼盖本身基本完好，仅观察到部分钉节点发生轻微开裂。李硕[44]通过对混凝土-木混合结构进行数值分析，认为除了层间位移角外，还应当限制由于楼盖剪切变形引起的平面内剪切位移角。当平面内剪切位移角过大时，容易引起混凝土梁端开裂。参考《建筑抗震设计规范》中对于混凝土框架的弹性层间位移角限值，建议混凝土-木混合结构中弹性平面内剪切位移角不超过 1/550。

马仲[2]研究了钢木混合结构中楼盖平面内刚度对结构抗震性能的影响，认为应当控制结构平面内剪切位移角。根据《轻型木结构建筑技术规程》[45]规定："轻型木结构宜进行多遇地震作用下的抗震变形验算，楼层内的最大弹性层间位移角限值不得超过 1/250，在有充分依据或试验研究成果的基础上可适当放宽；混合轻型木结构中以其他材料为主要抗侧力构件的结构，最大弹性层间位移角限值应符合相应国家现行标准的规定。"对于钢框架，我国《建筑抗震设计规范》规定："对多高层钢结构进行多遇地震作用下的抗震变形验算时，最大弹性层间位移角限值为 1/250"。由于轻型木楼板和轻木剪力墙在构造上具有相似性，结合试验研究和规范要求，建议钢木混合结构中轻型木楼盖的弹性平面内剪切位移角取为 1/250。

第四节　楼（屋）盖构造及连接

一、轻型木楼盖

（一）基本构造

轻型木楼盖填充在四周的钢梁之间，木楼盖和钢梁通过螺栓连接，形成了轻木-钢框架混合体系的水平向抗侧力体系。其中，木楼盖的端部搁栅通过螺栓与钢梁相连，木楼盖的封边搁栅亦通过螺栓与钢梁相连。水平向抗侧力体系构造如图 5-3 所示[2]。

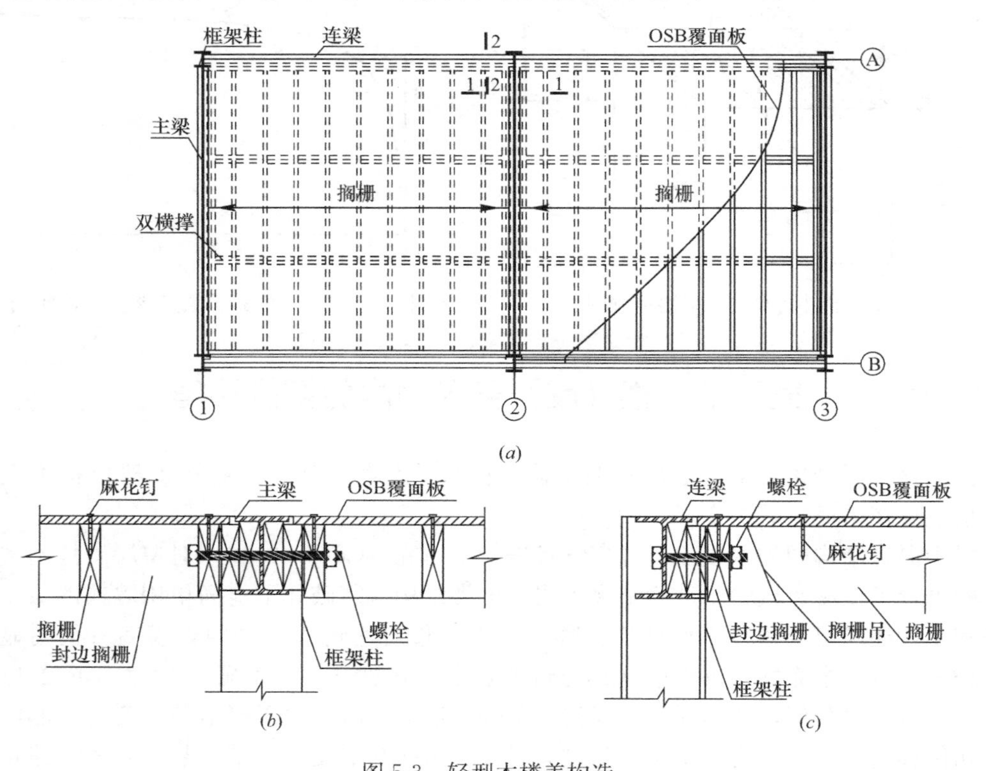

图 5-3　轻型木楼盖构造

(a) 轻型木楼盖平面图；(b) 1-1 面图；(c) 2-2 断面图

轻型木楼盖应当满足下列构造要求：

(1) 楼盖搁栅间距不大于 600mm。

(2) 楼盖搁栅在搁栅吊上的搁置长度应大于 40mm。

(3) 覆面板采用的木基结构板材，平面尺寸一般为 1.2m×2.4m。在剪力墙边界或开孔附近，可以使用不小于 300mm 的窄板，但不得多于两块。考虑到面板可能的膨胀，在同一根墙骨柱上拼接的面板在安装时应留有 3mm 的缝隙。

(4) 钉子距覆面板边缘距离不得小于 10mm，中间钉距不得大于 300mm，钉子应牢固地打入骨架构件当中，且保持顶面与板面平齐。通常面板边缘钉间距较小，中间钉间距较大。同时，钉子不得过度打入面板，特别是当钉子用气枪打入骨架时应当注意。

(二) 连接设计

当钢木混合结构采用轻型木楼盖时，楼面传来的竖向荷载通过搁栅吊传至封边搁栅，继而通过与封边搁栅连接的螺栓传至钢梁腹板。因此，在设计楼盖连接时，应当满足下列要求：

(1) 搁栅吊应验算承载力。宜优先选用满足承载力要求的成品搁栅吊；

(2) 螺栓与封边搁栅的连接，参照《胶合木结构技术规范》，按销槽类紧固件的四种破坏模式进行验算，并应取计算结果的较小值作为连接的承载力；

（3）螺栓与钢梁腹板的连接，应验算腹板的孔壁承压承载力；

（4）按普通螺栓验算抗剪承载力。

二、新型轻型钢木混合楼盖

（一）基本构造

新型的轻型钢木混合楼盖搁栅为轻型C型钢，SPF（云杉-松木-冷杉）规格材面板通过木螺钉连接在搁栅上，然后在面板上铺设细钢筋网，用骑马钉将钢筋网固定在面板上，最后铺设30～40mm薄层水泥砂浆面层形成。规格材面板宽度一般在200mm左右，楼盖属于单块直面板楼盖的一种。

轻型钢木混合楼盖构造如图5-4所示。该楼板可按照一定模数（如3m×6m）在工厂预制，现场直接安装在钢框架的钢梁上即可，在楼板双拼钢搁栅之间设置一块钢板，坐落于钢主梁的下翼缘上，并用螺栓连接。

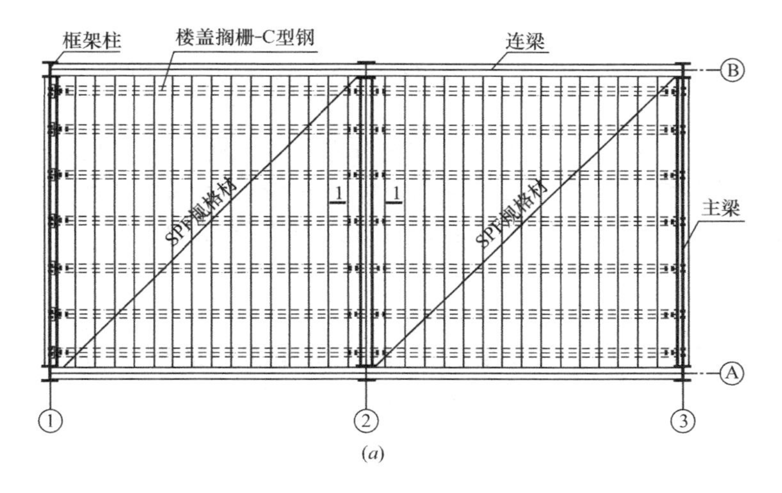

(*a*)

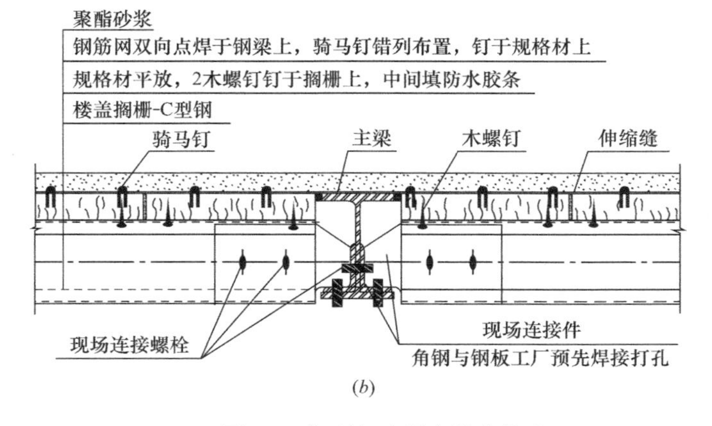

(*b*)

图5-4　轻型钢木混合楼盖构造

（*a*）轻型钢木混合楼盖平面图；（*b*）1-1断面图

（二）连接计算

当钢木混合结构采用新型轻型木楼盖时，楼面传来的竖向荷载通过螺栓传给连接件，继而通过连接件中角钢的螺栓传到钢梁。因此，在设计楼盖连接时，应当满足下列要求：

（1）楼盖搁栅和连接件的连接螺栓应验算抗剪承载力。

（2）连接件中与楼盖搁栅相连的钢板应验算抗剪承载力。

（3）连接件中角钢与钢板焊缝应验算。

第五节　楼（屋）盖设计实例

钢木混合结构中，楼（屋）盖设计的基本原则和要求如下：

（1）在钢木混合结构中，楼盖形式可选用轻型木楼盖、轻型钢木混合楼盖或其他合理的形式。在楼盖设计时，应当对楼盖进行承载力和变形方面的计算。在计算中，楼盖搁栅通常视为简支梁。当楼盖形式为轻型木楼盖时，还应满足《木结构设计标准》中的相关规定。

（2）楼盖与结构整体的连接应当合理可靠，具有较高的刚度和承载力，以保证连接不先于楼板发生破坏。

（3）在对混合结构进行整体建模时，应充分考虑楼盖刚度对于结构受力性能的影响。当楼盖不能视为刚性楼盖时，应当限制楼盖弹性平面内剪切位移角不超过 1/250。

下面通过一则实例，对新型钢木混合楼盖的设计过程进行介绍。

一、基本条件

某办公楼建筑采用轻型钢木混合楼盖，典型的楼盖布置如图 5-5 所示，图示区域为办公室。楼板采用Ⅲc 级以上 2×10（38mm×235mm）SPF 规格材，抗弯强度 $f_m=9.4$MPa，顺纹抗剪强度 $f_v=1.4$MPa，截面强轴垂直于地面放置于次梁上。楼板荷载通过次梁传递到框架梁上，次梁采用双薄壁冷弯卷边槽钢。

二、荷载信息

恒荷载

8 厚防滑地砖	0.16	kN/m^2
8 厚水泥胶结合层	0.16	kN/m^2
30 厚水泥砂浆＋钢筋网片	0.75	kN/m^2
40 厚规格材	0.17	kN/m^2
其他	0.50	kN/m^2
总计	1.74	kN/m^2

三、楼盖计算

（一）楼板规格材计算

由图 5-5 可知，次梁间距为 1.44m。故规格材计算跨度为 1.44m，计算简图如图 5-6 所示。

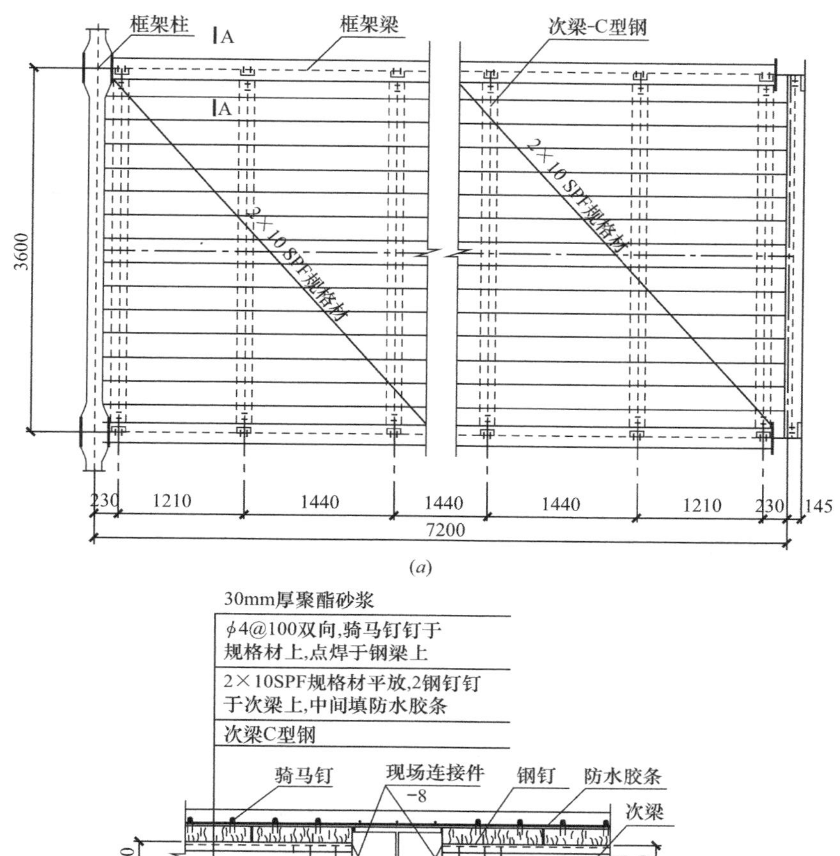

图 5-5　轻型钢木混合楼盖构造

(a) 轻型钢木混合楼盖平面图；(b) A-A 断面图

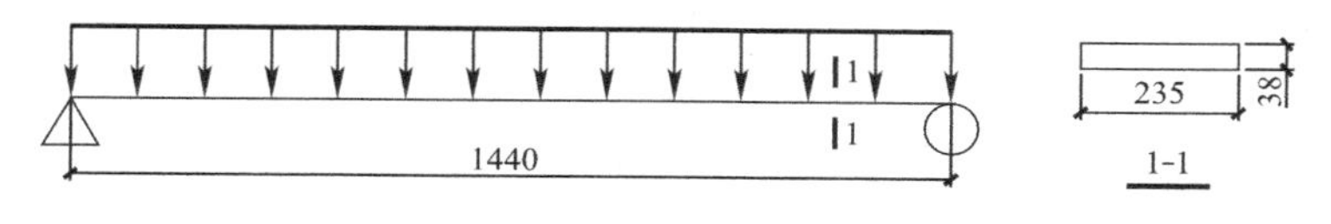

图 5-6　楼板规格材计算简图

楼板规格材所受荷载如表 5-1 所示。

楼板规格材所受荷载及荷载组合　　　　**表 5-1**

荷载	取值 (kN/m)
恒荷载	1.74×0.235=0.4089
活荷载	2.0×0.235=0.47

续表

荷载	取值（kN/m）
1.2 恒+1.4 活	1.15
1.35 恒+0.98 活	1.01
1.0 恒+1.0 活	0.88

故楼板规格材的荷载设计值为 1.15kN/m，荷载标准值为 0.88kN/m。

（1）强度验算

楼板规格材跨中最大弯矩为

$$M_{max}=\frac{1}{8}ql^2=\frac{1.15\times1.44^2}{8}=0.30\text{kN}\cdot\text{m}$$

楼板规格材支座处最大剪力为

$$V_{max}=\frac{1}{2}ql=\frac{1.15\times1.44}{2}=0.83\text{kN}$$

楼板规格材截面模量为

$$W=\frac{1}{6}bh^2=\frac{235\times38^2}{6}=56556.7\text{mm}^3$$

楼板规格材截面的最大正应力为

$$\sigma=\frac{M_{max}}{W}=\frac{0.30\times10^6}{56556.7}=5.3\text{MPa}<f_m=9.4\text{MPa}$$

满足抗弯强度要求。楼板规格材截面最大剪应力

$$\tau=\frac{VS}{It_w}=\frac{0.83\times10^3\times42417.5}{1074576.7\times235}=0.14\text{MPa}<f_v=1.4\text{MPa}$$

满足抗剪强度要求。

（2）变形验算

$$\omega=\frac{5ql^4}{384EI}=\frac{5\times0.88\times1.44^4\times10^{12}}{384\times9700\times1074576.7}=4.73\text{mm}<[\omega]=l/250=5.76\text{mm}$$

满足变形要求。

（二）次梁计算

次梁采用双薄壁冷弯卷边槽钢，跨度 3.6m，间距 1.44m，初步选取截面 2-C160×2.5 进行计算。

次梁自重取为 0.12kN/m。C160×2.5 截面抗弯模量 $W_x=36.02\text{cm}^3$，绕强轴惯性矩 $I_x=288.13\text{cm}^4$。

单根薄壁冷弯卷边槽钢所受荷载如表 5-2 所示。

次梁所受荷载及荷载组合 **表 5-2**

荷载	取值(kN/m)
恒荷载	(1.74×1.44+0.12)/2=1.31
活荷载	2.0×1.44/2=1.44
1.2 恒+1.4 活	3.59
1.35 恒+0.98 活	3.18
1.0 恒+1.0 活	2.75

故单根薄壁冷弯卷边槽钢的荷载设计值为3.59kN/m，荷载标准值为2.75kN/m。

（1）强度验算

次梁跨中最大弯矩为

$$M_{\max}=\frac{1}{8}ql^2=\frac{3.59\times3.60^2}{8}=5.82\text{kN}\cdot\text{m}$$

次梁支座处最大剪力为

$$V_{\max}=\frac{1}{2}ql=\frac{3.59\times3.60}{2}=6.46\text{kN}$$

次梁截面最大正应力为

$$\sigma=\frac{M_{\max}}{W}=\frac{5.82\times10^6}{36.02\times10^3}=161.6\text{MPa}<f=235\text{MPa}$$

满足抗弯强度要求。次梁截面最大剪应力

$$\tau=\frac{VS}{It_w}=\frac{6.46\times10^3\times23312.5}{288.13\times10^4\times2.5}=20.91\text{MPa}<f_v=125\text{MPa}$$

满足抗剪强度要求。

（2）变形验算

$$\omega=\frac{5ql^4}{384EI}=\frac{5\times2.75\times3.60^4\times10^{12}}{384\times205000\times288.13\times10^4}=10.18\text{mm}<[\omega]=l/250=14.4\text{mm}$$

满足变形要求。

（3）稳定验算

因次梁上密铺木板，可不对其进行稳定验算。

第六节　轻型钢木混合楼（屋）盖水平抗侧性能试验

一、试验目的

为了研究轻型钢木混合楼（屋）盖的抗侧性能，了解其变形特征、破坏模式、强度、平面内刚度、耗能等特性，对2个4.8m×2.8m的轻型钢木混合楼盖进行了水平往复加载拟静力试验。

二、试验设计和制作

楼盖试件尺寸4.8m×2.8m，由C型钢搁栅与SPF规格材面板通过木螺钉连接而成。数量2个，构造完全相同，分别为试件A-垂直于搁栅方向加载及试件B-平行于搁栅方向加载。试件A、B设计分别如图5-7、图5-8所示。

搁栅型号为C160×50×20×2.5，材质Q235，间距800mm，中间搁栅背靠背并列。SPF面板规格材长×宽为38mm×184mm，错缝铺设。木螺钉规格为$\phi4\times35$mm。C型钢搁栅预钻$\phi5.2$孔，面板宽度方向与搁栅接触处用2个木螺钉固定，端距及边距均为30mm。

试件A、B两端各两个液压千斤顶作用在跨中三分点处进行水平往复加载。试件A搁栅端部与固定在支座连梁上的T形连接件通过螺栓连接。千斤顶作用于焊接在加载梁槽钢

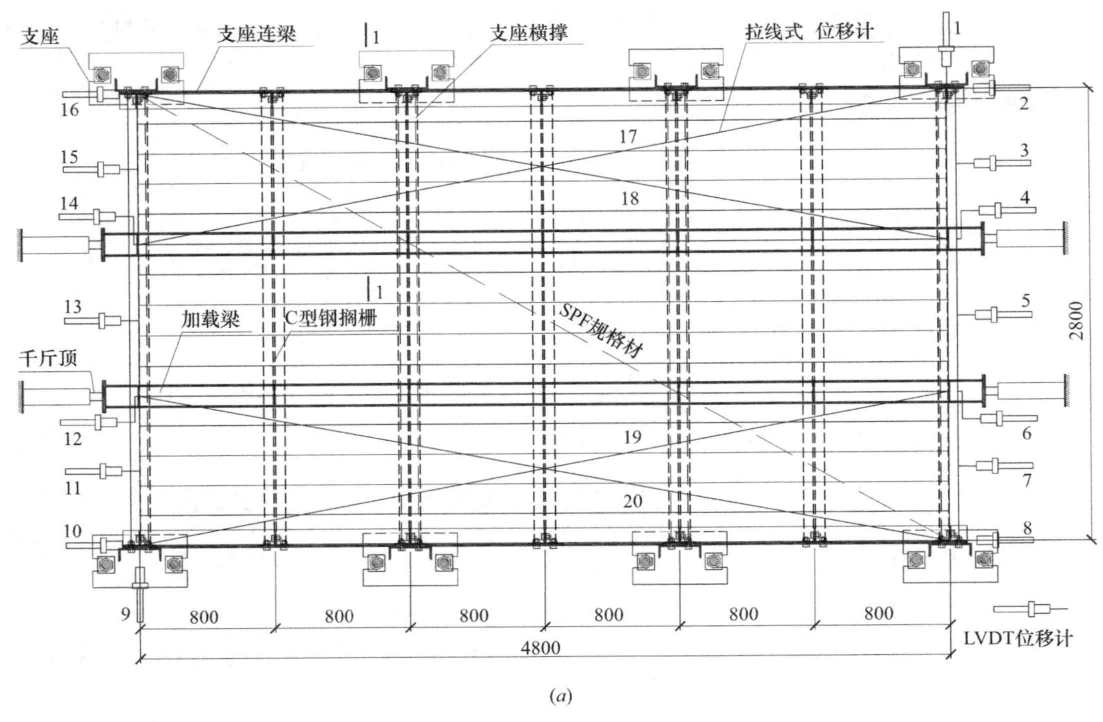

(a)

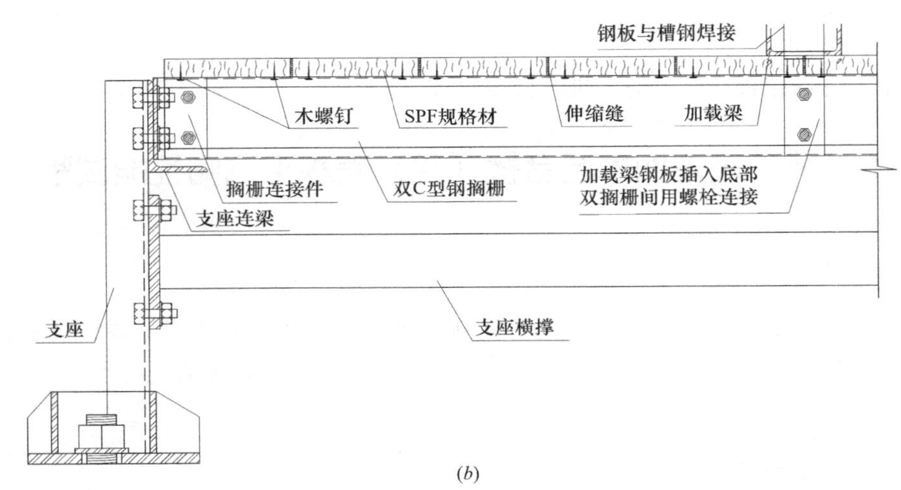

(b)

图 5-7 试件 A-垂直于搁栅方向加载（单位：mm）

(a) 平面图；(b) 1-1 断面图

端部的加载板上。槽钢腹板上每隔 800mm 开孔，竖钢板从孔插入并列搁栅缝隙中，开孔周围焊牢，用螺栓将竖钢板与搁栅连接，以使荷载均匀传至整个楼盖，见图 5-7 (b)。试件 B 中，中间搁栅缝隙中插入钢板用螺栓将其连接成整体，端搁栅用螺栓固定在支座连梁上。千斤顶作用在搁栅两端的加载板上，加载板由 4 根 ϕ20 的螺杆拧紧固定，中间搁栅下垫有钢管，钢管下有 Teflon 板，减小楼盖摩擦，见图 5-8 (b)。

加载方式采用位移加载，按 2mm、4mm、6mm、8mm、10mm、15mm、20mm，然后 10mm 一级递增，直至结构破坏或承载力下降至峰值的 85%，每级位移循环三次。

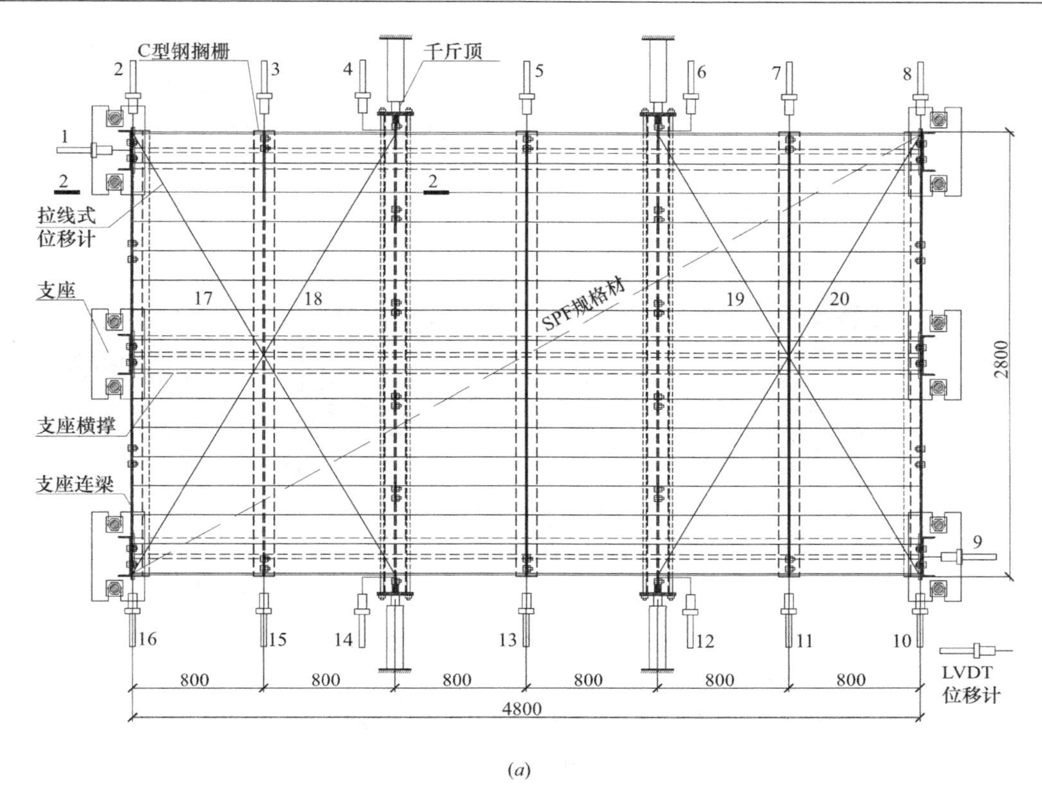

(*a*)

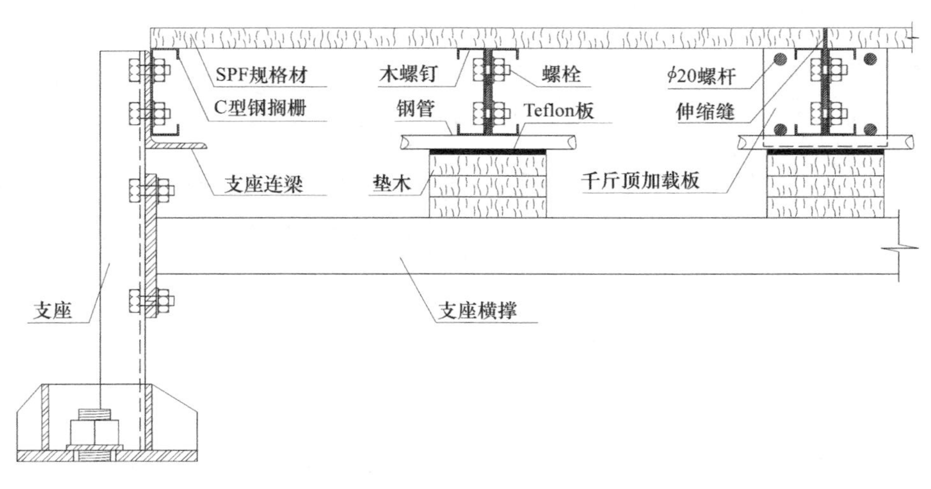

(*b*)

图 5-8　试件 B-平行于搁栅方向加载（单位：mm）

（*a*）平面图；（*b*）2-2 断面图

三、破坏现象及结构分析

（一）破坏现象

试件 A 加载至承载力下降到峰值的 85%，主要破坏现象是两加载点外面板钉大量剪断及弯曲破坏，而两加载点之间的面板钉则很少剪断，见图 5-9（a）。这是因为楼盖变形是以剪切变形为主，两加载点外的变形相对于两加载点之间处变形较大，而两加载点之间变形相差很小，这也可以从后面试验结果中的楼盖变形曲线看出。搁栅跨中下翼缘局部屈曲，上翼缘完好，见图 5-9（b）。这是因为搁栅跨中弯矩最大，面板对搁栅上翼缘有加强作用，而下翼缘没有加强。另外，加载点集中荷载处搁栅上下翼缘均有局部屈曲，见图 5-9（c）。

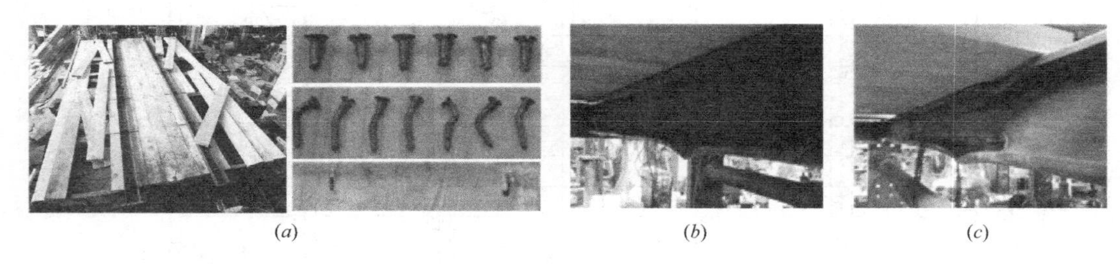

(a) (b) (c)

图 5-9 试件 A 破坏形式

（a）两加载点外面板钉剪断；（b）搁栅跨中下翼缘局部屈曲；（c）集中荷载附近搁栅局部屈曲

试件 B 在跨中位移加载至 60mm 级时，端部搁栅面板钉全部剪断，楼盖突然破坏，如图 5-10 所示。试件 B 突然破坏并非表明该类楼盖延性不好，这是因为楼盖端搁栅处的变形相对两加载点之间最大，且水平荷载最终全部转移到端搁栅上的钉子，端搁栅左右仅各一根，钉子数目较少。另外，试件 B 也是两加载点外面板钉大量剪断，而两加载点之间面板钉很少剪断，原因与试件 A 相同。

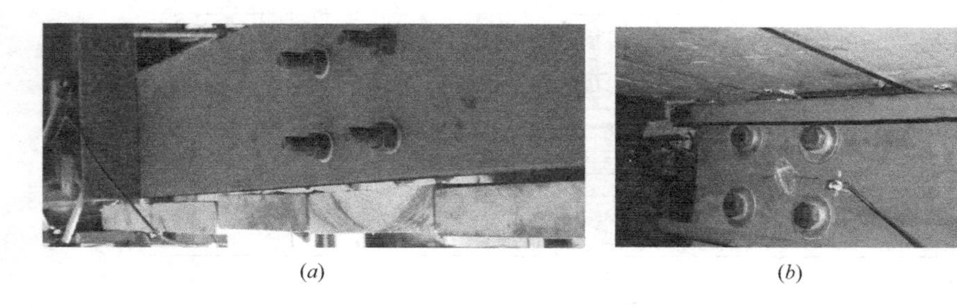

(a) (b) (c)

图 5-10 试件 B 破坏形式

（a）端搁栅面板钉剪断-1；（b）端搁栅面板钉剪断-2；（c）端搁栅面板钉剪断-3

（二）荷载位移滞回曲线

试件 A、B 跨中荷载位移滞回曲线如图 5-11 所示。试件 A 水平荷载加至承载力下降到峰值的 85%；试件 B 在跨中位移加载至 60mm 级时，两端搁栅钉子突然剪断，楼盖破坏，骨架曲线没有下降段。试件 A 滞回曲线相对试件 B 较饱满，捏缩效应小。因为垂直于搁栅加载时，其水平荷载除由连接 SPF 面板与 C 型钢搁栅的面板钉承担之外，C 型钢本身也分担；而平行于搁栅方向加载时，水平荷载仅仅由面板钉来承受，钉子在木材内的挤压造成了荷载位移滞回曲线明显的捏缩效应。

试件 A 骨架曲线有上升和下降段，试件 B 骨架曲线只有上升段。图 5-12 所示为拟合曲线与试验曲线对比，可以看出，吻合较好。开始加载至荷载最大值段符合指数曲线形式，荷载下降段符合直线形式。

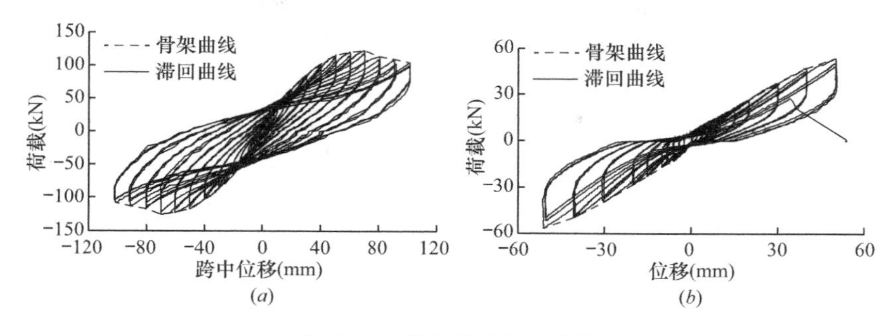

图 5-11 跨中荷载位移曲线

（a）试件 A；（b）试件 B

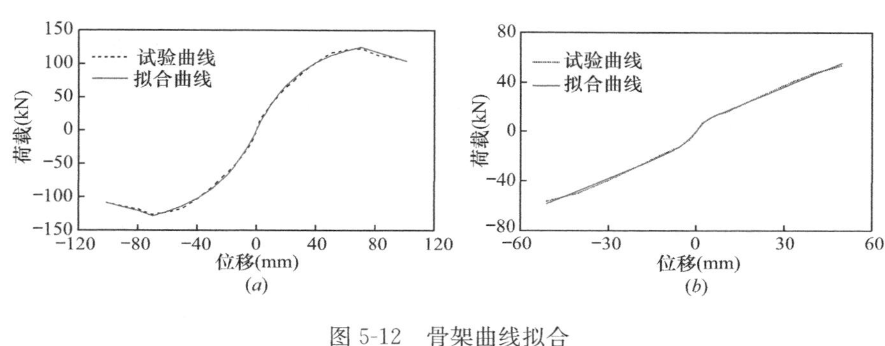

图 5-12 骨架曲线拟合

（a）试件 A；（b）试件 B

（三）强度

楼盖强度可用每楼盖宽度范围内剪切强度值 R_d 来表示，见公式（5-1）：

$$R_d = \frac{P_{yield}}{2B} \tag{5-1}$$

式中 P_{yield}——楼盖屈服荷载；

B——为楼盖宽度。

美国规范 FEMA273（1997）[46]、FEMA356（2000）[47]及 ASCE 41-06（2007）[48]对该类楼盖 R_d 建议值均为 1.75kN/m，因 ASCE 41-06 主要沿用 FEMA 356，故后文只列出 ASCE 41-06。

新西兰规范 NZSEE（2006）[49]给出两种建议，第一是根据式（5-2）计算：

$$R_d = \frac{Q_n s}{l b_s} \tag{5-2}$$

式中 Q_n——钉子名义承载力，计算见 NZS-3603（1993）[50]；

s——钉子力偶矩；

l——搁栅间距；

b_s——面板宽度。

第二是直接估计 R_d 值为 6kN/m，两种建议差距较大，规范未给出解释。本节楼盖的试验值及规范建议值见表 5-3。

参数试验值与规范建议值 表 5-3

参数	试件 A				试件 B			
	FEMA 273	ASCE 41-06	NZSEE -2006	试验值	FEMA 273	ASCE 41-06	NZSEE -2006	试验值
R_d（kN/m）	1.75	1.75	1.36（6）	11.5	1.75	1.75	1.36（6）	8.3
k_1（kN/mm）	604.2	2.4	0.82	4.5	8.1	0.82	0.28	1.8
k_2（kN/mm）	—	—	—	1.9	—	—	—	1.0
k_e（kN/mm）	604.2	2.4	0.82	3.7	8.1	0.82	0.28	1.5
G_d（kN/mm）	35	0.35	0.12	0.54	35	0.35	0.12	0.64
$D=\Delta_u/\Delta_{yield}$	1.5	1.5	—	3.4	1.5	1.5	—	1.6

注：表中括号内数值为 NZSEE 按第二种方法得到的强度 R_n 值。

表 5-3 中，垂直于搁栅加载 R_d 为 11.5kN/m，大于平行于搁栅加载 8.3kN/m。另外当垂直于搁栅加载楼盖仅有 C 型钢时，按理论计算出 R_d 为 4.2kN/m，铺设 SPF 后，承载力增长 2 倍左右。无论垂直还是平行于搁栅加载，试验值均远高于 FEMA273、ASCE 41-06 及 NZSEE 第一种方法建议值，也高于 NZSEE 第二种方法建议值，但相对较接近。

（四）刚度

采用《建筑抗震试验方法规程》规定的方法，得到试件 A、B 的割线刚度退化曲线，如图 5-13 所示。

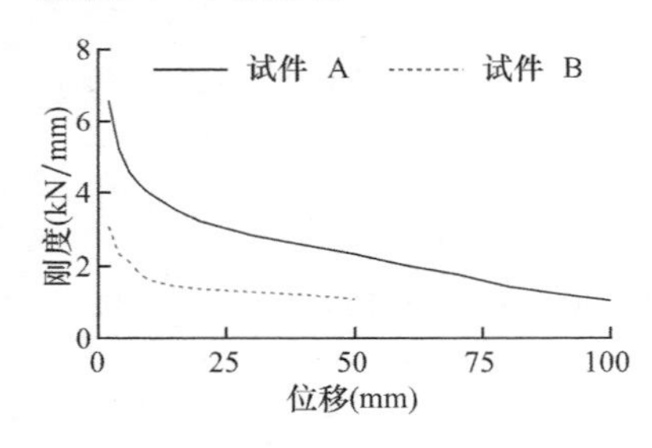

图 5-13 割线刚度退化曲线

试件 A 平面内刚度介于 1～6.5kN/mm 之间，试件 B 介于 1～3kN/mm 之间。在整个加载过程中，楼盖垂直于搁栅加载平面内刚度明显大于平行于搁栅加载，其初始刚度约为楼盖平行于搁栅加载的 2 倍左右。

FEMA273、ASCE 41-06 及 NZSEE 分别给出了楼盖在水平侧向力作用下的跨中位移公式，从而可得到相应的楼盖平面内有效刚度式（5-3）、式（5-4）[51] 和式（5-5）。

$$K = 2G_d\left(\frac{B}{L}\right)^4 \tag{5-3}$$

$$K = \frac{4BG_d}{L} \tag{5-4}$$

$$K = \frac{F}{\Delta} = \frac{F}{(Le_n/2s)} \tag{5-5}$$

式（5-3）、式（5-4）中：B 为楼盖宽度；L 为楼盖跨度；G_d 为楼盖剪切刚度，它与试件几何尺寸无关，FEMA273 与 ASCE 41-06 取值分别为 35kN/mm 及 0.35kN/mm。式（5-5）中：F 为水平力；Δ 为楼盖跨中位移；e_n 为钉子在剪力作用下的滑移；s 为钉子力偶矩。e_n 及 K 计算方法见文献［52］。另外为了对比，套用公式（5-4）计算 NSZEE 及试验的 G_d 值，列于表 5-3 中。

从表 5-3 中可以看出，尽管试件 A 的 k_e 相比试件 B 较大，但剪切刚度 G_d 却较小，垂直及平行于搁栅加载剪切刚度 G_d 分别为 0.54kN/mm、0.64kN/mm。无论垂直还是平行于搁栅加载，楼盖 G_d 试验值均远低于 FEMA273 建议值，高于 ASCE 41-06 及 NSZEE 建议值，但与 ASCE 41-06 值较接近，可尝试用 ASCE 41-06 预估该类楼盖平面内剪切刚度。

（五）延性

表 5-3 中列出了试件 A、B 的延性值以及 FEMA273、FEMA356/ASCE 41-06 规范给出的延性预测值。FEMA273、ASCE 41-06 均用构件修正因子（m-factors）代替传统的延性系数，给出了生命安全极限状态时的楼盖延性预测值均为 1.5，NSZEE 并没有给出该类楼盖延性值。FEMA273 限定楼盖跨宽比小于 2，FEMA356/ASCE 41-06 限定楼盖跨宽比小于 3，试件 A、B 均符合规定。试件 A 试验延性值为 3.4，大于规范给出的预测值，楼盖延性较好；而试件 B 试验延性值为 1.6，与规范给出的预测值基本相等。试件 B 破坏较突然，并非是该类楼盖延性不好，只是因为楼盖端部搁栅左右仅各一根且钉子数目不够，因此建议在实际工程项目中，端部搁栅及钉子数目在可能情况下尽量多布置。

（六）耗能

对于往复加载试验，试件 A、B 所耗散的能量可由荷载位移滞回曲线得到，体系在整个过程中所耗散的能量应为所有滞回环面积的总和。

图 5-14 是试件 A、B 的耗能曲线。垂直于搁栅加载耗能大于平行于搁栅加载，因为在相同位移下，试件 A 荷载大于试件 B，耗能也就大。

黏滞阻尼系数 ε_{eq} 也是反映结构耗能能力大小的指标之一，ε_{eq} 根据《建筑抗震试验方法规程》得到，它反映了构件荷载位移滞回曲线饱满程度及耗能能力强弱。图 5-15 是试件 A、B 的等效阻尼系数 ε_{eq} 曲线。试件 A 的 ε_{eq} 介于 0.08～0.18 之间，ε_{eq} 曲线是减小—稳定—增大的一个过程。原因是试件一开始主要是面板钉耗能，搁栅为弹性，耗能较小，而面板钉在木材中变形造成的捏缩效应逐渐增大，ε_{eq} 不断减小；随着循环次数增加，面板钉开始断裂，捏缩效应越来越大，耗能能力不断衰减，而搁栅耗能能力不断增加，当搁栅耗能能力增加速度和面板钉耗能能力衰减速度差不多时，ε_{eq} 开始趋于稳定；最后，面板钉大量断裂，耗能能力衰减基本稳定，搁栅耗能越来越多，ε_{eq} 增大。试件 B 的 ε_{eq} 介于 0.07～0.27 之间，ε_{eq} 一直减小。原因是试件 B 仅由面板钉耗能，随着面板钉在木材中挤压变形越来越大，捏缩效应越来越明显，耗能能力不断下降。另外试件 A 的 ε_{eq} 开始比试件 B 小，后来较大。原因是相对于试件 B，试件 A 两加载点外面板钉较集中，距离加载点比较近，在相同跨中位移下，其面板钉中的受力及挤压变形均较大，因而捏缩效应较大，ε_{eq} 小；随着位移增大，试件 A 的 ε_{eq} 开始稳定及增大，在第 24 个循环圈后，即 40mm 位移级时，超过 ε_{eq} 不断下降的试件 B。

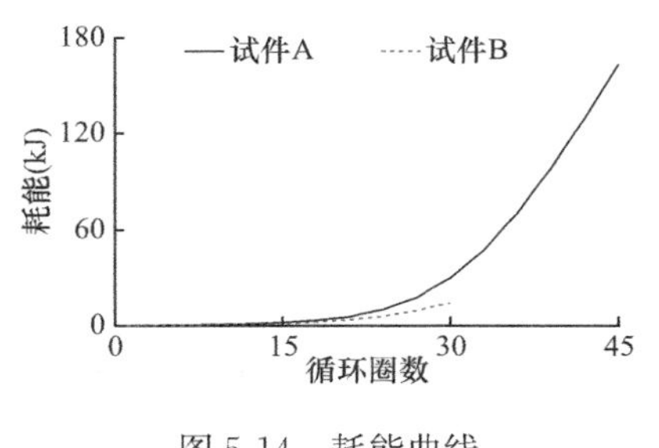

图 5-14 耗能曲线

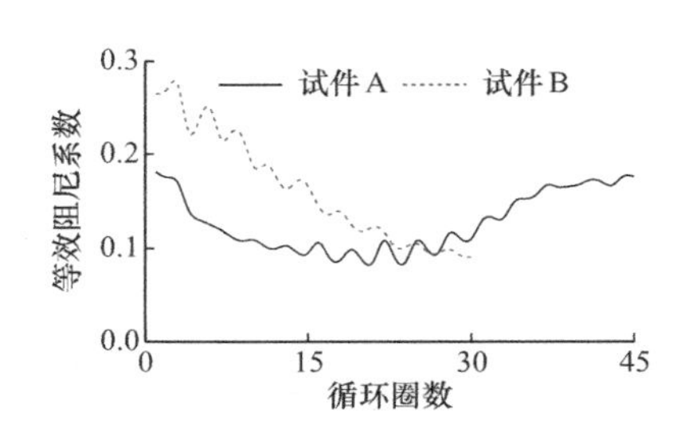

图 5-15 等效阻尼系数曲线

（七）楼盖变形

楼盖总变形包括剪切变形和弯曲变形两部分。试验时，通过位移计测量楼盖三分点处

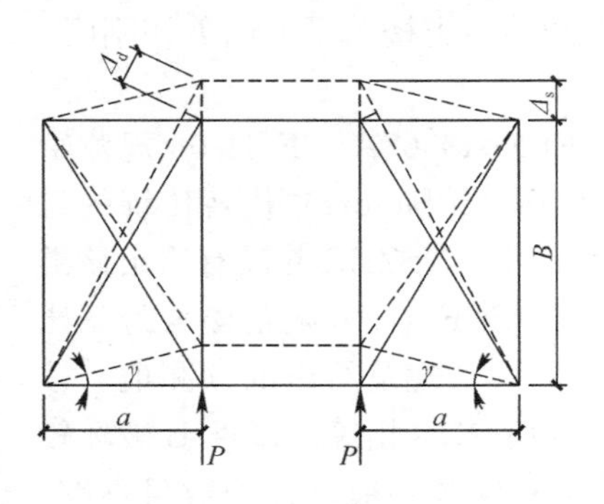

图 5-16 剪切变形示意

对角位移 Δ_d 值，可以获得楼盖的剪切变形 Δ_s。图 5-16 是楼盖仅有剪切变形 Δ_s 时的示意图。

试验时的楼盖剪切变形 Δ_s 可通过公式（5-6）得到：

$$\Delta_s = \gamma a = \frac{\Delta_d \sqrt{a^2 + B^2}}{B} \tag{5-6}$$

式中 a——楼盖加载点至楼盖端部的距离，这里等于 1/3 跨距；

γ——剪切变形；

B——楼盖宽度；

Δ_d——位移计 17～20 测量的对角位移值。

图 5-17 是楼盖三分点处的剪切变形与总变形对比。试件 A 剪切变形几乎与总变形一致；试件 B 在初始变形阶段其剪切变形与总变形相差很小，随着变形增大，钉子不断屈服剪断，弯曲变形占总变形的比例越来越大，但剪切变形占总变形的比例也在 90%左右，只是相比试件 A 较少，这主要是因为试件 B 跨宽比较大。试件 A、B 变形均以剪切变形为主，在进行数值建模时，可忽略楼盖弯曲变形，用等效交叉弹簧[44]模拟楼盖平面内刚度以简化结构分析。

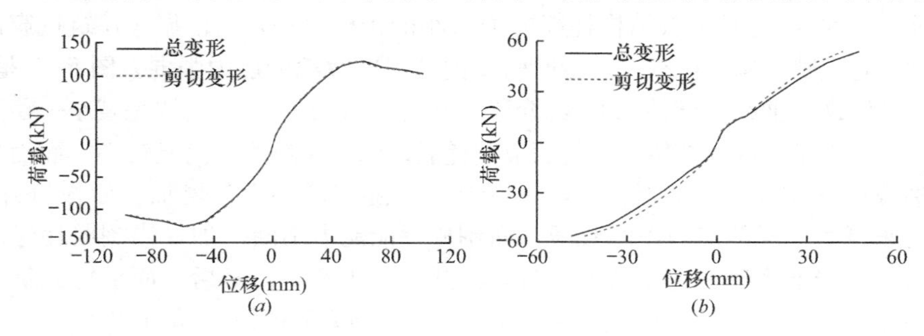

图 5-17 剪切变形与总变形
（a）试件 A；（b）试件 B

图 5-18 是试件 A、B 跨中位移分别为 10mm、20mm、30mm、40mm 时的楼盖变形图。可以看出，楼盖的变形形状与楼盖仅有剪切变形时几乎一致，楼盖端部相对跨中及加载点处变形最大，两个加载点与跨中相对变形很小，这也可以解释木螺钉为什么在远离加载点的两端剪断最多。

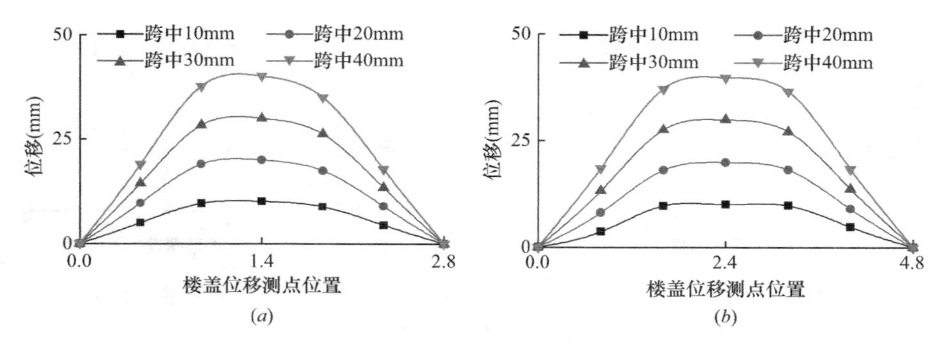

图 5-18 楼盖变形图
（a）试件 A；（b）试件 B

四、试验结论

（1）轻型钢木混合楼盖垂直和平行于搁栅加载时，变形均以剪切变形为主；主要破坏形式均是两加载点外面板钉剪断，且垂直于搁栅加载时，C型钢搁栅跨中下翼缘局部屈曲，上翼缘因上铺面板对其有加强作用，无屈曲；楼盖荷载位移骨架曲线从开始加载到荷载最大值段符合指数曲线形式，从最大值到下降段符合直线形式。

（2）垂直于搁栅加载时，轻型钢木混合楼盖剪切强度、平面内刚度、延性、耗能大于平行于搁栅加载，但剪切刚度却较低；铺设SPF面板对楼盖剪切强度及平面内刚度有较大提高；垂直于搁栅加载时，阻尼系数一开始小于平行于搁栅加载，后来较大，是下降—平稳—增大的过程，平行于搁栅加载时阻尼系数一直下降，捏缩效应越来越显著。

（3）无论垂直还是平行于搁栅加载，轻型钢木混合楼盖剪切强度及延性均高于FEMA273、ASCE 41-06及NSZEE建议值；平面内刚度和剪切刚度远低于FEMA273、高于ASCE 41-06及NSZEE，但与ASCE 41-06较接近。

第七节　钢木混合结构水平抗侧性能试验

一、试验目的

为了验证楼盖连接可靠性，考察楼（屋）盖轻型木楼盖与轻型钢木混合楼盖的平面内侧向性能以及水平荷载转移能力，对2个单层钢木混合结构进行了往复加载试验。

二、试验设计和制作

（一）试件概况

试件为一层两跨的钢木混合结构，数量2个，分为试件A与试件B。两个试件的几何尺寸、钢框架材质及连接构造均相同。试件尺寸长×宽×高为6.0m×3.0m×2.8m，主梁上下翼缘与柱翼缘焊接，腹板与柱翼缘上伸出的钢板螺栓连接，连梁仅与柱腹板上伸出的钢板螺栓连接。试件A与试件B主要区别在于试件A楼盖为轻型木楼盖，轻型木剪力墙为单面覆板；试件B楼盖为轻型钢木混合楼盖，轻型木剪力墙为双面覆板。

轻型木剪力墙与钢框架组成结构的竖向抗侧力体系，试件A中分别命名为RF-1A、RF-2A、RF-3A，试件B命名为RF-1B、RF-2B、RF-3B，三榀框架完全相同。木楼盖连接在钢梁上组成结构的水平向抗侧力体系，RF-2A（RF-2B）柱顶作用2P荷载，RF-1A（RF-1B）、RF-3A（RF-3B）柱顶各P荷载，见图5-19。

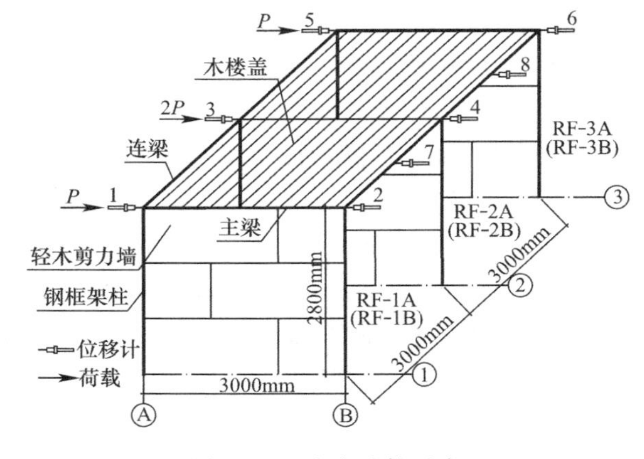

图5-19　试验试件示意

试验材料及构造说明列于表 5-4 中。

试验构件和材料　　表 5-4

构件	材料和构造
钢框架	热轧 H 型钢，钢柱截面为 H150×150×7×10，钢梁截面为 H148×100×6×9，钢材材质 Q235B，焊接连接采用 E43 型焊条。主梁与柱节点采用腹板螺栓连接，翼缘焊接；次梁与柱节点采用腹板螺栓连接
木剪力墙	墙骨柱采用Ⅲc 级（NLGA 标准）SPF 规格材，含水率 17%，截面尺寸为 38mm×140mm，沿墙体长度方向中心距 406mm。墙体端部边墙骨柱由两根规格材构成。双层顶梁板、单层底梁板材料均同墙骨柱。覆面板为 19/32（APA 面板等级）14.68mm 厚 OSB 板，面板边缘钉间距 150mm、中间钉间距 300mm。试件 A 木剪力墙为单面覆板；试件 B 木剪力墙为双面覆板
轻型木楼盖（试件 A）	楼盖搁栅采用Ⅲc 级（NLGA 标准）SPF 规格材，含水率 17%，截面尺寸为 38mm×140mm。端部搁栅、封边搁栅都是三根规格材拼合，搁栅间距 300mm。覆面板为 19/32（APA 面板等级）14.68mm 厚 OSB 板，面板边缘钉间距 150mm/75mm、中间钉间距 300mm/150mm
轻型钢木混合楼盖（试件 B）	钢木混合楼盖中 C 型钢材质为 Q235B，间距 450mm，C 型钢上铺设的木楼板采用Ⅲc 级（NLGA 标准）38mm×184mm SPF 规格材，含水率 17%。C 型钢上预钻 ϕ5.2 的孔，连接 C 型钢与木楼板的钉子采用 ϕ4×35mm 的碳钢木螺钉。每块木板宽度范围内钉 2 个木螺钉，木螺钉间距 124mm，边距分别为 30mm。木楼板上再铺设 ϕ4@100 的钢筋网，用 ϕ3×32mm 的骑马钉错列固定，钢筋网与钢梁接触处间隔点焊，然后在楼板上铺设 1：2 防水砂浆
钉子	骨架钉为 ϕ3.3×64mm 皇家麻花钉；面板钉为 ϕ3.8×82mm 皇家麻花钉
螺栓	用于连接钢梁柱和钢—木之间的螺栓均为 8.8 级高强螺栓
锚栓	剪力墙采用 8.8 级 M16 锚栓，布置间距 1000mm；钢柱脚采用 4.6 级 M56 锚栓
抗倾覆连接件	抗倾覆连接件的钢板厚度 8mm，在木剪力墙段两端各设一个，采用 3 个 8.8 级 M12 螺栓连接抗倾覆连接件与边墙骨柱，同时采用 1 个 8.8 级 M16 锚栓连接该抗倾覆连接件和柱脚底板

（二）水平抗侧力体系构造

（1）试件 A

轻型木楼盖填充在四周的钢梁之间，木楼盖和钢梁通过螺栓连接，形成了钢木混合结构的水平向抗侧力体系。木楼盖的端部格栅通过 9 个 M16 螺栓与钢梁相连，间距 300mm；木楼盖的封边格栅通过 4 个 M16 螺栓与钢梁相连，螺栓间距 750mm。水平向抗侧力体系构造如图 5-20 所示；轻型木楼盖的构造详细尺寸如图 5-21 所示；图 5-22 为试件 A 水平抗侧力体系实物图。

（2）试件 B

试件 B 水平向抗侧力体系构造如图 5-23 所示。轻型钢木混合楼盖和钢主梁通过特制 T 形连接件相连。T 形连接件一端与轻型钢木混合楼盖的 C 型钢用两个 M14 螺栓相连；另一端与主梁腹板通过 2 个 M14 螺栓相连，与主梁下翼缘通过两个 M12 相连，间距 450mm。38mm×184mmSPF 规格材面板平铺在 C 型钢上，C 型钢上预钻 ϕ5.2 的孔，连接 C 型钢与 SPF 规格材面板的钉子采用 ϕ4×35mm 的碳钢木螺钉。每块木面板宽度范围内钉 2 个木螺钉，木螺钉间距 124mm，边距 30mm。木面板上再铺设 ϕ4@100 的钢筋网，用 ϕ3×32mm 的骑马钉错列固定，钢筋网与钢梁接触处间隔点焊，最后在面板上铺设体积比为 1：2 的防水砂浆。试件 B 水平向抗侧力体系实物如图 5-24 所示。

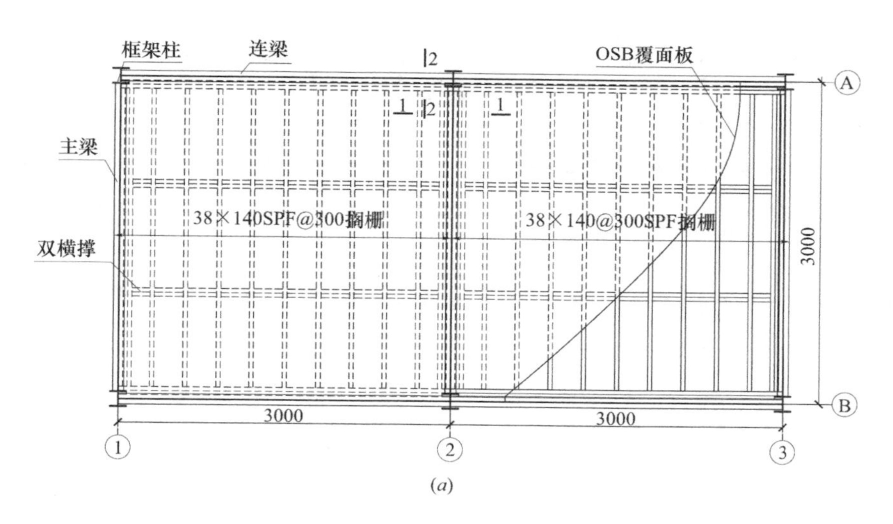

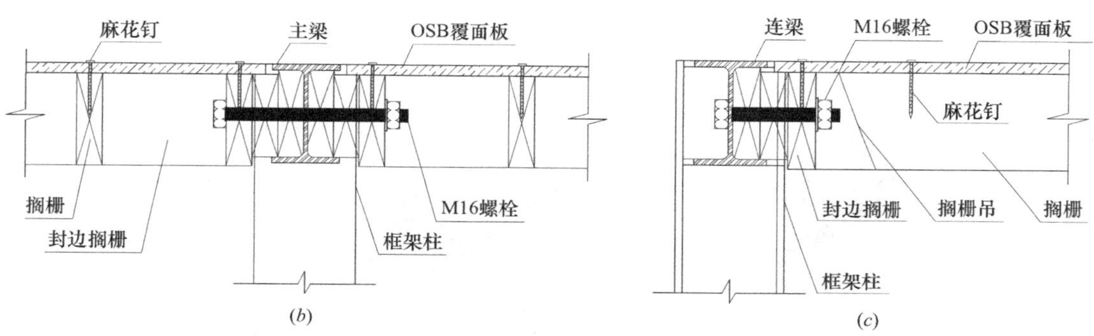

图 5-20　试件 A 水平向抗侧力体系构造

(*a*) 轻型木楼盖平面图；(*b*) 1-1 断面图；(*c*) 2-2 断面图

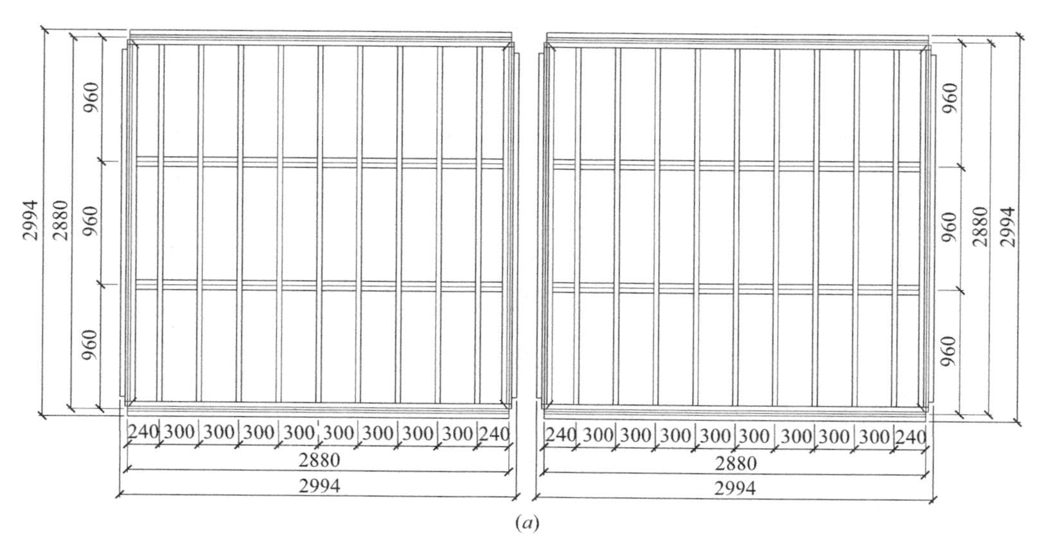

图 5-21　轻型木楼盖构造（一）

(*a*) 楼盖骨架构造图

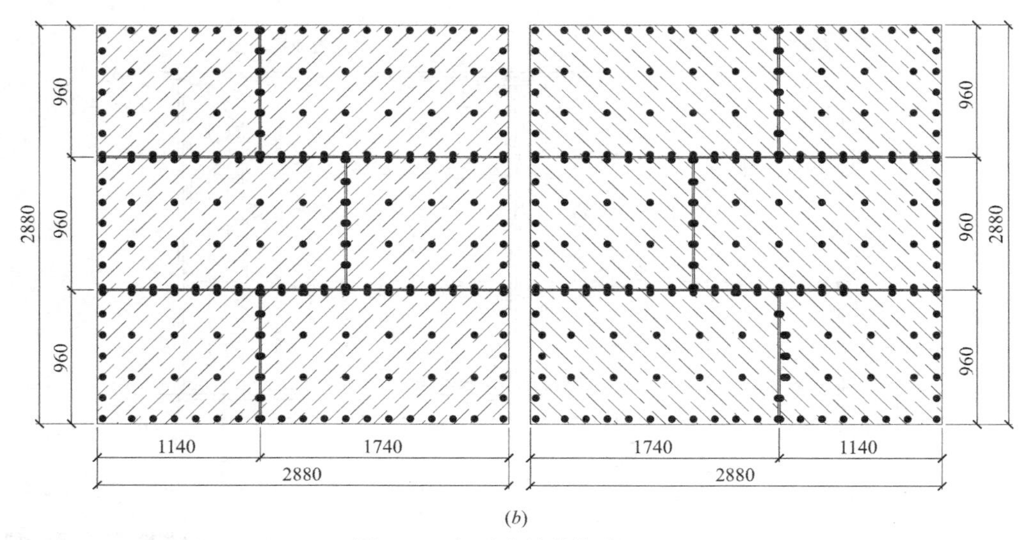

(b)

图 5-21 轻型木楼盖构造（二）

（b）覆面板铺设及面板钉布置

图 5-22 轻型木楼盖及其与钢框架连接

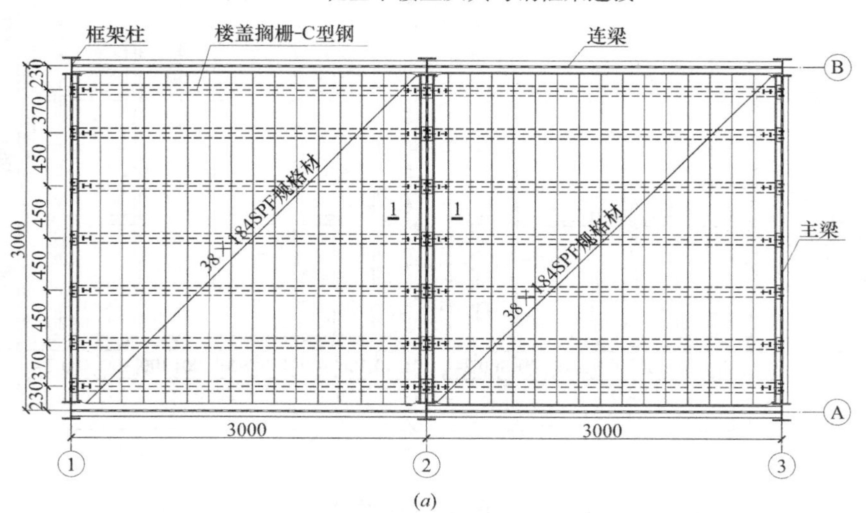

(a)

图 5-23 试件 B 水平向抗侧力体系构造（一）

（a）轻型钢木混合楼盖平面图

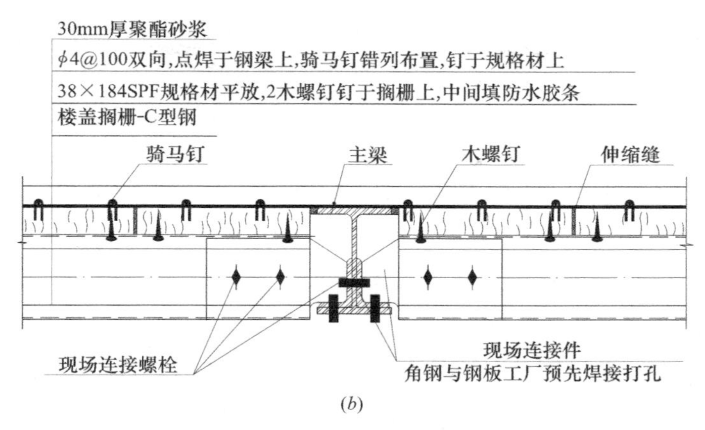

图 5-23　试件 B 水平向抗侧力体系构造（二）

（*b*）1-1 断面图

图 5-24　轻型木楼盖与钢梁螺栓连接

（三）竖向抗侧力体系构造

轻型木剪力墙填充在钢框架中，形成了钢木混合结构的竖向抗侧力体系，钢框架和轻型木剪力墙通过螺栓连接。木剪力墙的边骨柱通过 10 个 M14 螺栓与钢柱相连，螺栓 2 个一排，间距 60mm，排与排之间距离为 406mm；木剪力墙的顶梁板通过 14 个 M14 螺栓与钢梁相连，螺栓 2 个一排，间距 50mm，排与排之间距离为 360mm。

（四）试验装置和加载制度

图 5-25 为试验加载装置。水平荷载通过两个 60t 液压推拉千斤顶同步加载于两个加载分配梁跨中，千斤顶与分配梁之间铰接，分配梁通过水平铰与各榀框架柱顶连接，以使分配梁可以随着结构的变形自由转动，这样分配在边榀框架柱顶与中榀框架柱顶的荷载比为 1∶2。由于中榀框架与边榀框架所受的水平荷载不相等，从而可以考察木楼盖对结构水平荷载的转移及分配能力。加载液压推拉千斤顶加载头变形范围为±250mm，最大推力 600kN，最大拉力 300kN。

加载分单向和往复加载。单向加载考察不同弹性工况下木楼盖平面内刚度及转移水平荷载的能力；往复加载考察弹塑性状态下木楼盖转移水平荷载的能力以及钢木混合结构整体水平抗侧力性能，如强度、刚度、延性、耗能等。单向加载机制分预加载阶段和正式加载阶段：预加载阶段首先对结构施加 5kN（两个千斤顶的作用力之和，下同）的推力，以消除加载设备和试件之间的空隙；正式加载阶段按照 10kN/步加载，共加载 5 步至 50kN 结束。往复加载机制按照中国《建筑抗震试验方法规程》中的加载方法，在结构屈服前采用力控制，每级荷载循环一次；屈服后采用位移控制加载，每级循环三次。根据试验前的数值模拟，结构屈服荷载取为 150kN，位移控制点为中柱顶 4 号点处，见图 5-19。结构往复加载机制如图 5-26 所示。试验加载工况安排见表 5-5。

图 5-25　试验加载

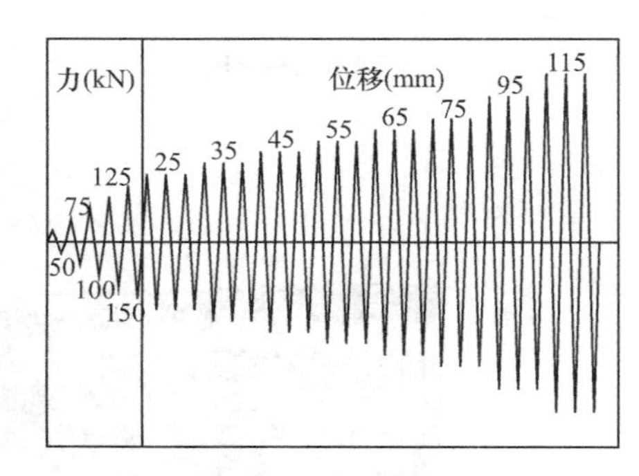

图 5-26　加载机制

加载工况　　**表 5-5**

工况号		加载机制	说明
试件A	工况 1A	单向	无楼盖工况，不考虑楼盖对框架水平荷载的分配作用，仅考察弹性阶段纯框架的抗侧力性能
	工况 2A	单向	在框架梁间铺设轻型木楼盖，木楼盖钉间距周边 150mm、中间 300mm。考察弹性阶段范围内轻型木楼盖的平面内刚度及其转移水平荷载的性能
	工况 3A	单向	在工况 2A 的基础上加密钉间距，木楼盖钉间距变为周边 75mm、中间 150mm，考察弹性阶段范围内轻型木楼盖的平面内刚度及其转移水平荷载的性能
	工况 4A	单向	在工况 3A 的基础上，在框架柱间添加单面覆板轻型木剪力墙，形成完整的钢木混合结构，研究弹性阶段轻型木楼盖的平面内刚度及其转移水平荷载的性能
	工况 5A	往复	在工况 4A 的基础上，进行水平往复加载试验，研究弹塑性状态下轻型木楼盖水平荷载转移性能以及钢木混合结构水平往复滞回性能
试件B	工况 1B	单向	无楼盖工况，不考虑楼盖对框架水平荷载的分配作用，仅考察弹性阶段纯框架的抗侧力性能
	工况 2B	单向	框架梁间铺设轻型钢木混合楼盖（C 型钢＋规格材木楼板），考察弹性阶段范围内轻型钢木混合楼盖平面内刚度及其转移水平荷载的性能
	工况 3B	单向	在工况 2B 的基础上即在木板上铺设 $\phi4@100$ 的钢筋网，点焊于钢梁，用 $\phi3\times32$mm 骑马钉错列固定在 SPF 规格材上，浇筑 30mm 厚体积比 1：2 防水水泥砂浆，待砂浆结硬后，考察弹性阶段范围内轻型钢木混合楼盖平面内刚度及其转移水平荷载的性能
	工况 4B	单向	在工况 3B 的基础上，在框架柱间添加双面覆板轻型木剪力墙，形成完整的钢木混合结构，研究弹性阶段轻型钢木混合楼盖平面内刚度及其转移水平荷载的性能
	工况 5B	往复	在工况 4B 的基础上，进行水平往复加载试验，研究弹塑性状态下轻型钢木混合楼盖水平荷载转移性能以及钢木混合结构水平往复滞回性能

三、破坏现象及结果分析

（一）破坏现象

试件 A、B 往复加载时，当 RF-2A、RF-2B 位移小于 65mm 时（此时，结构层间位移角为 1/43，已大于我国《钢结构设计标准》中塑性层间位移角限值 1/50），各榀竖向抗侧力框架柱顶位移几乎一致；大于 65mm 时，RF-3A 与 RF-3B 的主梁翼缘与柱连接处的焊缝由于焊接质量较差先断裂，各榀竖向抗侧力框架柱顶位移开始差别增大，结构有扭转现象，结构不再对称。试件 A、B 结构最终破坏形式均是竖向抗侧力体系破坏。试件 A、B 中轻型木剪力墙面板钉大部分剪断，面板脱落；钢框架的主梁翼缘与柱连接焊缝断裂，柱底部及顶部、主梁端部均屈服；但轻型木剪力墙与钢框架的连接因为较多、较强，并没有破坏，基本为弹性。

试件 A 中轻型木楼盖处于弹性阶段，基本没有破坏，楼盖与结构间的螺栓连接完好，且基本没有变形；试件 B 中的轻型钢木混合楼盖也处于弹性阶段，基本没有破坏，仅在集中荷载处，有局部水泥面层压碎，楼板水泥面层只有一些微小的细裂缝，裂缝宽度小于 1mm，楼盖与钢梁之间的连接完好且没有变形，为刚性连接。试件 A、B 的破坏模式见图 5-27、图 5-28。

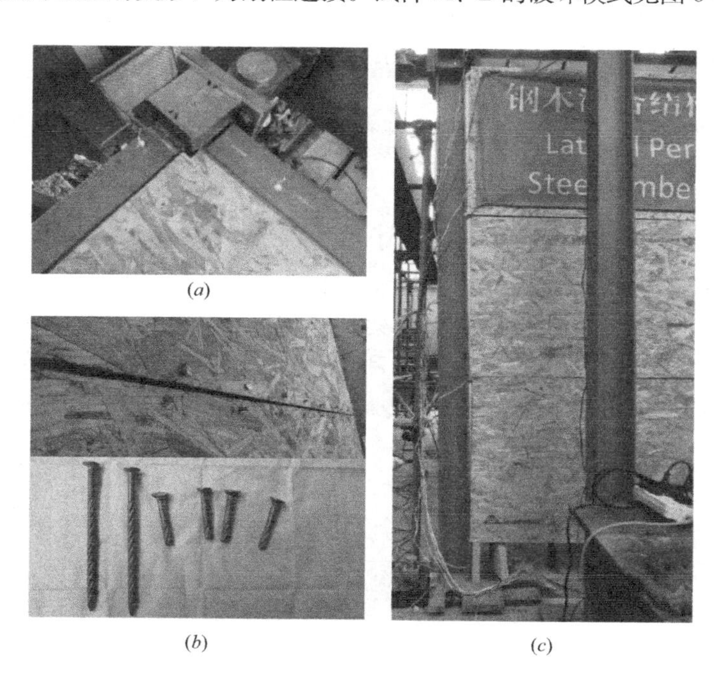

(*a*)　(*b*)　(*c*)

图 5-27　试件 A 破坏模式

（*a*）主梁柱连接焊缝断裂；（*b*）墙体钉子拔出及剪断；（*c*）剪力墙墙体破坏

（二）楼（屋）盖水平荷载转移能力系数

水平向抗侧力体系的平面内刚度对 β 有很大的影响。它的刚度主要取决于木楼盖的平面内刚度以及楼盖与钢梁之间连接的剪切刚度。假如楼盖连接完全刚性或者连接刚度相比楼盖刚度很大，水平向抗侧力体系的平面内变形将完全取决于楼盖的平面内刚度。对于试件 A，轻型木楼盖与钢梁的连接刚度通过节点试验以及数值分析，证明其刚度足够大，对水平向抗侧力体系变形影响较小，可以认定为完全刚性；对于试件 B，轻型钢木混合楼盖

(*a*)

(*b*)

(*c*)

图 5-28　试件 B 破坏模式

(*a*) 主梁柱连接焊缝断裂；(*b*) 墙体破坏；(*c*) 楼盖面层局部压碎

通过 T 形钢连接件用螺栓拧紧固定在钢梁上，通过本试验现象观察，楼盖连接没有发生变形，可以认定它的剪切刚度很大，为完全刚性。因此水平向抗侧力体系水平荷载转移能力系数 β 即为楼盖水平荷载转移能力系数。

定义楼盖水平荷载转移能力系数 β，研究楼盖平面内刚度对水平荷载分配的影响，β 见公式（5-7）。

$$\beta=\frac{P_{\mathrm{tra}}}{2P-(P+2P+P)/3} \tag{5-7}$$

式（5-7）中，RF-2A（RF-2B）受到水平荷载 $2P$，RF-1A（RF-1B）、RF-3A（RF-3B）受到水平荷载 P。三榀竖向抗侧力框架构造相同，抗侧刚度基本相等为 k_{rf}。P_{tra} 为 RF-2A（RF-2B）转移到 RF-1A（RF-1B）和 RF-3A（RF-3B）的水平剪力总和；分母是楼盖为完全刚性时，从 RF-2A（RF-2B）转移到 RF-1A（RF-1B）与 RF-3A（RF-3B）的水平剪力总和。

影响 β 值最主要因素是楼盖平面内刚度 k_{d}（特指楼盖端部作用集中荷载时的刚度）与竖向抗侧力框架抗侧刚度 k_{rf} 的比值 α。完全柔性楼盖时，$\alpha=0$，RF-2A（RF-2B）上的水平荷载不能转移到 RF-1A（RF-1B）和 RF-3A（RF-3B），此时 $P_{\mathrm{tra}}=0$、$\beta=0$；完全刚性楼盖时，即数学上 $\alpha=\infty$ 时，三榀框架上的剪力按刚度 k_{rf} 分配，均为 $(P+2P+P)/3$，此时 $P_{\mathrm{tra}}=2P-(P+2P+P)/3=2P/3$、$\beta=1$；楼盖一定刚度时，$0<\beta<1$。$\beta$ 越大，楼盖转移越多水平荷载。

为了得到 α 和水平荷载转移能力系数 β 的对应关系，对本试验的框架结构进行了数值模拟分析。楼盖用等效交叉弹簧模拟其平面内刚度，弹簧与框架铰接，通过改变弹簧刚度来改变楼盖刚度 k_{d} 大小；与试验一致，连梁与柱连接为铰接，主梁与柱为刚接。图 5-2 是 α 与 β 的关系曲线。

（三）弹性单向加载刚度

试件 A、B 各工况下，楼盖水平荷载转移能力系数 β、楼盖与竖向抗侧力框架的刚度比值 α、楼盖平面内刚度 k_{d} 值以及竖向抗侧力框架刚度 k_{rf} 值均列于表 5-6 中。

各工况 α、β、k_d 及 k_{rf} 值　　表 5-6

工况		β（%）	α	楼盖平面内刚度 k_d（kN/mm）	竖向抗侧力框架刚度 k_{rf}（kN/mm）
试件 A	工况 1A	0	0	0	0
	工况 2A	84.2	2.0～3.0	3.4～5.1	1.7
	工况 3A	88.7	3.0～10.0	5.1～17	1.7
	工况 4A	69.2	0.82～1.0	5.1～6.0	6.0 左右
试件 B	工况 1B	0	0	0	0
	工况 2B	64	0.5～1.0	1.0～1.9	1.9
	工况 3B	90	4.0～10.0	7.6～19.0	1.9
	工况 4B	78	1.0～1.6	12.0～19.0	12.0 左右

（四）弹塑性往复加载工况

（1）荷载位移曲线

通过试件 A 工况 5A 可得到 RF-1A、RF-2A 与 RF-3A 的总水平荷载位移曲线和各自框架上的剪力位移曲线，如图 5-29、图 5-30 所示。

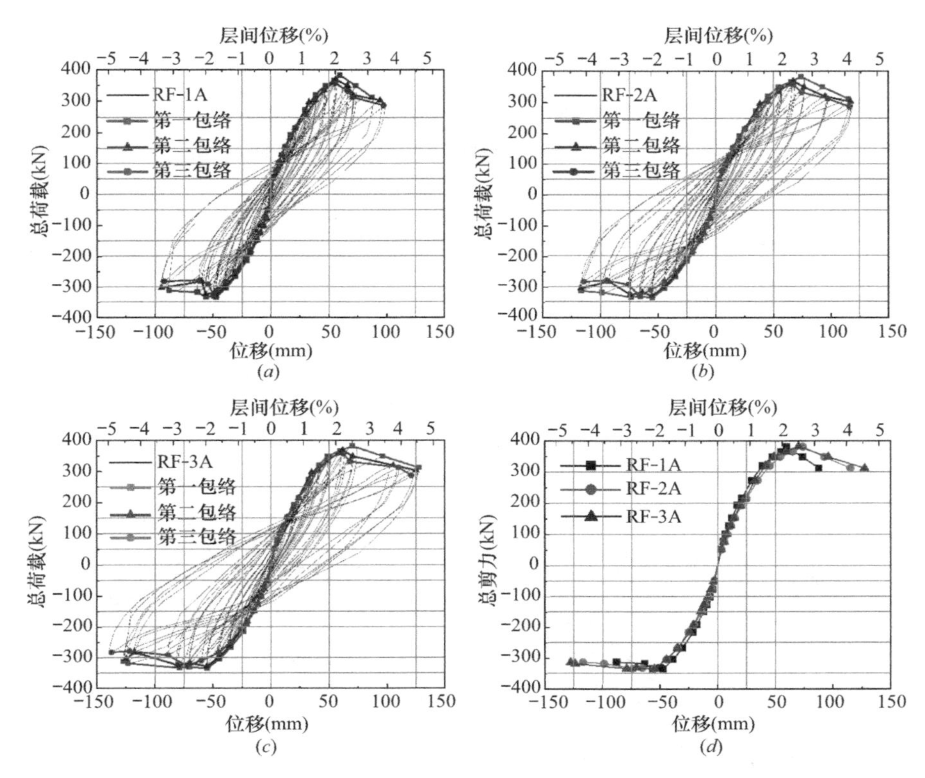

图 5-29　试件 A-RF1A～RF3A 总荷载位移曲线

（*a*）RF-1A 滞回曲线；（*b*）RF-2A 滞回曲线；（*c*）RF-3A 滞回曲线；（*d*）骨架曲线

通过试件 B 工况 5B 可得到其 RF-1B、RF-2B 与 RF-3B 的总水平荷载位移曲线和各自框架上的剪力位移曲线，如图 5-31、图 5-32 所示。

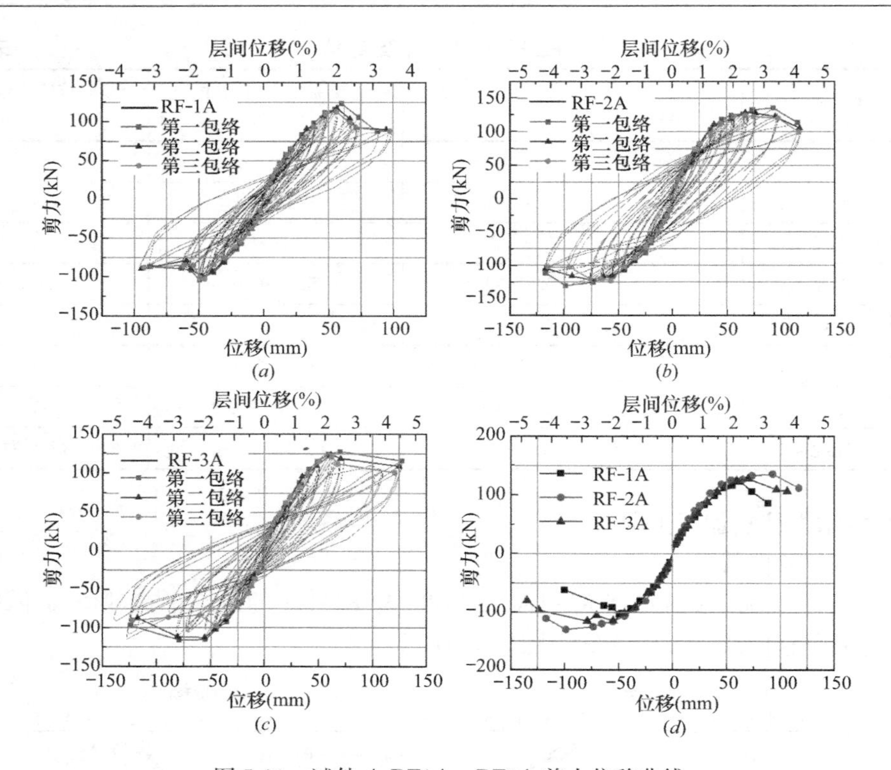

图 5-30 试件 A-RF1A～RF3A 剪力位移曲线

(a) RF-1A 滞回曲线；(b) RF-2A 滞回曲线；(c) RF-3A 滞回曲线；(d) 骨架曲线

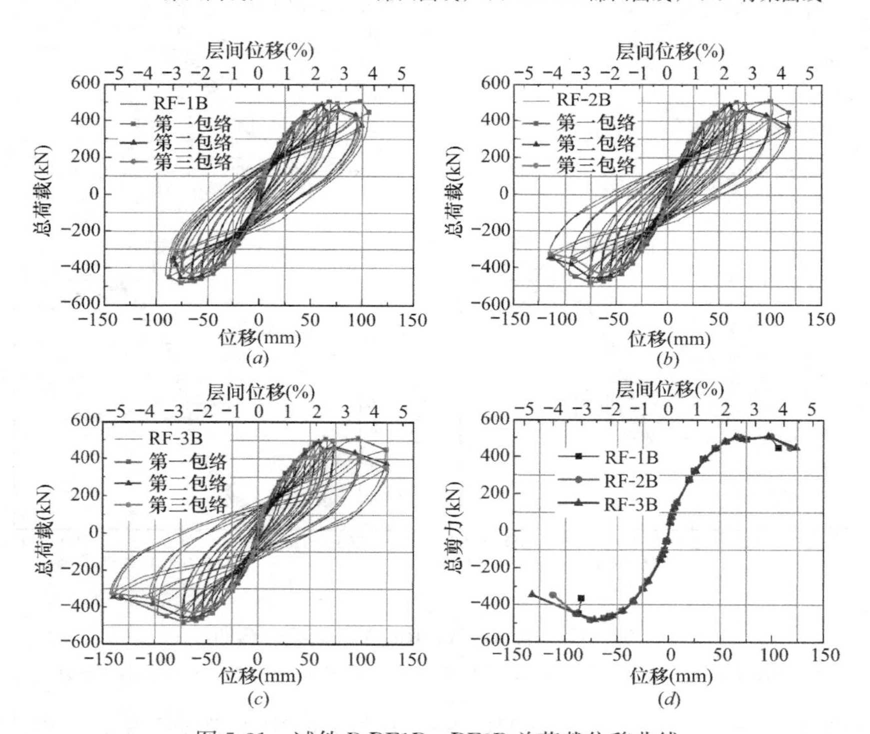

图 5-31 试件 B-RF1B～RF3B 总荷载位移曲线

(a) RF-1B 滞回曲线；(b) RF-2B 滞回曲线；(c) RF-3B 滞回曲线；(d) 骨架曲线

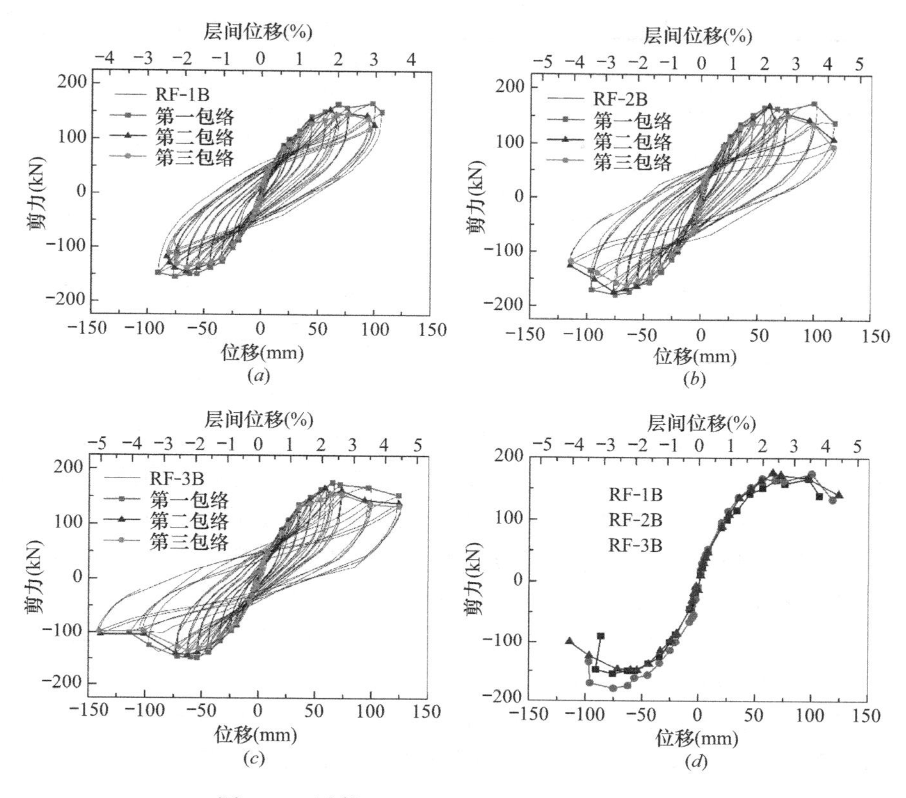

图 5-32　试件 B-RF-1B～RF-3B 剪力位移曲线

(a) RF-1B 滞回曲线；(b) RF-2B 滞回曲线；(c) RF-3B 滞回曲线；(d) 骨架曲线

从图 5-29～图 5-32 可以看出，试件 A、B 整体及各竖向抗侧力框架荷载位移滞回曲线总体上比较饱满，反映了它们耗能性能较好。随着位移增大，开始显现出一定的捏缩效应，这是因为随着结构位移增大，主要是轻型木剪力墙上的钉子开始在木材中挤压，从而造成捏缩现象。轻型木楼盖及轻型钢木混合楼盖由于变形非常小，处于弹性阶段，其面板钉连接几乎没有怎么变形。

从图 5-29～图 5-32 中的骨架曲线可以看出，试件 A、B 在位移小于 65mm 时（此时结构层间位移角为 1/43，已大于我国《钢结构设计标准》限值 1/50），各榀竖向抗侧力框架曲线较接近，说明楼盖分配到三榀框架的水平荷载差别不大，楼盖有着较好的水平荷载分配能力；位移大于 65mm 时，由于钢框架主梁焊缝断裂，结构破坏，各竖向抗侧力框架位移及剪力差别开始变大，结构有扭转现象。总体来说，试件 A、B 在加载至结构破坏前的整个弹塑性过程中，轻型木楼盖、轻型钢木混合楼盖都能够很好的分配水平荷载，两边榀框架能够很好地分担中榀框架的水平荷载，框架协同作用良好。

(2) EEEP 参数

采用 ASTM E2126 (2011) 中 EEEP 曲线来定义试件 A、B 整体及各竖向抗侧力框架水平抗侧性能参数。计算结果列于表 5-7 中。

钢木混合结构整体及各竖向抗侧力体系 EEEP 参数　　表 5-7

构件及结构	弹性刚度 k_e(kN/mm)	屈服荷载 P_{yield} (kN)	最大荷载 P_{peak} (kN)	屈服位移 Δ_{yield} (mm)	最大位移 Δ_{peak} (mm)	极限位移 Δ_u (mm)	延性系数 D
RF-1A	3.7	102.4	123.1	27.7	60.0	88.4	3.2
RF-2A	4.2	120.1	134.6	28.5	73.7	116.8	4.1
RF-3A	3.4	112.4	126.8	33.0	70.0	106.0	3.2
试件 A 整体	10.3	335.6	381.7	32.7	73.7	116.8	3.6
RF-1B	5.4	142.4	166.4	26.6	67.9	106.5	4.0
RF-2B	6.2	155.7	174.8	25.4	67.0	118.0	4.6
RF-3B	5.2	156.1	175.6	30.1	64.9	123.4	4.1
试件 B 整体	16.7	457.6	508.3	27.4	67.0	118.0	4.3

从表中可以看出，各竖向抗侧力框架由于构造完全一样，其弹性刚度 k_e 基本差别不大。试件 B 整体刚度约为试件 A 的 1.6 倍左右，试件 B 竖向抗侧力构件刚度约为试件 A 的 1.5 倍左右；试件 B 整体及各竖向抗侧力框架屈服强度及极限强度是试件 A 的 1.4 倍左右；试件 B 整体及各竖向抗侧力框架延性值均在 4.2 左右，试件 A 在 3.5 左右，试件 B 延性约为试件 A 的 1.2 倍左右，试件 A、B 延性均较好。相对于竖向抗侧力框架中的轻型木剪力墙单面覆板，轻型木剪力墙双面覆板对各竖向抗侧力框架以及整体结构的刚度、强度以及延性均有较大提高。

另外，试件 A、B 整体及各竖向抗侧力构件的强度均基本在 65～70mm 达到最大，可能是因为此时钢框架破坏起主导作用，它的主梁焊缝均在此时断裂破坏，和轻型木剪力墙单双面覆板关系不大。

（3）刚度退化曲线

根据《建筑抗震试验方法规程》规定，采用割线刚度 K_i 定义试件 A、B 各竖向抗侧力框架及整体结构刚度退化曲线。图 5-33 列出了试件 A、B 各竖向抗侧力框架及整体结构在往复荷载作用下的刚度退化曲线。

从图 5-33 可以看出，在往复荷载作用下，试件 A、B 各榀竖向抗侧力框架及整体结构刚度随着位移增加不断下降，具有明显的刚度退化现象。退化程度由快而慢，刚度退化主要发生在 0.2Δ 即 35mm 以内的加载循环；当位移大于 0.2Δ 后，试件 A、B 各榀竖向抗侧力框架刚度以及整体结构刚度差别逐渐变小，不再明显。结构中榀框架位移在 35mm 以内时，试件 B 整体结构及其双面覆板竖向抗侧力框架的刚度分别为试件 A 整体及其单面覆板竖向抗侧力框架的 2 倍左右。

表 5-8 中列出了总荷载为 50kN 时各竖向抗侧力框架及整体结构的初始抗侧刚度。

可以看到，安装轻型木剪力墙后极大地提高了竖向抗侧力框架抗侧刚度。试件 A 安装了单面覆板剪力墙，各榀竖向抗侧力框架抗侧刚度较未安装时提高了 230%～260%，整体刚度提高了 400%左右；试件 B 安装了双面覆板剪力墙，各榀竖向抗侧力框架抗侧刚度较未安装时提高了 500%～560%，整体刚度提高 750%左右。

（4）耗能

钢木混合结构整体耗能及各竖向抗侧力框架所耗散的能量可由相应的荷载位移滞回曲线得到，结构及构件在整个过程中所耗散的能量为所有滞回环面积的总和。图 5-34 为试件 A、B 各榀竖向抗侧力框架以及整体结构耗能曲线，图中累积位移为试件在推拉方向所经历的总位移。

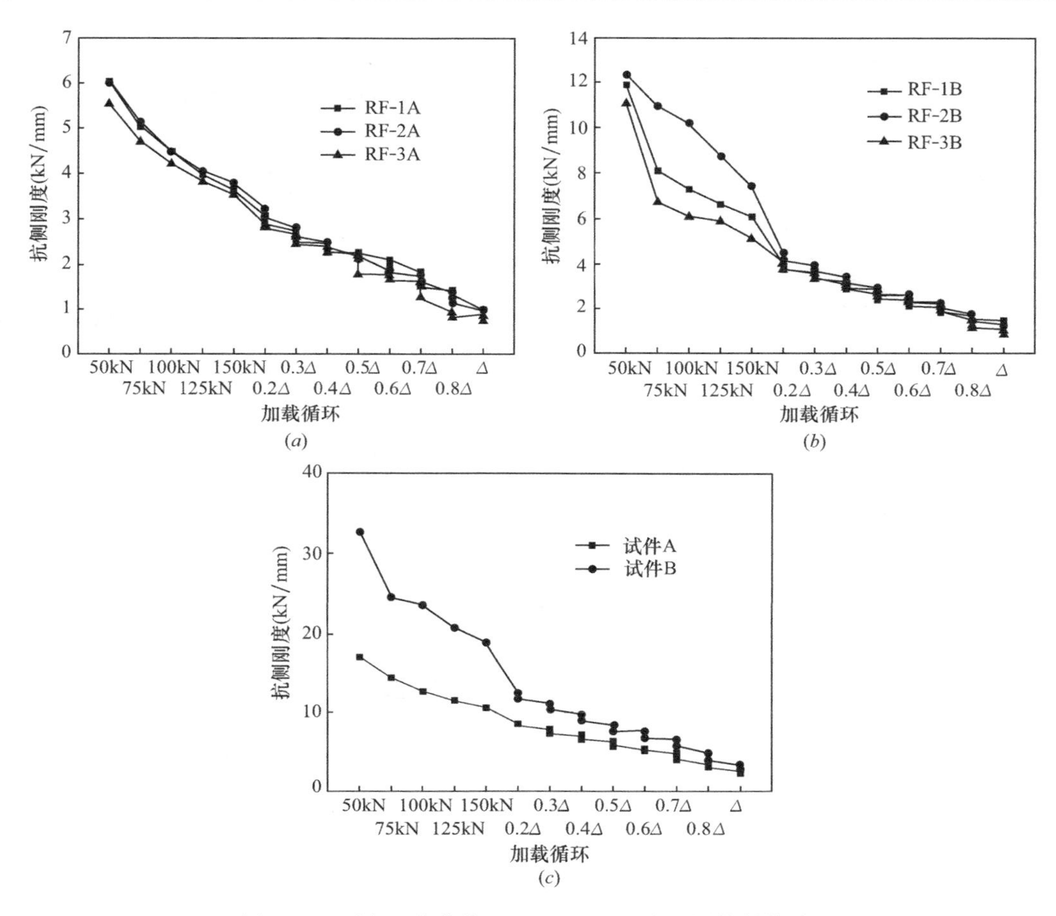

图 5-33　刚度退化曲线（Δ=115mm，为极限控制位移）

（a）试件 A；（b）试件 B；（c）试件 A、B 对比

竖向抗侧力框架初始刚度　　**表 5-8**

试件编号		空框架抗侧刚度（kN/mm）	安装木剪力墙后的抗侧刚度（kN/mm）	安装木剪力墙后刚度增长百分比（%）
试件A	RF-1A	1.69	6.03	257
	RF-2A	1.71	6.01	251
	RF-3A	1.69	5.54	228
	试件 A 整体	3.38	17.23	410
试件B	RF-1B	1.85	11.88	542
	RF-2B	1.88	12.36	557
	RF-3B	1.86	11.06	495
	试件 B 整体	3.86	32.88	752

从图 5-34 可以看出，在结构破坏前，此时累积位移大约在 2500mm 左右时，试件 A、B 各自的各榀竖向抗侧力框架耗能差别不大，中榀框架略大于边榀框架，反映楼盖能很好地使各榀框架协同作用。试件 B 整体结构及其各榀双面覆板竖向抗侧力框架的总耗能比试件 A 整体结构及其各榀单面覆板竖向抗侧力框架均提高了 25%～40%。

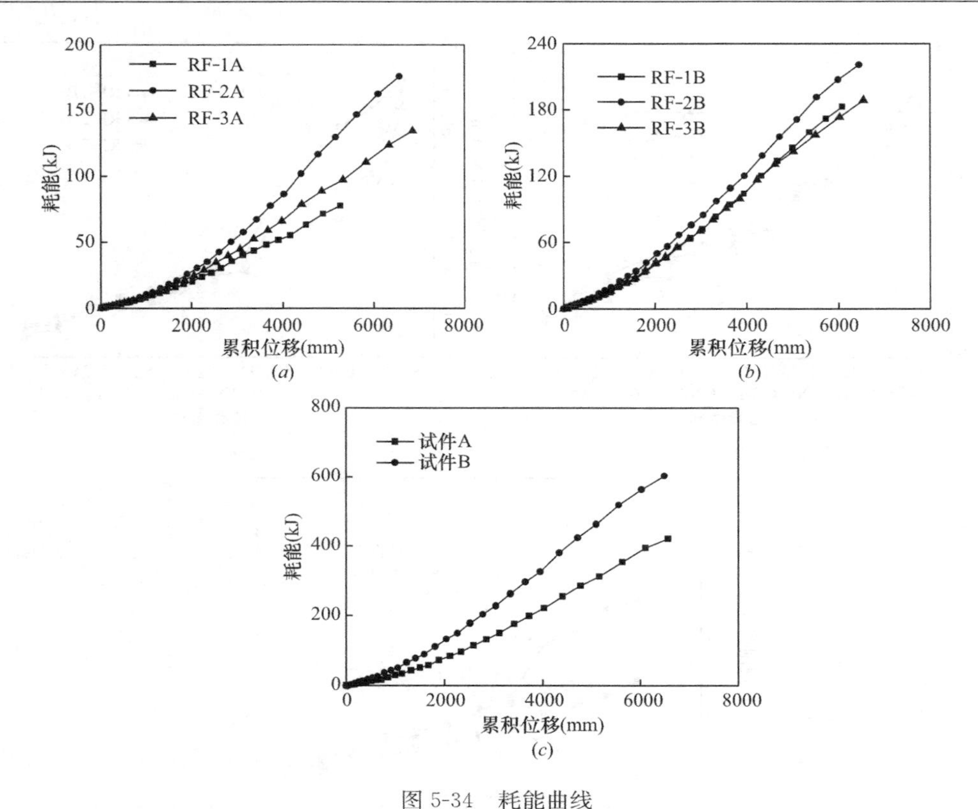

图 5-34 耗能曲线

(*a*) 试件 A 各竖向抗侧力框架；(*b*) 试件 B 各竖向抗侧力框架；(*c*) 结构整体耗能

(5) 弹塑性状态楼盖荷载转移能力

当 RF-2A 及 RF-2B 位移小于 65mm 时，即结构破坏前，木楼盖在整个弹塑性过程中的水平荷载转移能力系数，可以根据图 5-30、图 5-32 中各榀竖向抗侧力框架的剪力位移曲线以及 β 的定义得到。试件 A、B 的弹塑性荷载转移能力系数曲线如图 5-35 所示。

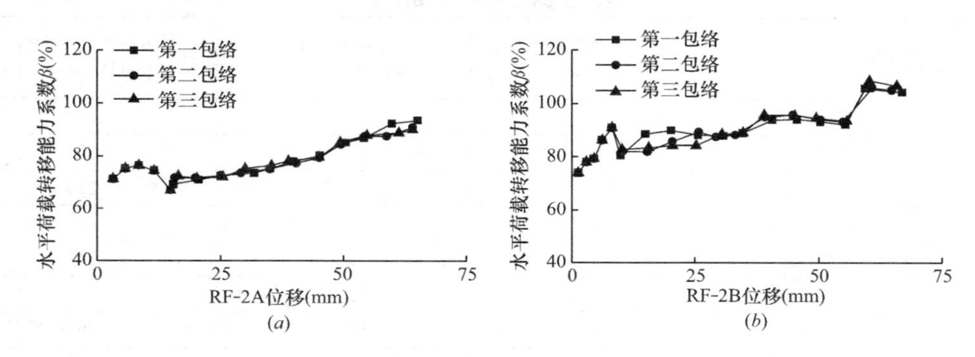

图 5-35 弹塑性楼盖水平荷载转移能力系数曲线

(*a*) 试件 A；(*b*) 试件 B

从试件 A、B 的水平荷载转移能力系数曲线可以看出，水平荷载转移能力系数 β 总体趋势是随着位移的增加而不断增大的一个过程。试件 A 从 70%增长至 90%左右；试件 B 从 75%左右增长至 100%左右；说明楼盖与竖向抗侧力框架刚度的比值 α 是在不断增加的。从前面的分析知道，竖向抗侧力框架刚度随着位移增加不断下降；另外从试验现象中可以看出楼盖基本处于弹性状态，刚度下降可以忽略；因此楼盖平面内刚度与竖向抗侧力框架刚度的比值 α 是不断增大的，从而 β 不断增大。另外，试件 B 轻型钢木混合楼盖的水平抗侧刚度要大于试件 A 的轻型木楼盖；试件 A、B 的竖向抗侧力框架刚度随着位移增大到一定程度，差别并不明显；因而试件 B 的楼盖与竖向抗侧力框架的刚度比值 α 随着位移增大会大于试件 A，其水平荷载转移能力系数能达到 100%左右，大于试件 A 的 90%。试件 A、B 随着位移增大，楼盖均从半刚性逐渐变为完全刚性楼盖。从试件 B 弹塑性楼盖水平荷载转移能力系数曲线上还可以看出位移在 60mm 左右时对应的 β 是略微大于 100%的。如前所述，在三榀竖向抗侧力框架刚度每时每刻相等时，β 最大只能为 100%；但当由于加载及安装误差造成竖向抗侧力框架刚度不完全相等时，就有可能略微大于 100%。

四、试验结论

（1）楼盖平面内刚度与单榀竖向抗侧力框架的抗侧刚度比值 α 影响着楼盖水平荷载转移能力系数 β。完全柔性楼盖时，$\alpha=0$、$\beta=0$，楼盖不能转移水平荷载；完全刚性楼盖时，即数学上 $\alpha=\infty$ 时，$\beta=1$，楼盖能完全转移多余的水平荷载；楼盖一定刚度时，$0<\beta<1$，只能转移部分水平荷载。β 越大，楼盖转移越多水平荷载。$\alpha>3$ 时，$\beta>0.87$，此时再增加楼盖平面内刚度，β 增长非常缓慢，对水平荷载的分配影响不大，可以认为楼盖为完全刚性；$\alpha<0.2$ 时，$\beta<0.37$，楼盖平面内刚度再下降，β 下降也较缓慢，这时可以偏保守认为楼盖完全柔性；$0.2\leqslant\alpha\leqslant3$ 时，$0.37\leqslant\beta\leqslant0.87$，可以认为此时楼盖为半刚性楼盖，需要考虑楼盖平面内刚度。α 及 β 均是衡量楼盖刚柔的很好指标。

（2）试件 A 中，轻型木楼盖覆面板在周边钉间距 150mm、中间 300mm，且竖向框架仅纯钢框架时，端部作用集中荷载时的楼盖平面内刚度大约在 3.4～5.1kN/mm 之间，α 介于 2.0～3.0 之间，β 在 84%左右，竖向抗侧力框架之间已有较好的协同作用，楼盖接近刚性；当轻型木楼盖覆面板周边钉间距 75mm、中间 150mm，且竖向框架仅纯钢框架时，楼盖刚度在 5.1～6.0kN/mm 之间，α 已大于 3.0，β 在 88%左右，可认为刚性楼盖；当竖向钢框架间加上单面覆板轻型木剪力墙后，楼盖刚度依然在 5.1～6.0kN/mm 之间，只是 α 降至 0.5～1 之间，β 降至 69%左右，此时，楼盖变为半刚性楼盖。

（3）试件 B 中，轻型钢木混合楼盖在仅铺设 SPF 面板且竖向抗侧力框架仅为钢框架时，楼盖平面内刚度大约在 1.0～1.9kN/mm 之间，α 介于 0.5～1.0 之间，β 在 64%左右，楼盖为半刚性楼盖；在楼盖 SPF 面板上铺设钢筋网、钉上骑马钉、浇筑水泥砂浆后，楼盖整体性能及刚度得到加强，楼盖刚度在 12.0～19.0kN/mm 之间，α 已大于 6.0，β 在 90%左右，此时楼盖为刚性楼盖；当竖向钢框架间加上双面覆板轻型木剪力墙后，楼盖刚度依然在 12.0～19.0kN/mm 之间，但 α 从大于 6.0 减少至 1.0～2.0 之间，β 从 90%左右降至 78%左右，竖向抗侧力框架空间协同作用下降，楼盖从刚性变为半刚性。

（4）在结构破坏前，无论试件 A 还是试件 B，它们各自的各榀竖向抗侧力框架耗能差别不大，中榀框架稍大于两边榀框架，反映了楼盖很好的协同作用。试件 B 整体结构及其各榀双面覆板竖向抗侧力框架的总耗能比试件 A 整体结构及其各榀单面覆板竖向抗侧力框架均提高了 25%～40%。

（5）试件 A、B 弹塑性加载至结构破坏前，试件 A 的水平荷载转移能力系数 β 随着结构位移增加从70%左右增长至90%左右，轻型木楼盖由半刚性逐渐变为刚性；试件B的β随着结构位移增加从75%左右增长至100%左右，轻型钢木混合楼盖由半刚性逐渐变为刚性；随着位移增大，试件B的楼盖与竖向抗侧力框架的刚度比值α会大于试件A，因而最终其水平荷载转移能力能达到100%左右，大于试件A的90%。无论是轻型木楼盖还是轻型钢木混合楼盖，随着结构变形的增大，水平荷载分配能力越来越强，结构协同作用越来越好。试件A、B水平荷载转移能力系数在加载初始阶段波动加大，随着位移增大逐渐平缓。这是因为初始加载时竖向抗侧力框架刚度变化较大，后期刚度变化平缓，从而α及β变化也是先快后慢。

第八节　楼盖平面内刚度对钢木混合结构抗震性能影响

一、引言

楼盖以及楼盖与结构构件之间连接的平面内刚度决定了结构水平向抗侧力体系对水平荷载的转移与分配。当楼盖与结构构件之间连接具有足够的平面内刚度时，结构水平向抗侧力体系的水平荷载转移与分配性能主要取决于楼盖平面内刚度。楼盖平面内刚度与单榀竖向抗侧力框架刚度比值α影响着楼盖水平荷载转移能力系数β及水平地震作用的分配，从而也影响了结构在地震作用下的响应；另外，楼盖平面内刚度大小对整个结构的刚度也有着影响，从而影响结构的周期等动力特性。总之，楼盖平面内刚度影响着结构的抗震性能。

轻型木楼盖与钢梁之间螺栓连接节点数目较多、剪切刚度较大，在整体结构受力时表现为完全刚性。因此本节主要研究轻型木楼盖平面内刚度对钢木混合结构抗震性能的影响，不考虑楼盖与钢梁间连接的柔性。

本节以一个6层对称钢木混合结构为案例，通过计算分析，阐明楼盖平面内刚度对结构抗震性能的影响。对于由轻型木楼盖与钢框架组成的钢木混合结构，由于轻型木楼盖不是完全刚性，为保证楼盖在结构整个弹塑性过程中都能很好地转移和分配水平荷载从而使各竖向抗侧力构件有较好的协同作用，定义了钢木混合结构中楼盖平面剪切位移角的限值。然后，在ABAQUS中建立两种不同竖向抗侧力体系的6层对称钢木混合结构并对它们进行7度罕遇地震时程分析。两种钢木混合结构分别为：无支撑钢框架与轻型木楼盖组成的无支撑钢木混合结构；有支撑钢框架与轻型木楼盖组成的有支撑钢木混合结构。两种结构最主要的区别在于竖向抗侧力框架抗侧刚度的不同。无支撑钢木混合结构中，各竖向抗侧力框架刚度一致，抗侧力体系均匀；有支撑钢木混合结构中，由于支撑抗侧刚度较大，在水平荷载作用下它承受绝大部分荷载，结构竖向抗侧力体系较为集中。在这两种不同竖向抗侧力体系的混合结构中，轻型木楼盖平面内刚度与竖向抗侧力框架刚度的比值α不同，从而它转移、分配水平荷载能力及对地震响应的影响也是不同的。对于每个混合结构数值模型，将采用轻型木楼盖的计算结果与完全柔性、完全刚性楼盖假定的计算结果进行对比，以研究楼盖平面内刚度对钢木混合结构抗震性能的影响。最后，对钢木混合结构与常见的钢混凝土组合结构（楼盖采用压型钢板混凝土组合楼盖）的特性以及在7度罕遇地震作用下的响应进行对比，以便更好地对钢木混合结构有个定性的认识。

二、楼盖平面剪切位移角

对于楼盖不是完全刚性的钢木混合结构形式，结构的控制指标除了层间位移角外，还有一个关键的指标——楼盖平面剪切位移角。

Cohen G L[53]对单层砌体木楼盖混合结构进行了振动台试验，定义了楼盖平面剪切位移角。试验结果表明，该类结构地震破坏不能简单用墙体的层间位移角来表示，还需定义楼盖平面剪切位移角。当楼盖平面剪切位移角为0.2%时，楼盖无破坏，横墙开始破坏；当位移角为0.35%时，横墙有很明显的破坏，楼盖本身基本无破坏，只有很少一部分钉节点微小裂开。李硕[44]对由轻型木楼盖与混凝土框架组成的混凝土-木混合结构进行地震时程分析时，认为除了规定混合结构的层间位移角限值外，还应限制同一层间各榀框架由于楼盖的剪切变形而产生的平面剪切位移角，见图5-36中的θ角。当楼盖为混凝土楼盖时，由于它为完全刚性楼盖，因此楼盖间的相邻框架在没有扭转时位移将保持一致，楼盖没有平面内剪切变形；但轻型木楼盖不是完全刚性楼盖，在受水平荷载时，各榀框架位移不再保持一致，楼盖有平面内剪切变形。当平面剪切位移角θ过大时，会引起混凝土梁端侧面开裂。结构扭转也会引起同层各榀框架的侧移不同而产生“平面扭转位移角”，见图5-37中γ角，但它不会引起混凝土梁端侧面开裂。

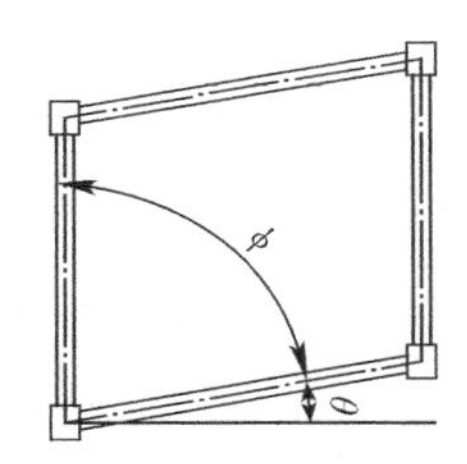

图5-36　平面剪切位移角

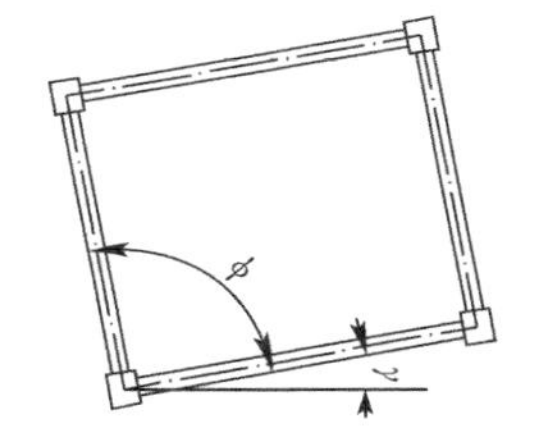

图5-37　平面扭转位移角

对于楼盖平面剪切位移角的限值，为了保证在多遇地震作用下，梁端侧面不出现裂缝，必须对弹性平面剪切位移角进行一定的限制，参考《建筑抗震设计规范》中对于混凝土框架结构弹性层间位移角的限值，规定混凝土-木混合结构中弹性平面剪切位移角的限值为1/550。在罕遇地震作用下，也应保证木楼盖的平面内受力仍在弹性范围，从而能够将水平荷载传递给竖向抗侧力构件。他根据轻型木楼盖水平抗侧性能试验得到，当木楼盖侧移小于跨度的1/200时，它的受力在弹性范围。故建议混凝土-木混合结构中的弹塑性平面剪切位移角限值为1/200。

对于钢木混合结构从弹性一直到破坏整个过程中，均希望轻型木楼盖能够处于弹性阶段不至于刚度及承载力明显降低，能保证较大的水平荷载转移能力和较好的结构协同作用。轻型木楼盖与轻型木剪力墙类似，只不过一个水平放置，一个竖向放置；楼盖平面剪切位移角与层间位移角也类似，一个限定水平向变形，一个限定竖向变形。根据上海市工程建设规范《轻型木结构建筑技术规程》规定：“轻型木结构宜进行多遇地震作用下的抗震变形验算，楼层内的最大弹性层间位移角限值不得超过1/250，在有充分依据或试验研究成果的基础上可适当放宽；混合轻型木结构中以其他材料为主要抗侧力构件的结构，最大弹性层间位移角限值应符合相应国家现行标准的规定。”我国《建筑抗震设计规范》规定：“对多高层钢结构进行多遇地震作用下的抗震变形验算时，最大弹性层间位移角限值为 1/250。”因此，综合上述两个规范，钢木混合结构中轻型木楼盖弹性平面剪切位移角限值取为 1/250。另外，根据国内外关于轻型木楼盖试验研究的文献以及钢木混合结构水平抗侧性能试验，认为这样的取值是合理的。

三、楼盖平面内刚度对钢木混合结构抗震性能影响

在 ABAQUS 中分别建立两种典型的 6 层对称钢木混合结构，分别为无支撑钢框架与轻型木楼盖组成的无支撑钢木混合结构以及有支撑钢框架与轻型木楼盖组成的有支撑钢木混合结构。然后对它们分别进行 7 度罕遇地震作用下的弹塑性时程分析。为了比较木楼盖平面内刚度对结构抗震性能的影响，在无支撑及有支撑钢木混合结构中，楼盖分别采用完全柔性楼盖、轻型木楼盖、完全刚性楼盖模型同时进行计算。本节对木楼盖用交叉弹簧简化，因此可以通过设置弹簧的刚度来实现楼盖平面内刚度的大小。

（一）无支撑钢木混合结构

（1）工程概况

结构由无支撑钢框架与轻型木楼盖组成，完全对称，层数为 6 层，层高 3.9m，各竖向抗侧力框架完全相同。设计地震分组为第二组，设防烈度为 7 度，设计基本地震加速度为 0.10g，场地类别为Ⅱ类，抗震等级为三级，场地特征周期为 0.40s，最大地震影响系数为 0.08。

柱网平面布置图如图 5-38 所示。柱 Z 为 H300×300×10×15，梁 KL-1、KL-2、KL-3 均为 H300×200×8×12，钢材材质 Q235。轻型木楼盖尺寸为 6000mm×6000mm 及 2700mm×6000mm 两种，分别记为楼盖-1 及楼盖-2。楼盖所有组成材料均与本章第七节的钢木混合结构水平抗侧性能试验相同。覆面板为 19/32（APA 面板等级）14.68mm 厚 OSB 板，板材留缝 3mm，板横向交接的地方有双横撑；楼盖搁栅采用Ⅱc 级（NLGA 标准）SPF 规格材，含水率 17%，截面尺寸为 38mm×190mm，端部及封边搁栅均是三根规格材拼合，搁栅间距 300mm；面板钉采用直径×长度为 3.8mm×82mm 苏州皇家公司产麻花钉，覆面板周边及中间钉间距分别为 150mm 和 300mm。不考虑楼盖与钢梁连接节点变形，为完全刚性。

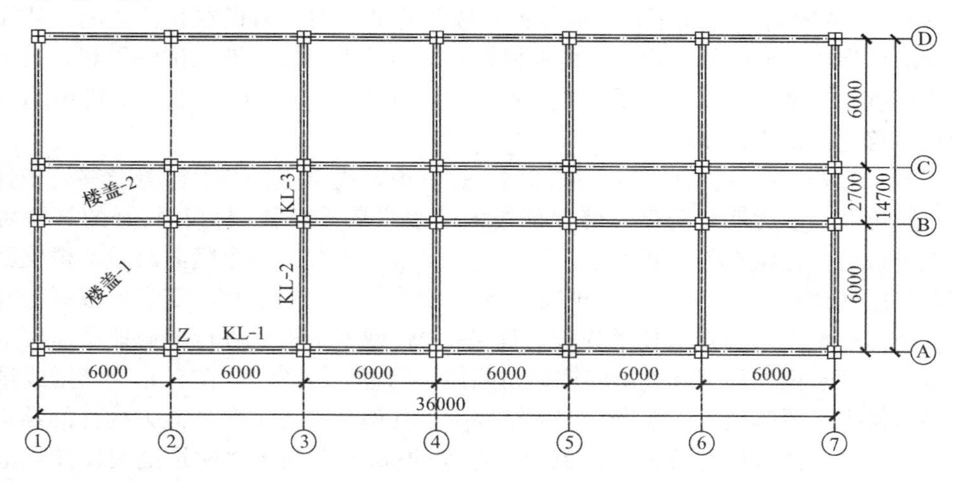

图 5-38　结构平面图

（2）有限元模型

在 ABAQUS/CAE 中建立钢木混合结构有限元模型，结构各部分单元、荷载以及边界条件如下：

1）钢框架

钢框架梁柱均采用空间 2 节点线性梁单元 B31 模拟。单元节点共 6 个自由度，包括 x、y、z 方向的平动自由度及分别绕 x、y、z 轴的转动自由度。梁、柱长度方向每隔 150mm 划分为一个单元。钢材本构按 Q235 钢材理想弹塑性应力应变关系输入。梁柱节点均为刚接，用 Connector 连接器中的 Beam 单元模拟。

2）轻型木楼盖

从附录二知道，当轻型木楼盖变形以剪切变形为主时，可以将楼盖简化为等效桁架模型。另外当楼盖与钢梁之间连接节点为完全刚性时，在整体结构模型中，楼盖可直接用交叉弹簧简化，无需建立等效桁架模型四周的刚性杆，大大方便建模。本文不考虑楼盖连接节点变形，因此楼盖直接简化为对角弹簧。弹簧用 U1 单元模拟，滞回模型采用改进的 Stewart 模型，它的荷载位移曲线参数根据楼盖精细化模型得到，具体过程参照附录二。

分别对楼盖-1 及楼盖-2 建立精细化模型。钉节点采用 U1 弹簧单元模拟，滞回模型采用改进的 Stewart 模型；搁栅采用 B21 单元模拟，搁栅长度方向每隔 150mm 划分为一个单元；覆面板采用 CPS4R 单元模拟，单元尺寸为 150mm×150mm。楼盖左端部 x、y 方向平动及转动自由度固定，在右端部作用位移集中荷载。楼盖-1、楼盖-2 的钉节点布置及有限元模型分别如图 5-39、图 5-40 所示。

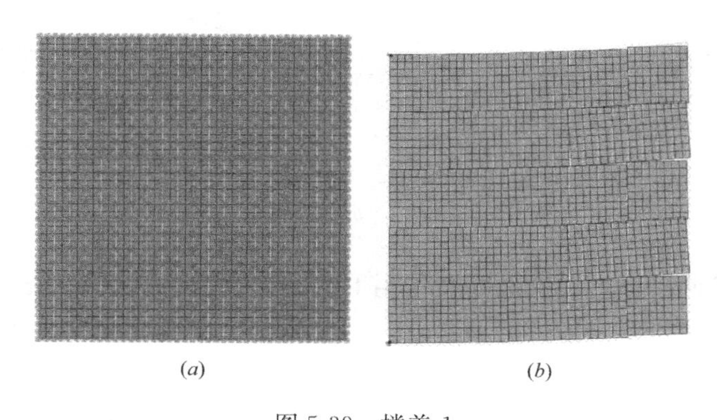

(*a*)　　(*b*)

图 5-39　楼盖-1

（*a*）钉布置图；（*b*）有限元模型变形

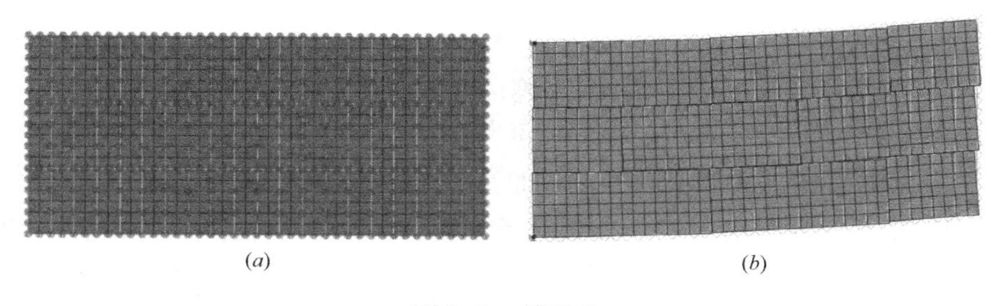

(*a*)　　(*b*)

图 5-40　楼盖-2

（*a*）钉布置图；（*b*）有限元模型变形

楼盖-1、楼盖-2 在单向及往复荷载作用下的荷载总变形曲线及荷载剪切变形曲线分别如图 5-41、图 5-42 所示。由于楼盖-1 跨宽比相对楼盖-2 较小，其往复荷载作用下的剪切变形所占总变形比例肯定大于楼盖-2，因而图 5-41（*b*）没有给出剪切变形曲线。

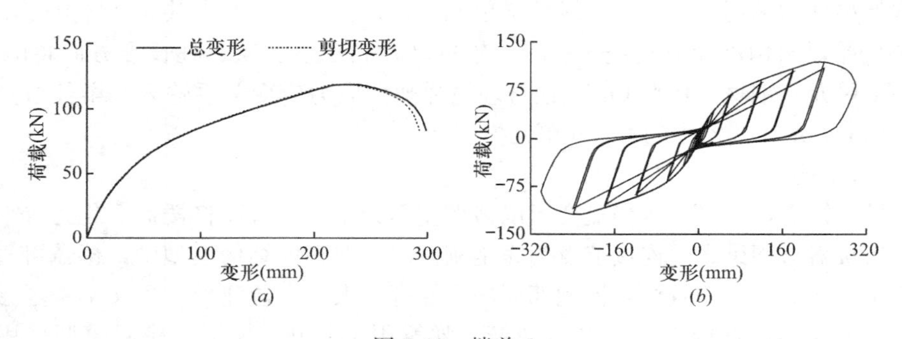

图 5-41　楼盖-1

（*a*）单向荷载位移曲线；（*b*）往复荷载位移滞回曲线

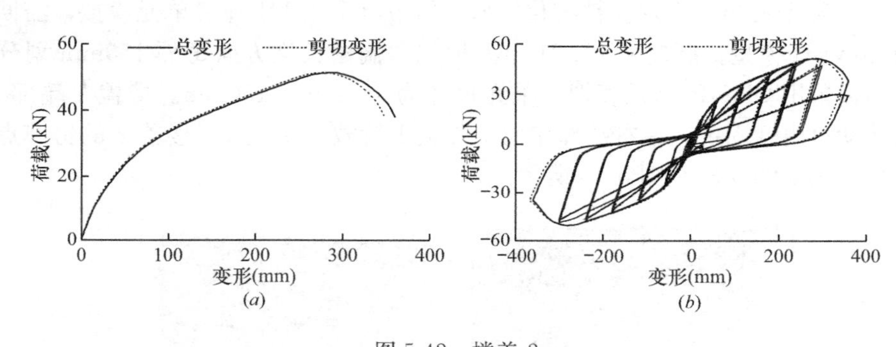

图 5-42　楼盖-2

（*a*）单向荷载位移曲线；（*b*）往复荷载位移滞回曲线

图 5-43 显示了两种楼盖在单向荷载作用下的剪切变形占总变形的比例。

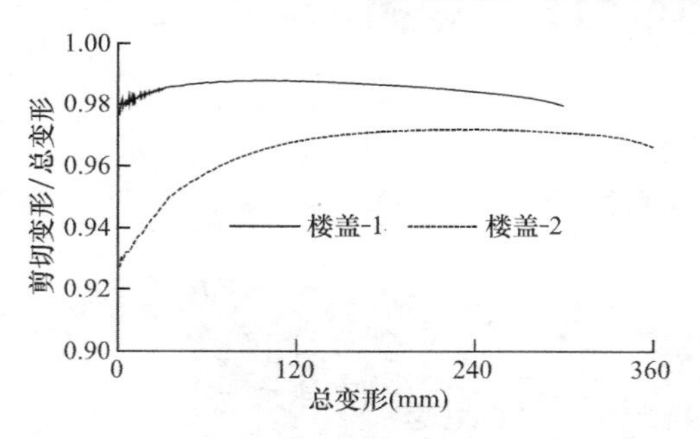

图 5-43　楼盖剪切变形与总变形比值曲线

从图 5-43 可以看出，楼盖-1 宽跨比为 1∶1，其剪切变形占据总变形比例约为 98%；楼盖-2 宽跨比为 1∶2.2 左右，其剪切变形占据总变形的比例最小为 93%左右，最大 97%。楼盖-1 的剪切变形占据总变形的比值大于楼盖-2。当宽跨比越小，楼盖剪切变形占据总变形也越来越小，弯曲变形增多。但总的来说，从图 5-41～图 5-43 可以看出，两种楼盖在单向及往复荷载作用下的变形均以剪切变形为主。因而在整体结构模型中，可以将两种楼盖直接等效为交叉弹簧，用 U1 单元模拟，滞回模型采用改进的 Stewart 模型。轻型木楼盖 U1 单元所需参数根据相应楼盖精细化模型的荷载位移曲线得出，参数值列于表 5-9 中。对于完全刚性及完全柔性楼盖模型，可以通过将弹簧的各个刚度值分别设为一个很大及很小的数值实现，无需重新建模。

楼盖交叉弹簧 U1 单元所需参数　　表 5-9

U1 单元	刚度参数（N·mm⁻¹）					力参数（N）		位移参数（mm）			α	β
	k_1	k_2	k_3	k_4	k_5	F_0	F_1	δ_{yield}	δ_u	δ_{fail}		
楼盖-1	1193	152	258	1430	54	25099	5520	21	232	292	0.8	1.1
楼盖-2	418	55	63	500	29	10497	2675	25	290	352	0.8	1.1

3）模型质量

模型自重包括钢框架自重、楼盖自重以及附加质量。轻型木楼盖恒荷载标准值约为 1.0kN/m^2，计算附加质量时，楼面活荷载标准值为 2.0kN/m^2，考虑地震作用参与组合时，活荷载组合系数取 0.5。钢框架自重只需设定钢材密度，软件根据密度及模型几何尺寸自动计算；对于楼盖自重及附加质量，在 ABAQUS 中通过 Inertia 集中质量单元将质量集中到 U1 对角弹簧单元的两端。

4）阻尼比及阻尼系数

分析采用瑞雷阻尼模型，它能够方便结构动力方程的解耦。它假设阻尼矩阵 C 是质量矩阵 M 和刚度矩阵 K 的线性组合，即 $C=\alpha M+\beta K$，其中 α 是质量阻尼系数，β 是刚度阻尼系数。瑞雷阻尼模型对于临界阻尼比超过 10%时，不再适用。结构阻尼比可通过公式（5-8）得到：

$$\zeta_n=\frac{C_n}{2M_n\omega_n} \tag{5-8}$$

将 $C=\alpha M+\beta K$ 代入公式（5-8）得到：

$$\zeta_n=\frac{C_n}{2M_n\omega_n}=\frac{\alpha}{2}\frac{1}{\omega_n}+\frac{\alpha}{2}\omega_n \tag{5-9}$$

若知结构前两阶振型频率，则通过公式（5-9）可得到公式（5-10）：

$$\frac{1}{2}\begin{bmatrix}1/\omega_1 & \omega_1\\ 1/\omega_2 & \omega_2\end{bmatrix}\begin{Bmatrix}\alpha\\ \beta\end{Bmatrix}=\begin{Bmatrix}\zeta_1\\ \zeta_2\end{Bmatrix} \tag{5-10}$$

式（5-10）中：ω_1、ω_2 为结构前两阶振型的圆频率；ζ_1、ζ_2 为前两阶振型的阻尼比。工程中一般做法是假设结构前几阶的阻尼比相等，则根据式（5-10）得到式（5-11）：

$$\alpha=\zeta\frac{2\omega_1\omega_2}{\omega_1+\omega_2}\qquad \beta=\zeta\frac{2}{\omega_1+\omega_2} \tag{5-11}$$

公式（5-11）给出了由结构阻尼比和频率计算阻尼系数的方法。

钢木混合结构中只包含轻型木楼盖，无轻型木剪力墙。根据本章第七节钢木混合结构水平抗侧性能试验知道，轻型木楼盖在结构破坏时都处于弹性状态，它对结构的耗能影响很小。因而钢木混合结构的阻尼比取值与钢结构一致，按《建筑抗震设计规范》规定：罕遇地震下的弹塑性分析，钢结构阻尼比取值为 0.05。知道结构的阻尼比和结构圆频率后，根据式（5-11）在 ABAQUS/CAE 中的 Property 和 Interaction 模块设置质量和刚度阻尼系数，从而对结构施加阻尼。

5）地震波选取及边界条件

本节侧重点不在结构设计，主要目的是研究楼盖平面内刚度对结构抗震性能的影响。因此选取地震作用方向与建筑长度方向垂直，为 Y 向，在模型中单向输入。根据 7 度抗震设防及Ⅱ类场地要求，采用 ELcentro 南北方向地震波。该地震波持时 53.48s，加速度峰值 341.7cm/s²。按我国《建筑抗震设计规范》规定：7 度罕遇地震时程分析峰值加速度最大值为 220cm/s²。因此对地震波按比例进行缩放。图 5-44 为峰值加速度经过调整的 EL-centro 南北向地震波加速度时程曲线。根据地震波特点，考虑前 20s 地震作用。结构柱底部约束 x、y、z 方向的平动自由度以及绕 x、y、z 轴的转动自由度。

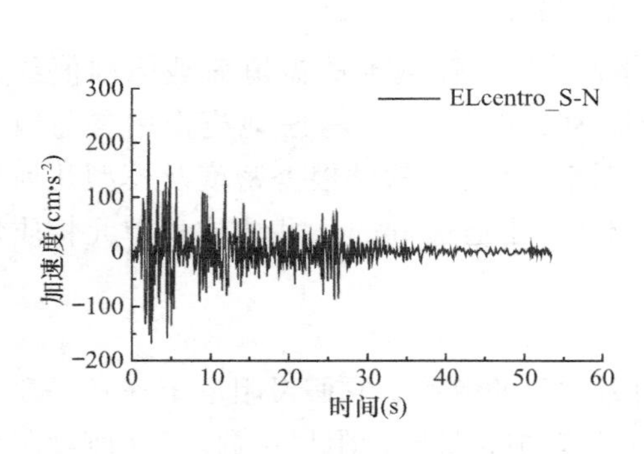

图 5-44 ELcentro 南北向（调整后）

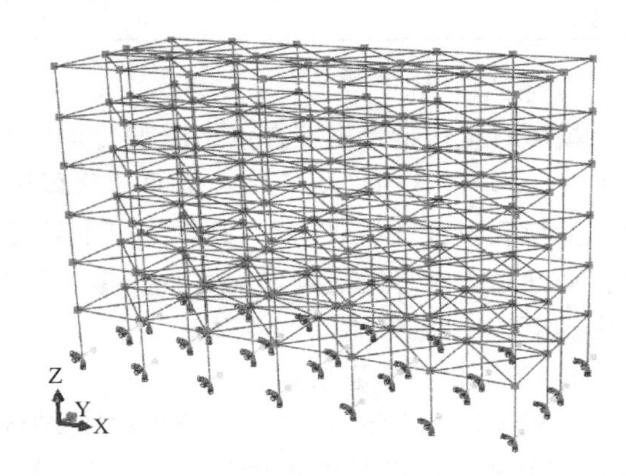

图 5-45 无支撑钢木混合结构三维模型

（3）模态分析

结构整体三维模型如图 5-45 所示。在结构地震响应分析前先对结构做模态分析。模态分析是求特征值和特征向量的问题，即频率和振型的问题。频率反映了结构变形快慢程度和结构整体的刚度。频率低，结构刚度小；频率高，结构刚度大。振型对应某个频率下结构的变形形状，从振型也可以反映出结构各个方向的刚度。例如，最低频对应的振型在结构的扭转方向，表示结构扭转方向刚度最小，最易发生变形。

模态分析与荷载大小、方向及阻尼都无关，主要反映了结构刚度与质量的一种关系，它的求解方程如公式（5-12）所示：

$$|K-\omega^2 M|=0 \tag{5-12}$$

式中 K——结构刚度矩阵；

M——质量矩阵；

ω——结构圆频率。

完全柔性楼盖、轻型木楼盖及完全刚性楼盖模型时的结构前 6 阶振型如图 5-46～图 5-48 所示。

结构周期列于表 5-10 中。周期为频率的倒数，它与频率一样可以反映结构的刚度等特性。表 5-10 中还列出了各振型在结构 Y 向自由度上激活的有效质量。某阶振型在 Y 向自由度上激活的有效质量反映了它在结构 Y 向响应中参与的比重。所有振型在 Y 向自由度上激活的有效质量之和等于结构总质量，为 787.9t。

从图 5-46～图 5-48 可以看出，完全柔性楼盖、轻型木楼盖及完全刚性楼盖模型前 3 阶振型一样，均为 X、Y 向一阶平移以及 Z 轴一阶扭转。完全柔性楼盖时，4 阶振型为楼盖平面内扭转，5、6 阶分别为 Y 及 X 向平面内反向平移，均为结构局部振型；轻型木楼盖时，4、5 阶分别为 X 及 Y 向二阶平动，为整体振型，6 阶为 Y 向平面内反向平移，为局部振型；完全刚性楼盖时，4、5 阶振型与轻型木楼盖模型一致，6 阶为 Z 轴二阶扭转，均为结构整体振型。随着楼盖平面内刚度增大，结构更多地表现为整体振型。完全柔性楼

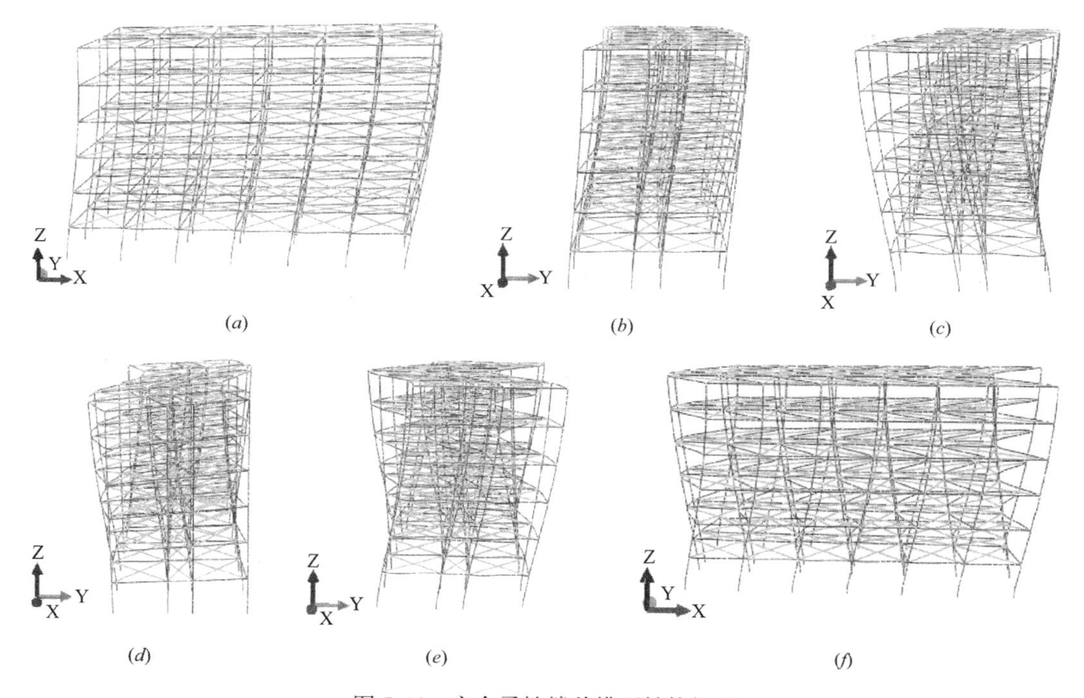

图 5-46　完全柔性楼盖模型结构振型

（*a*）第 1 阶-X 向一阶平移；（*b*）第 2 阶-Y 向一阶平移；（*c*）第 3 阶-Z 轴一阶扭转；
（*d*）第 4 阶-楼盖平面内扭转；（*e*）第 5 阶-Y 向平面内反向平移；（*f*）第 6 阶-X 向平面内反向平移

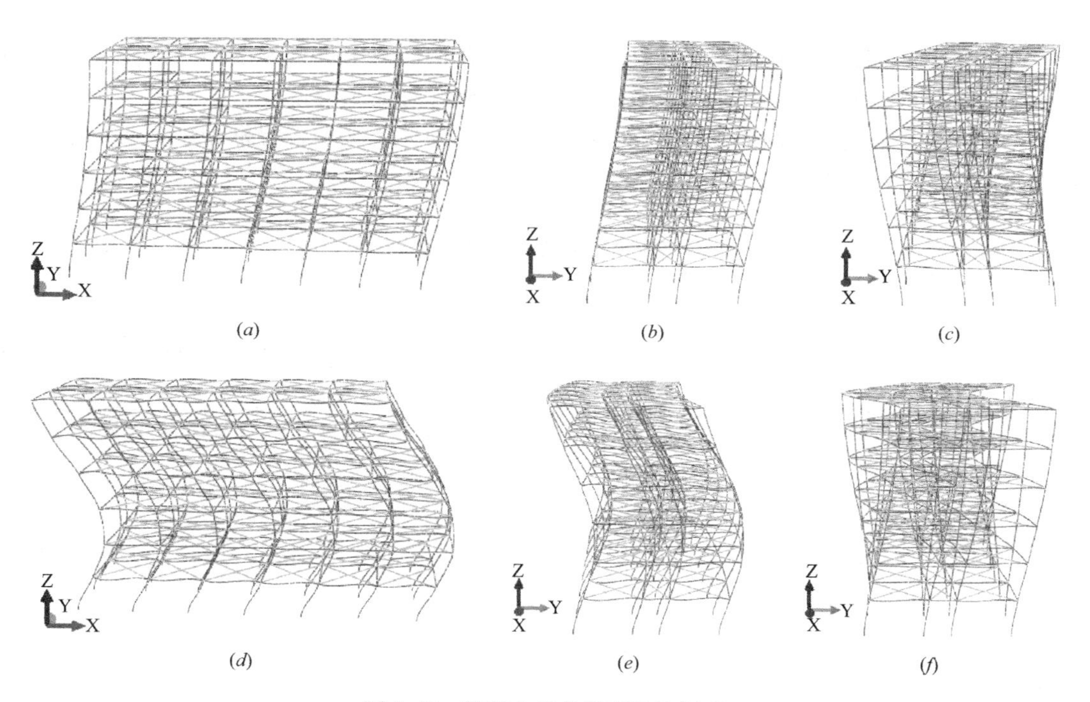

图 5-47　轻型木楼盖模型结构振型

（*a*）第 1 阶-X 向一阶平移；（*b*）第 2 阶-Y 向一阶平移；（*c*）第 3 阶-Z 轴一阶扭转；
（*d*）第 4 阶-X 向二阶平移；（*e*）第 5 阶-Y 向二阶平移；（*f*）第 6 阶-Y 向平面内反向平移

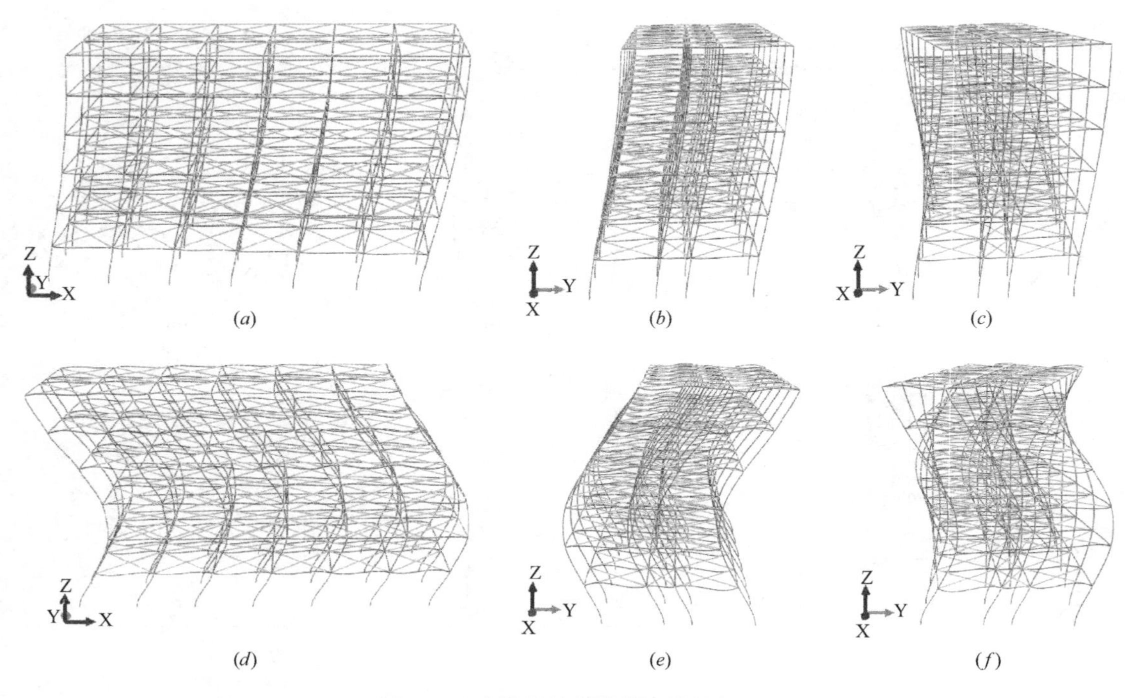

图 5-48 完全刚性楼盖模型结构振型

(a) 第 1 阶-X 向一阶平移；(b) 第 2 阶-Y 向一阶平移；(c) 第 3 阶-Z 轴一阶扭转；
(d) 第 4 阶-X 向二阶平移；(e) 第 5 阶-Y 向二阶平移；(f) 第 6 阶-Z 轴二阶扭转

盖时，楼盖平面内刚度很小，不能分配水平荷载到各榀框架中，各榀框架之间缺乏有效的联系，结构协同作用很差，不能成为一个整体，结构容易发生局部变形；轻型木楼盖及完全刚性楼盖时，楼盖平面内刚度大，能够很好地分配水平荷载到各榀框架中，各榀框架协同作用很好，共同受力，结构变形更多地表现为整体变形。

周期与 Y 向振型有效质量 **表 5-10**

振型阶数	完全柔性楼盖		轻型木楼盖		完全刚性楼盖	
	周期（s）	Y 向有效质量（t）	周期（s）	Y 向有效质量（t）	周期（s）	Y 向有效质量（t）
1	1.510	—	1.504	—	1.503	—
2	1.216	608.85	1.187	637.57	1.185	637.85
3	1.137	—	1.105	—	1.103	—
4	0.956	—	0.493	—	0.492	—
5	0.888	25.11	0.381	81.97	0.374	84.09
6	0.734	—	0.363	0.24	0.349	—
7	0.714	—	0.358	—	0.287	—
8	0.612	3.55	0.326	—	0.205	32.77
9	0.537	—	0.289	—	0.201	—
10	0.507	—	0.264	—	0.193	—
总计		637.51		719.78		754.71

从表 5-10 中前 10 阶周期可以看出，完全刚性楼盖<轻型木楼盖<完全柔性楼盖。随着楼盖平面内刚度的减小，楼盖在自身平面内的振动会延长结构的周期，结构刚度减小。随着振型阶数的增大，三种楼盖的周期差别也越来越大。结构前 3 阶（各方向第 1 阶）时，楼盖平面内刚度对周期影响较小，轻型木楼盖与完全刚性楼盖几乎一致；从第 4 阶开始，完全柔性楼盖与轻型木楼盖、完全刚性楼盖差别较大；从第 7 阶开始，轻型木楼盖与完全刚性楼盖差别加大。

使用振型叠加反应谱法求解地震响应时，要保证提取了足够数量的模态，判断标准是在主要运动方向上的总有效质量要超过模型中总质量的 90%。从表 5-10 中可以看出，取前 10 阶振型时，完全柔性楼盖模型 Y 方向有效质量占总质量的比例为 637.51/787.9＝80.9%；轻型木楼盖模型为 719.78/787.9＝91.4%；完全刚性楼盖模型为 754.71/787.9＝95.8%。因此楼盖平面内刚度影响振型叠加法所需提取模态的数量，楼盖平面内刚度增大，所需振型数越小。

（4）结构 Y 向地震时程响应

通过数值分析得到了 7 度罕遇地震作用下完全柔性楼盖、轻型木楼盖以及完全刚性楼盖模型时的结构 Y 向地震响应。

1）中榀框架各层顶点加速度

图 5-49（*a*）、（*b*）、（*c*）分别是完全柔性楼盖、轻型木楼盖以及完全刚性楼盖模型时中榀框架（图 5-38 中的 4 轴）各层顶点 Y 向加速度时程曲线。

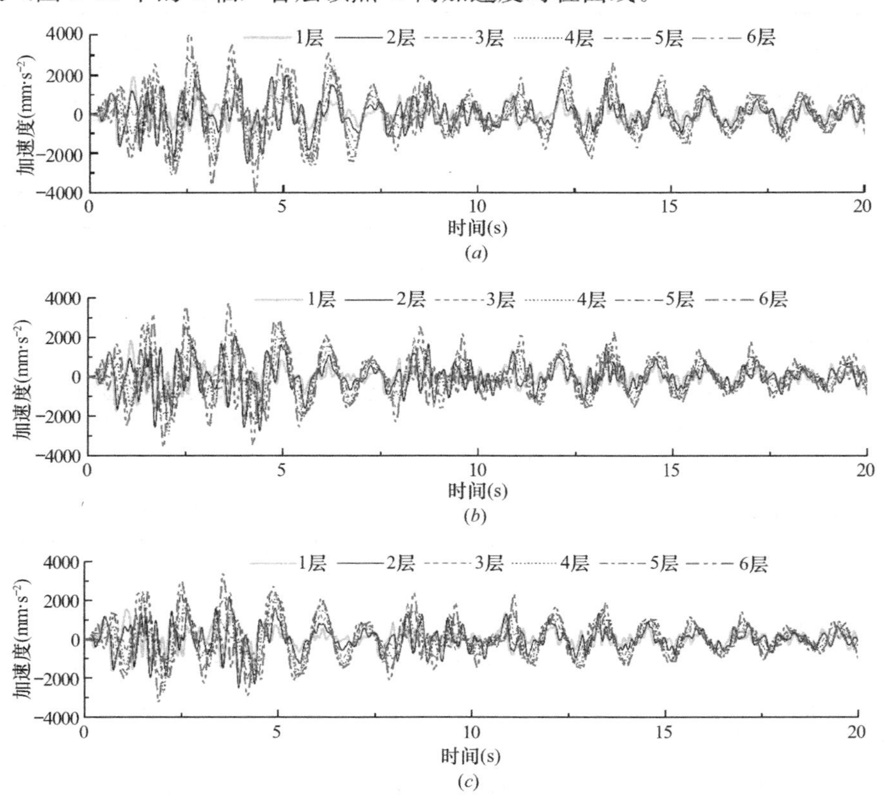

图 5-49　中榀框架各层顶点加速度时程曲线（Y 向）

（*a*）完全柔性楼盖；（*b*）轻型木楼盖；（*c*）完全刚性楼盖

从图 5-49 可以看出，无论楼盖平面内刚度大小，结构总是顶层顶点加速度最大值最大。图 5-50 是各楼盖模型时中榀框架第 6 层顶点 Y 向加速度时程曲线对比。从图 5-50 可以看出，轻型木楼盖与完全刚性楼盖模型的加速度时程曲线波形接近一致，幅值差别不大，与完全柔性楼盖模型波形差别较大。

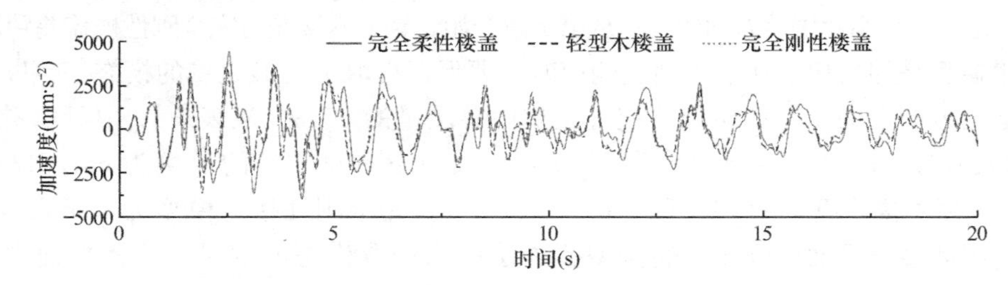

图 5-50　各楼盖模型时中榀框架第 6 层顶点加速度时程曲线对比（Y 向）

表 5-11 中列出了各楼盖模型时中榀框架各层顶点 Y 向加速度响应最大值，以及它相对于输入地震波加速度最大值 2200mm/s^2 的放大系数。

中榀框架各层顶点加速度及其放大系数最大值（Y 向）　　表 5-11

层数	完全柔性楼盖		轻型木楼盖		完全刚性楼盖	
	加速度（mm·s^{-2}）	放大系数	加速度（mm·s^{-2}）	放大系数	加速度（mm·s^{-2}	放大系数
1	2096.6	95.3%	2134.1	97.0%	1801.4	81.9%
2	2519.3	114.5%	2784.2	126.6%	2568.0	116.7%
3	2718.8	123.6%	2672.3	121.5%	2546.0	115.7%
4	3106.8	141.2%	2939.0	133.6%	2763.5	125.6%
5	3253.0	147.9%	2797.8	127.2%	2562.6	116.5%
6	4442.6	201.9%	3809.2	173.1%	3391.4	154.2%

注意的是表 5-11 中各层顶点加速度最大值并不是在同一时刻发生，这可以从图 5-49 看出。从表 5-11 知，各楼盖模型时，第 6 层加速度放大系数最大，放大系数介于 150%～200%之间，完全柔性楼盖>轻型木楼盖>完全刚性楼盖；与轻型木楼盖、完全刚性楼盖模型时不一样，完全柔性楼盖模型时，各层加速度放大系数最大值随着层高增大而增大；对于 3～6 层，随着楼盖平面内刚度增加，加速度放大系数减少，但 1～2 层的规律与 3～6 层不一样；另外，对于每一层的加速度放大系数，都有轻型木楼盖>完全刚性楼盖，根据时程曲线图 5-50，它们基本在同一时刻取最大值，相比于轻型木楼盖、完全刚性楼盖，完全柔性楼盖模型由于楼盖平面内刚度太小从而导致结构动力特性及时程响应特征的改变。

2）框架各层顶点位移

图 5-51（*a*）、（*b*）、（*c*）分别是完全柔性楼盖、轻型木楼盖以及完全刚性楼盖模型时中榀框架各层顶点 Y 向位移时程曲线。图 5-52 是三种楼盖模型下中榀框架第 6 层顶点 Y 向位移时程曲线对比。

从图 5-51 可以看出，无论楼盖平面内刚度大小，随着结构层数的增高，各层顶点位移最大值增大。从图 5-52 可以看出，轻型木楼盖与完全刚性楼盖幅值与波形相差很小，与完全柔性楼盖波形相差较大。

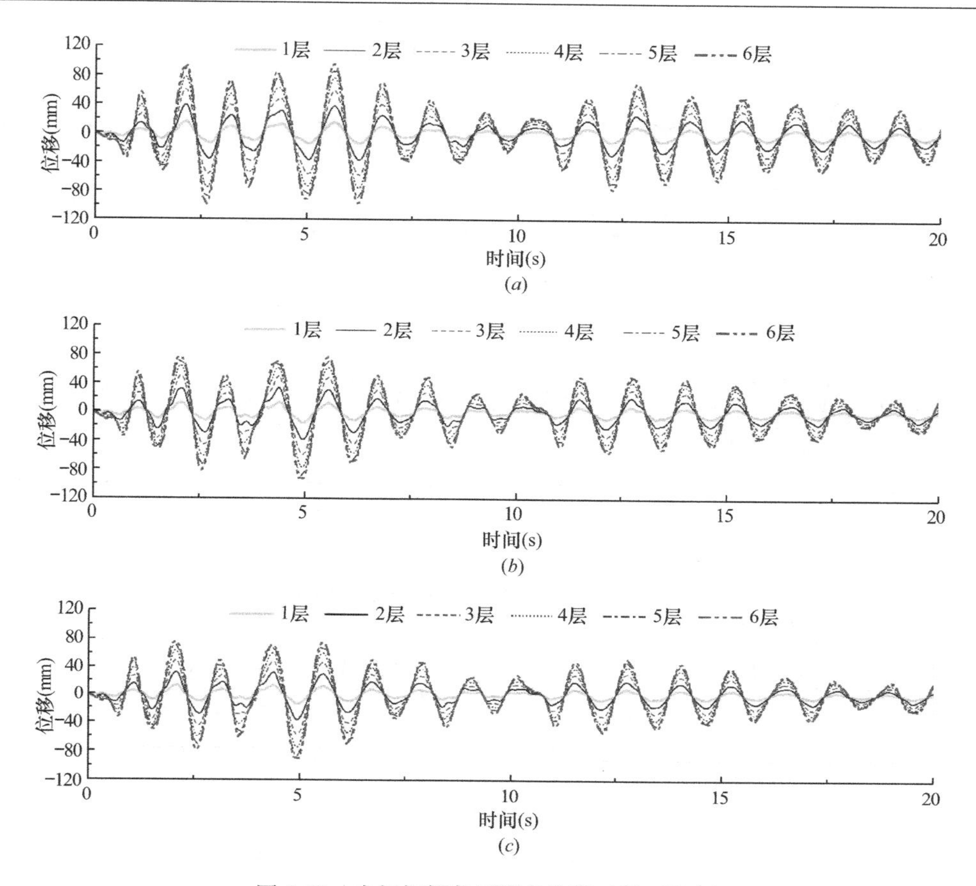

图 5-51　中榀框架各层顶点位移时程（Y 向）

(a) 完全柔性楼盖；(b) 轻型木楼盖；(c) 完全刚性楼盖

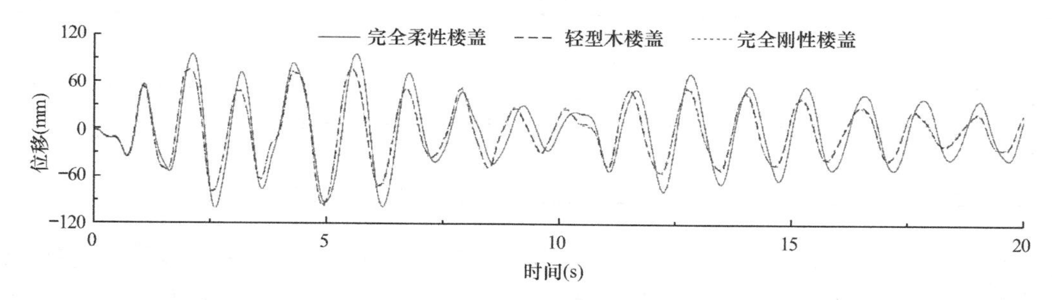

图 5-52　各楼盖模型时中榀框架第 6 层顶点位移时程对比（Y 向）

图 5-53 是三种楼盖模型下中榀与边榀框架（图 5-38 中的 1 轴）第 6 层顶点 Y 向位移时程对比。可以看出，完全柔性楼盖时，由于没有楼盖的协同作用，中榀边榀框架位移差别较大；轻型木楼盖时，楼盖具有较大的平面内刚度，能够协调使中榀边榀框架位移趋于一致；完全刚性楼盖时，位移完全相同。

完全柔性楼盖、轻型木楼盖以及完全刚性楼盖模型时各榀框架第 6 层顶点 Y 向最大位移列于表 5-12 中。表中的 1、2、3、4 轴依次为从边榀框架到中榀框架，见图 5-38。由于结构对称，5、6、7 轴与 1、2、3 轴一样，未列出。

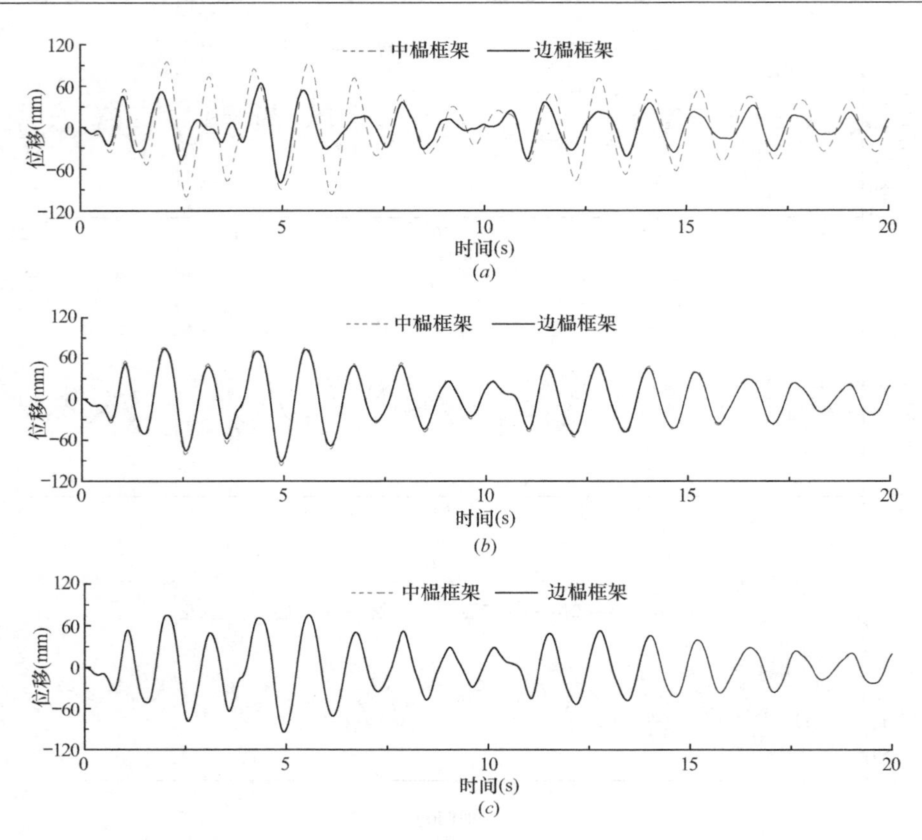

图 5-53　中榀与边榀框架第 6 层顶点位移时程（Y 向）

(*a*) 完全柔性楼盖；(*b*) 轻型木楼盖；(*c*) 完全刚性楼盖

各榀框架第 6 层顶点最大位移（Y 向）（mm）　　**表 5-12**

楼盖模型 \ 框架轴线	1	2	3	4
完全柔性楼盖	80.06	102.25	98.23	100.03
轻型木楼盖	91.75	94.43	96.33	97.15
完全刚性楼盖	94.46	94.51	94.54	94.55

注意的是，表 5-12 中轻型木楼盖与完全刚性楼盖模型时各榀框架位移最大值对应的时刻基本上相同，而完全柔性楼盖模型则与之不是在同一时刻，这可以从图 5-53 看出。从表 5-12 知，完全柔性楼盖时，2 轴框架 Y 向最大顶点位移反而比中榀框架稍大，这是由于楼盖刚度太小改变了结构动力特性及时程响应的波形；轻型木楼盖时，从边榀框架到中榀框架最大顶点位移逐渐增大，各榀框架最大位移较接近，楼盖协同性能较好；完全刚性楼盖时，各榀框架最大位移几乎相等。另外，对于结构最大位移，完全柔性楼盖>轻型木楼盖>完全刚性楼盖。

3）层间位移角

表 5-13 中列出了各楼盖模型时结构各层 Y 向最大层间位移角及角部楼盖平面剪切位移角。

各层层间位移角及角部楼盖平面剪切位移角最大值（Y 向）　　表 5-13

层数	层间位移角			角部楼盖平面剪切位移角		
	柔性楼盖	轻型木楼盖	刚性楼盖	柔性楼盖	轻型木楼盖	刚性楼盖
1	1/244	1/259	1/267	1/1025	1/5801	0
2	1/160	1/169	1/173	1/419	1/2677	0
3	1/177	1/183	1/186	1/285	1/2437	0
4	1/190	1/218	1/230	1/237	1/2321	0
5	1/231	1/276	1/303	1/213	1/2207	0
6	1/338	1/426	1/450	1/202	1/1642	0

从表 5-13 中可以看出，三种不同楼盖刚度模型时，最大结构层间位移角均发生在第 2 层处，最小值在第 6 层处。它们的最大层间位移角均已大于我国《建筑抗震设计规范》规定的弹性层间位移角限值 1/250，小于弹塑性层间位移角限值 1/50，表明结构进入塑性阶段。结构最大及各层层间位移角均为完全柔性楼盖>轻型木楼盖>完全刚性楼盖，随着楼盖平面内刚度增大，结构最大及各层层间位移角减小。

图 5-54 是各楼盖模型时结构第 2 层 Y 向层间位移时程曲线对比。

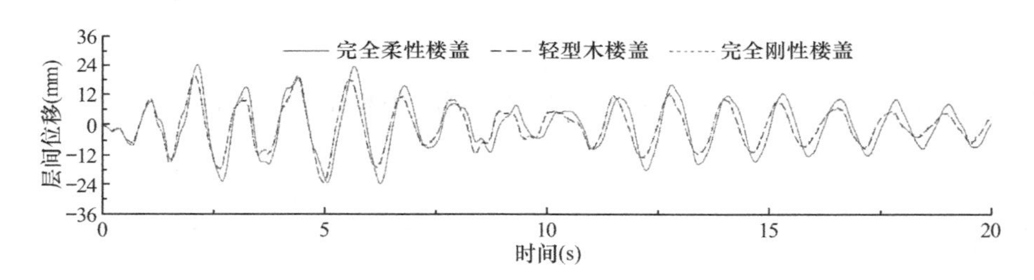

图 5-54　第 2 层层间位移时程（Y 向）

4）楼盖平面剪切位移角

从表 5-13 中可以看出，完全柔性楼盖、轻型木楼盖模型的角部楼盖平面剪切位移角均随着层数增高而增大，最大值发生在第 6 层。完全柔性楼盖时，平面剪切位移角最大值为 1/202，大于规定的楼盖平面剪切位移角限值 1/250；完全刚性楼盖时，由于楼盖协同作用使各榀框架位移相等，因而楼盖平面剪切位移角为 0；轻型木楼盖时，最大值为 1/1642，远小于规定的限值 1/250，结构进入塑性时，轻型木楼盖依旧处于弹性状态，能够保证水平荷载的转移及分配。对每一层楼盖平面剪切位移角来说，完全柔性楼盖>轻型木楼盖>完全刚性楼盖。

图 5-55 是各楼盖模型时，结构第 6 层角部楼盖 Y 向剪切变形时程曲线对比。完全柔性楼盖时楼盖剪切变形远大于轻型木楼盖，分别为 30mm 及 4mm 左右；完全刚性楼盖时，时程曲线是一条值为 0 的平直线，没有剪切变形。

图 5-56 是轻型木楼盖时，结构第 6 层不同开间楼盖 Y 向剪切变形时程曲线对比。由于结构对称，只需取第一（角部）、二、三开间楼盖，分别用楼盖 A、B、C 代表，对应图 5-38 中 1、2 轴线，2、3 轴线，3、4 轴线间的楼盖-1。从图 7.21 可以看出，角部楼盖剪切变形最大；第二开间楼盖次之；第三开间最小。对结构每一层来说，角部楼盖剪切变形最大，越接近中部的楼盖剪切变形越小。

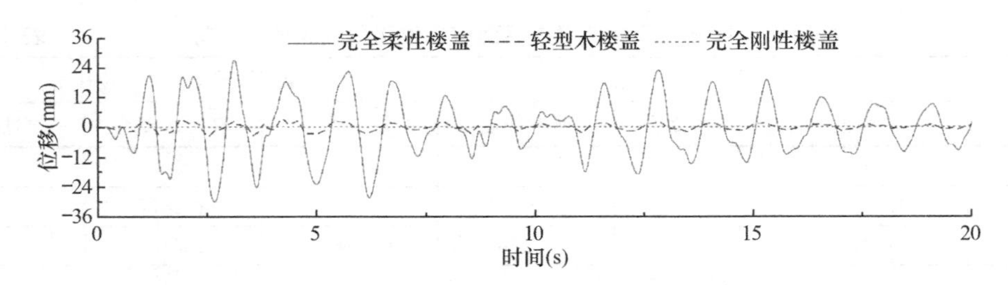

图 5-55 各楼盖模型第 6 层角部楼盖剪切变形时程（Y 向）

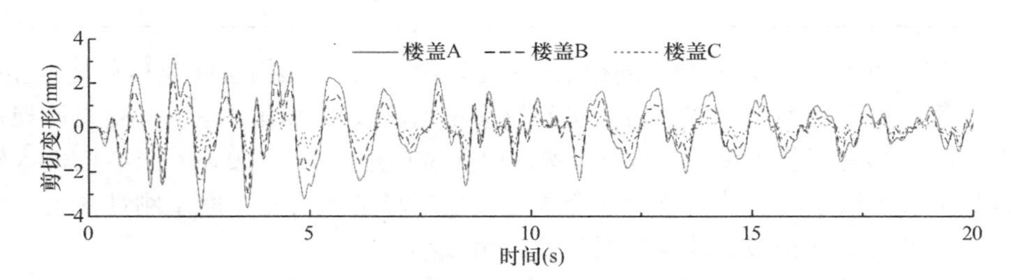

图 5-56 轻型木楼盖第 6 层不同开间楼盖剪切变形时程（Y 向）

5）基底剪力

完全柔性楼盖、轻型木楼盖以及完全刚性楼盖时各榀框架 Y 向基底剪力及结构 Y 向总剪力最大值列于表 5-14 中。

各榀框架基底剪力及结构总剪力最大值（Y 向）(kN) **表 5-14**

框架轴线 / 楼盖模型	1	2	3	4	总剪力
完全柔性楼盖	163.017	211.036	219.154	216.243	1378.7
轻型木楼盖	194.542	205.404	211.156	212.715	1434.4
完全刚性楼盖	203.404	204.448	205.042	205.222	1431.0

从表 5-14 可以看出，完全柔性楼盖时，2、3、4 轴框架 Y 向基底剪力最大值相差较小，边榀框架与它们相差较大；轻型木楼盖时，1、2、3、4 框架剪力最大值相差较小；完全刚性楼盖时，各榀框架基底剪力值几乎一致。三种楼盖模型时，结构总基底剪力相差不大，轻型木楼盖与完全刚性楼盖基本相同，完全柔性楼盖剪力为它们的 96%左右。

图 5-57 是各楼盖模型时中榀框架与边榀框架 Y 向基底剪力时程曲线对比。

从图 5-57 可以看出，完全柔性楼盖时，中榀、边榀框架时程曲线差别较大，中榀框架基底剪力明显大于边榀框架。这是因为中榀框架上的质量相对边榀框架大，因而水平地震力也大；另外楼盖平面内刚度很小，中榀框架上的水平地震力只能靠连梁转移到边榀框架，水平荷载转移能力很小。轻型木楼盖时，楼盖具有较大的平面内刚度，水平荷载转移能力较强，中榀框架上的水平地震力可以通过楼盖转移到边榀框架，边榀框架上的基底剪力接近中榀框架，时程曲线接近一致，各榀框架基底剪力趋于均匀，共同承担水平荷载，结构协同作用很好。完全刚性楼盖时，此时楼盖平面内刚度非常大，楼盖能完全转移中榀框架上多余的水平地震力。各榀框架抗侧刚度相同，剪力按抗侧刚度分配，因而边榀框架基底剪力与中榀框架剪力基本相等，时程曲线几乎完全一致。

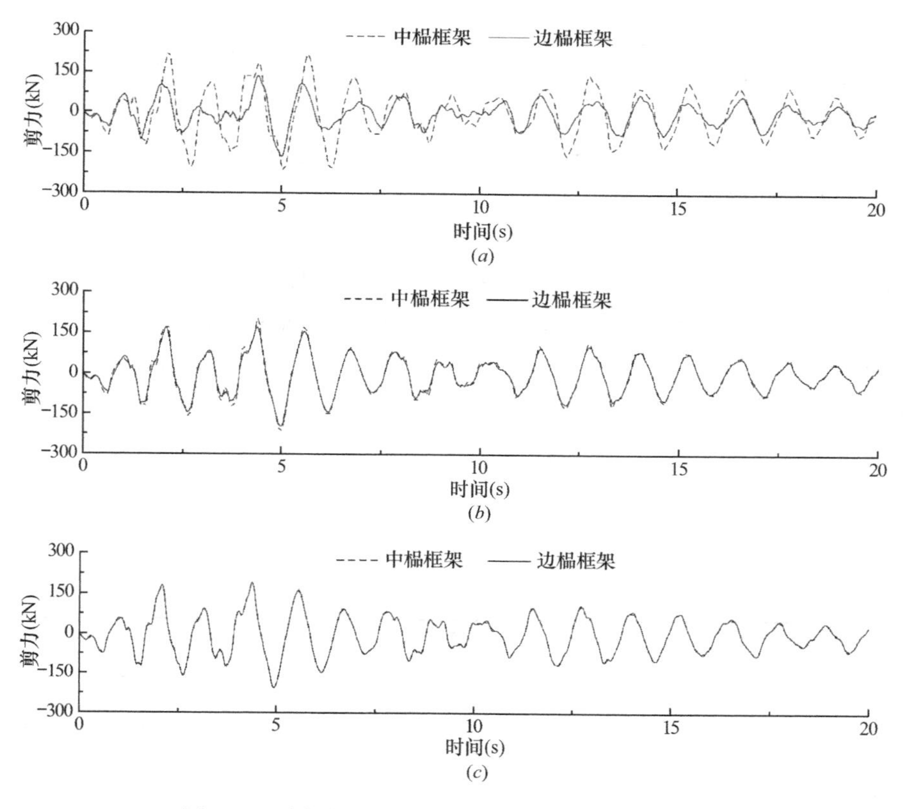

图 5-57　中榀与边榀框架基底剪力时程对比（Y 向）

（a）完全柔性楼盖；（b）轻型木楼盖；（c）完全刚性楼盖

图 5-58、图 5-59 分别是各楼盖模型时结构中榀框架 Y 向基底剪力时程及结构 Y 向总基底剪力时程对比。

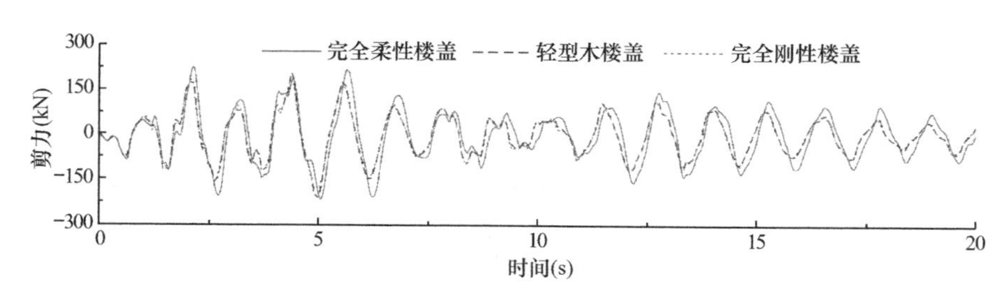

图 5-58　各楼盖模型时中榀框架基底剪力时程对比（Y 向）

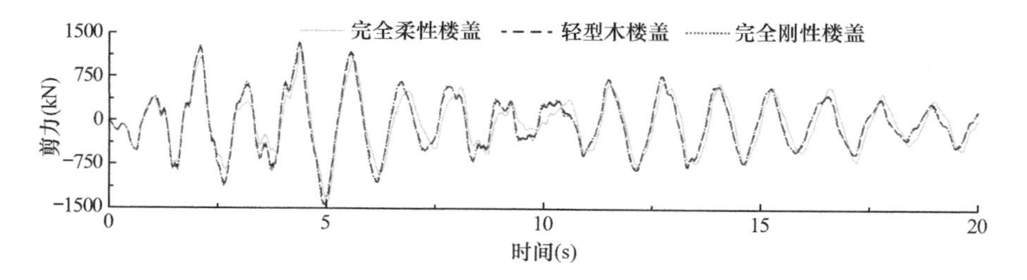

图 5-59　各楼盖模型时结构总基底剪力时程对比（Y 向）

从图 5-58 看出，随着楼盖平面内刚度的增加，中榀框架基底剪力趋向于减小，其上的荷载越来越多的转移到边榀框架上，结构整体性越来越好。另外，轻型木楼盖与完全刚性楼盖模型的时程曲线波形及幅值差别很小，与完全柔性楼盖模型差别相对较大。从图 5-59 看出，三种楼盖模型时的结构总剪力时程曲线差别不大，轻型木楼盖与完全刚性楼盖模型的时程曲线波形及幅值更加接近。

6）楼盖滞回模型对结构响应影响

对轻型木楼盖模型的楼盖 U1 交叉弹簧单元分别运用保守模型、Clough 模型计算结构地震响应，然后与改进的 Stewart 模型比较，研究楼盖不同滞回模型对整体结构地震响应的影响。包括结构中榀框架第 6 层顶点位移、第 2 层层间位移、第 6 层角部楼盖平面剪切变形以及中榀框架基底剪力，结果见图 5-60。

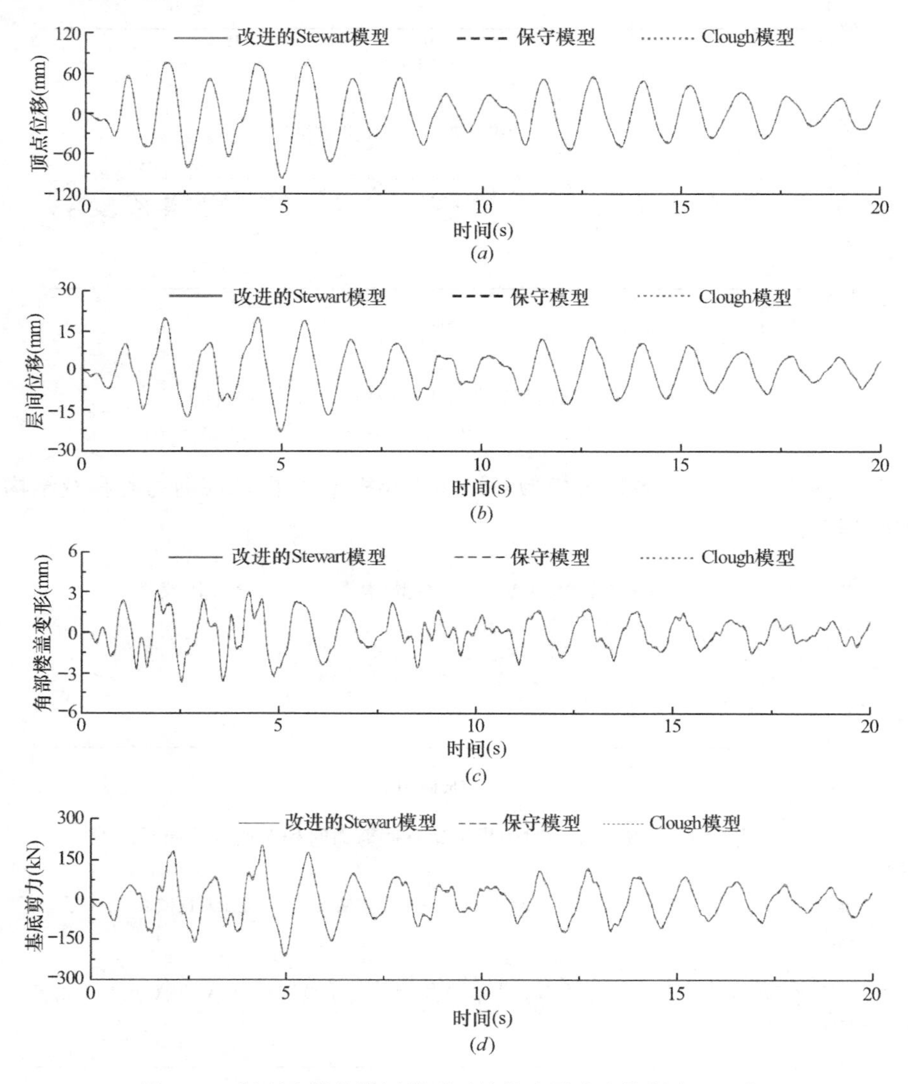

图 5-60　轻型木楼盖滞回模型对结构地震响应的影响（Y 向）
（*a*）中榀框架第 6 层顶点位移时程；（*b*）第 2 层层间位移时程；
（*c*）第 6 层角部楼盖剪切变形时程；（*d*）中榀框架基底剪力时程

从图 5-60（*a*）、（*b*）、（*d*）可以看出，三种楼盖滞回模型时，中榀框架第 6 层顶点位移、第 2 层层间位移以及中榀框架基底剪力差别很小，几乎可以忽略。这是因为单独轻型木剪力墙在地震作用下的变形很大，达到 60mm 左右，远远超过了它的塑性变形，此时剪力墙强度退化、刚度折减以及捏缩效应等特性非常明显，滞回模型考虑这些特征与否对响应结果影响很大；而在本章的整体结构里，由图 5-60（*c*）可以看出，三种滞回模型时的楼盖剪切变形都非常小，最大不超过 4mm，楼盖处于初始弹性状态，几乎没有强度折减、刚度退化以及捏缩效应，三种滞回模型在初始弹性状态时差别很小，因而对响应结果几乎没影响。

因此，对于整体钢木混合结构地震响应分析，在没有能够描述楼盖强度折减、刚度退化以及捏缩效应等特征的数据时，且楼盖处于弹性状态下，楼盖交叉弹簧单元可以直接使用保守模型，用 ABAQUS 自带的 Cartesian 单元模拟，无需自己开发子程序单元。

（二）有支撑钢木混合结构

在图 5-38 无支撑钢木混合结构平面图中的 Y 向 B、C 轴线间，X 向 1、2 及 6、7 轴线间加 ϕ40 张紧钢圆杆对角支撑，通高布置，此时结构形式为有支撑钢木混合结构。在 ABAQUS 中用杆单元 T3D2 模拟支撑，杆单元设置为只拉单元，其余单元设置、结构边界条件以及地震波输入与无支撑钢木混合结构完全相同。对于结构 Y 向，与无支撑钢木混合结构相比，有支撑钢木混合结构的各榀竖向抗侧力框架刚度不再相等，两边榀框架由于支撑作用，抗侧刚度明显大于中榀框架，结构竖向抗侧力框架刚度相对集中在两边榀框架上。因而楼盖与竖向抗侧力框架刚度的比值也发生了变化，楼盖平面内刚度对有支撑钢木混合结构的抗震性能影响将与无支撑钢木混合结构不同。有支撑钢木混合结构三维模型如图 5-61 所示。

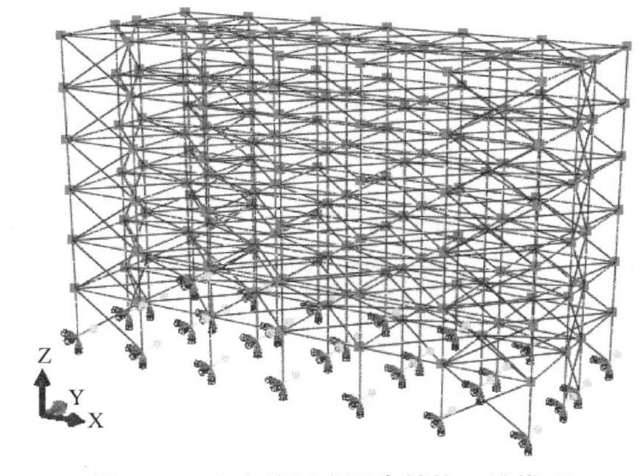

图 5-61　有支撑钢木混合结构三维模型

（1）模态分析

完全柔性楼盖、轻型木楼盖以及完全刚性楼盖模型的结构前 6 阶振型如图 5-62～图 5-64 所示。

从图 5-62～图 5-64 看出，完全柔性楼盖时，结构整体性很差，从第 3 阶就开始出现局部的振型；轻型木楼盖时，第 5 阶为局部振型，第 4、6 阶虽然分别为 Y 及 X 向整体二阶平移，但是可以看出，两边榀框架变形明显小于中榀框架，反映了楼盖平面内刚度较小，不能使各榀框架位移趋于一致；完全刚性楼盖时，前 6 阶均为整体振型，且各榀框架平动时的位移均一致，结构整体性最好。与无支撑钢木混合结构一样，有支撑钢木混合结构随着楼盖平面内刚度增大，各榀框架协同作用及整体性越来越好，结构更多的表现为整体振型。

表 5-15 列出了各楼盖刚度模型时结构前 10 阶周期以及各振型在结构 Y 向自由度上激活的有效质量，结构总质量为 796.9t。

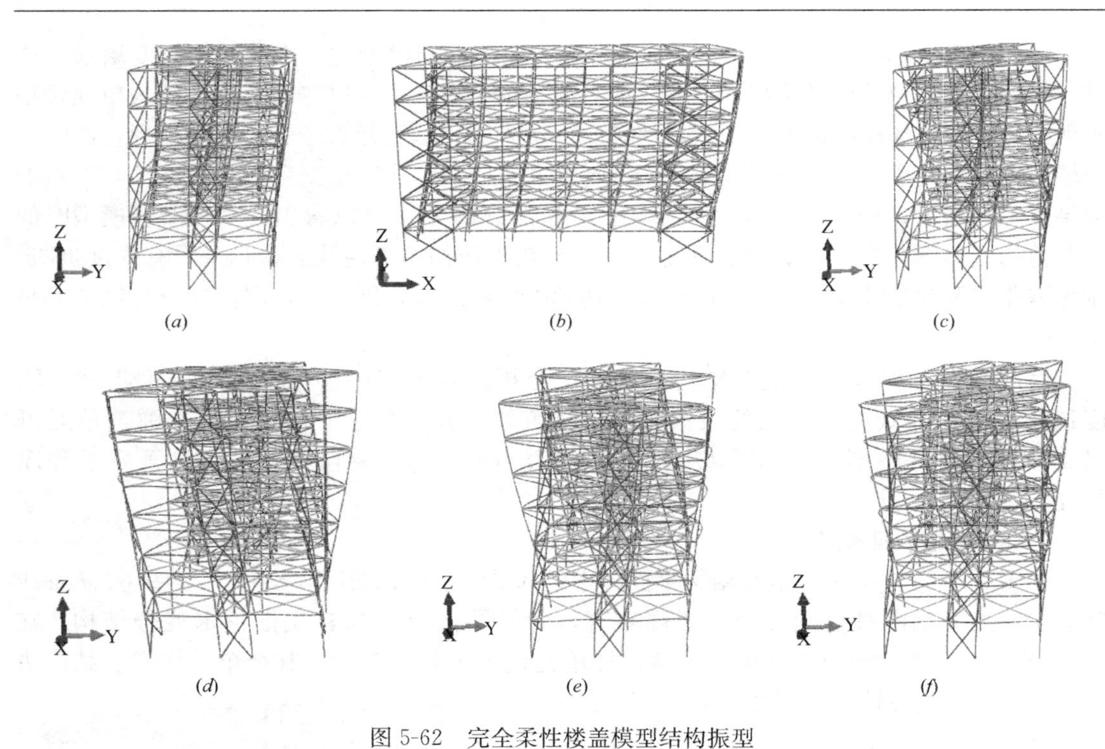

图 5-62　完全柔性楼盖模型结构振型

（*a*）第 1 阶-Y 向一阶平移；（*b*）第 2 阶-X 向一阶平移；（*c*）第 3 阶-局部振型；（*d*）第 4 阶-局部振型；（*e*）第 5 阶-局部振型；（*f*）第 6 阶-局部振型

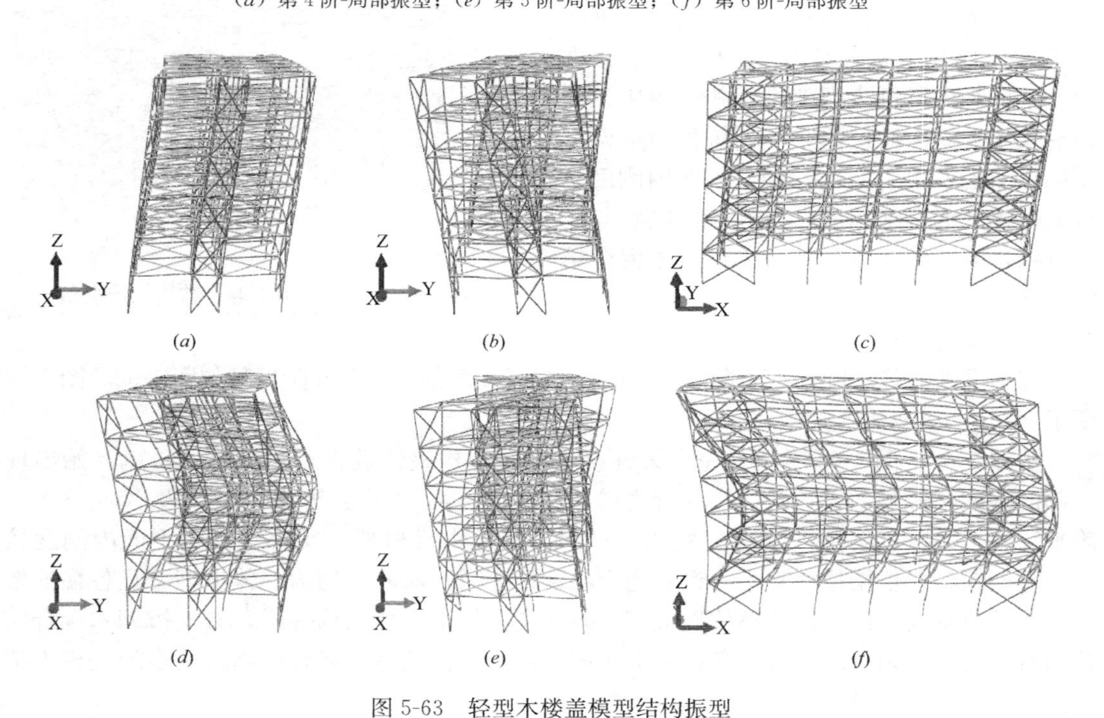

图 5-63　轻型木楼盖模型结构振型

（*a*）第 1 阶-Y 向一阶平移；（*b*）第 2 阶-Z 轴一阶扭转；（*c*）第 3 阶-X 向一阶平移；（*d*）第 4 阶-Y 向二阶平移；（*e*）第 5 阶-Y 向水平面内反向平移；（*f*）第 6 阶-X 向二阶平移

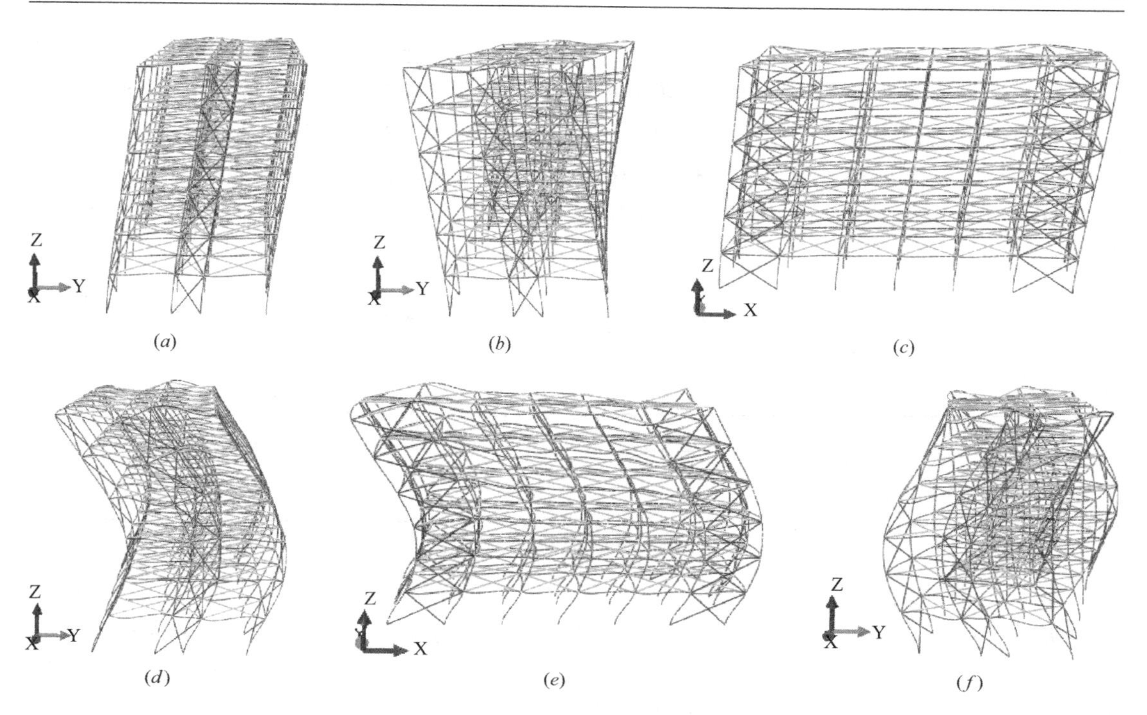

图 5-64 完全刚性楼盖模型结构振型

(a) 第 1 阶-Y 向一阶平移；(b) 第 2 阶-Z 轴一阶扭转；(c) 第 3 阶-X 向一阶平移；
(d) 第 4 阶-Y 向二阶平移；(e) 第 5 阶-X 向二阶平移；(f) 第 6 阶-Z 轴二阶扭转

周期与 Y 向振型有效质量 **表 5-15**

振型阶数	完全柔性楼盖		轻型木楼盖		完全刚性楼盖	
	周期（s）	Y 向有效质量（t）	周期（s）	Y 向有效质量（t）	周期（s）	Y 向有效质量（t）
1	1.178	535.67	0.995	622.24	0.948	610.25
2	1.070	—	0.671	—	0.623	—
3	0.980	—	0.646	—	0.610	—
4	0.784	54.30	0.362	55.17	0.279	120.49
5	0.635	—	0.346	29.59	0.186	—
6	0.534	16.06	0.294	—	0.180	—
7	0.492	—	0.294	—	0.149	35.75
8	0.469	—	0.282	—	0.103	—
9	0.461	23.31	0.230	—	0.103	15.29
10	0.404	—	0.230	7.46	0.097	—
总计		629.34		714.47		781.78

从表 5-15 中可以看出，取前 10 阶振型时，完全柔性楼盖模型 Y 向有效质量为总质量的 79.0%；轻型木楼盖模型达到 89.7%；完全刚性楼盖模型达到 98.1%。与无支撑钢木混合结构不一样的是，有支撑钢木混合结构轻型木楼盖模型时的第一阶振型 Y 向有效质量反而大于完全刚性楼盖。

从表 5-15 中前 10 阶周期可以看出，与无支撑钢木混合结构一样，完全刚性楼盖<轻型木楼盖<完全柔性楼盖。随着楼盖平面内刚度的减小，楼盖在自身平面内的振动会延长结构的周期，结构刚度减小。相对于无支撑钢木混合结构，有支撑钢木混合结构中轻型木楼盖模型与完全刚性楼盖模型的周期差别增大，三种不同楼盖模型时的结构周期差别是比较明显的。表 5-16 中列出了楼盖平面内刚度对无支撑及有支撑钢木混合结构 Y 向第一阶周期的影响。

楼盖平面内刚度对 Y 向第一阶周期影响 **表 5-16**

楼盖模型	无支撑钢木混合结构		有支撑钢木混合结构		两种结构周期差别
	周期/s	差别	周期/s	差别	
完全柔性楼盖	1.216	—	1.178	—	3.1%
轻型木楼盖	1.187	2.4%	0.995	15.5%	16.2%
完全刚性楼盖	1.185	2.5%	0.948	19.5%	20%

注：表中“差别”指各楼盖模型相对于完全柔性楼盖模型时的差值。

从表 5-16 中看出，无支撑钢木混合结构中，楼盖从完全柔性到完全刚性时，Y 向第一阶周期仅相差 2.5%，轻型木楼盖与完全刚性楼盖差别在 0.2%左右；有支撑钢木混合结构中，差别则达到了 19.5%，轻型木楼盖与完全刚性楼盖差别在 5%左右。楼盖平面内刚度对有支撑钢木混合结构第一阶周期的影响明显大于无支撑钢木混合结构，从而表明，楼盖平面内刚度大小对有支撑钢木混合结构整体刚度的影响要大于无支撑钢木混合结构。

不同楼盖刚度时，有支撑及无支撑钢木混合结构的 Y 向第一阶周期差别也列于表 5-16 中。完全柔性楼盖时，Y 向第一阶周期差别较小，仅为 3.1%，这是因为有支撑钢木混合结构中仅在 Y 向两边榀框架加支撑，但由于楼盖平面内刚度很小，结构整体协同作用很差，边榀框架支撑对结构整体刚度提高不大，周期因此基本相同；轻型木楼盖时，两种结构周期差别增大至 16.2%，这是因为轻型木楼盖具有一定的平面内刚度，由于楼盖的协同作用，边榀框架的支撑作用可以对中榀框架起到一定的作用，对整体结构的刚度、周期影响加大；完全刚性楼盖时，周期差别增大至 20%。因此，相对于竖向抗侧力框架刚度均匀的无支撑钢木混合结构，楼盖平面内刚度大小对竖向抗侧力框架刚度分布比较集中的有支撑钢木混合结构的整体刚度以及动力特性影响更大。

(2) 结构 Y 向地震时程响应

1) 中榀框架各层顶点加速度

图 5-65 (*a*)、(*b*)、(*c*) 分别是完全柔性楼盖、轻型木楼盖以及完全刚性楼盖模型时中榀框架各层顶点 Y 向加速度时程曲线。图 5-66 是各楼盖模型时中榀框架第 6 层顶点 Y 向加速度时程曲线对比。

从图 5-65 可以看出，与无支撑钢木混合结构一样，无论楼盖平面内刚度大小，有支撑钢木混合结构也总是顶层顶点加速度最大值最大。从图 5-66 可以看出，轻型木楼盖、完全刚性楼盖模型时的加速度时程曲线波形、幅值相对较接近，与完全柔性楼盖差别较大，但它们之间的差别相对无支撑钢木混合结构时较大。

表 5-17 中列出了各楼盖模型时中榀框架各层顶点 Y 向加速度的最大值，以及它相对于输入地震波加速度值的放大系数。

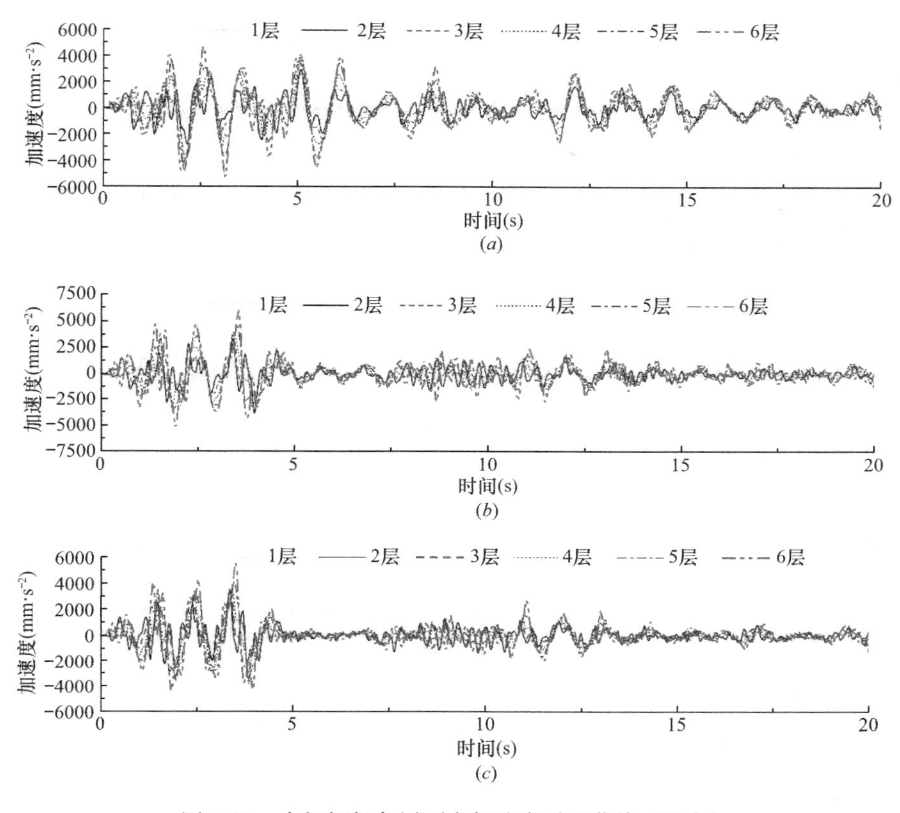

图 5-65 中榀框架各层顶点加速度时程曲线（Y 向）

（a）完全柔性楼盖；（b）轻型木楼盖；（c）完全刚性楼盖

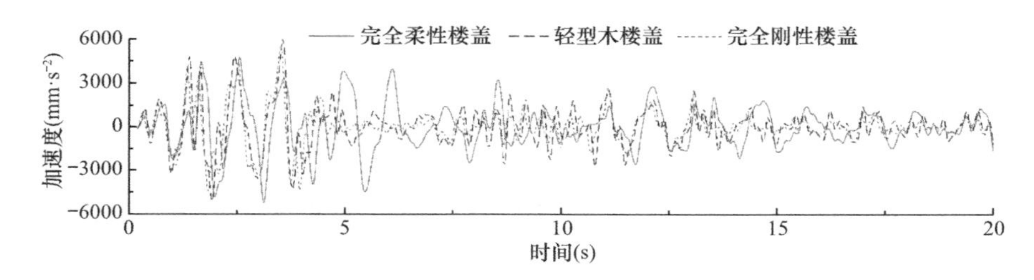

图 5-66 各楼盖模型时中榀框架第 6 层顶点加速度时程曲线对比（Y 向）

中榀框架各层顶点加速度及其放大系数最大值（Y 向） **表 5-17**

层数	完全柔性楼盖		轻型木楼盖		完全刚性楼盖	
	加速度（$mm \cdot s^{-2}$）	放大系数	加速度（$mm \cdot s^{-2}$）	放大系数	加速度（$mm \cdot s^{-2}$）	放大系数
1	2066.9	94.0%	2051.9	93.3%	2354.4	107.0%
2	3002.1	136.5%	3862.9	175.6%	3427.9	155.8%
3	3974.3	180.7%	4072.5	185.1%	3690.1	167.7%
4	4817.9	219.0%	3795.3	172.5%	3935.2	178.9%
5	4713.6	214.3%	4649.0	211.3%	4152.3	188.7%
6	5213.3	237.0%	6047.9	274.9%	5580.5	253.7%

从表 5-17 中看出，各楼盖模型时，与无支撑钢木混合结构一样，都是第 6 层加速度放大系数最大，但不一致的是，有支撑钢木混合结构加速度放大系数轻型木楼盖>完全刚性楼盖>完全柔性楼盖，介于 240%～280%，大于无支撑钢木混合结构；与完全柔性楼盖、轻型木楼盖模型时不一样，完全刚性楼盖模型时，各层加速度放大系数最大值随着层高增大而增大，这一点也与无支撑钢木混合结构不同；另外，各层加速度放大系数与楼盖平面内刚度也并无明显规律。

2）框架各层顶点位移

图 5-67（*a*）、（*b*）、（*c*）分别是完全柔性楼盖、轻型木楼盖以及完全刚性楼盖模型时中榀框架各层顶点 Y 向位移时程曲线。图 5-68 是三种楼盖模型下中榀框架第 6 层顶点 Y 向位移时程曲线对比。

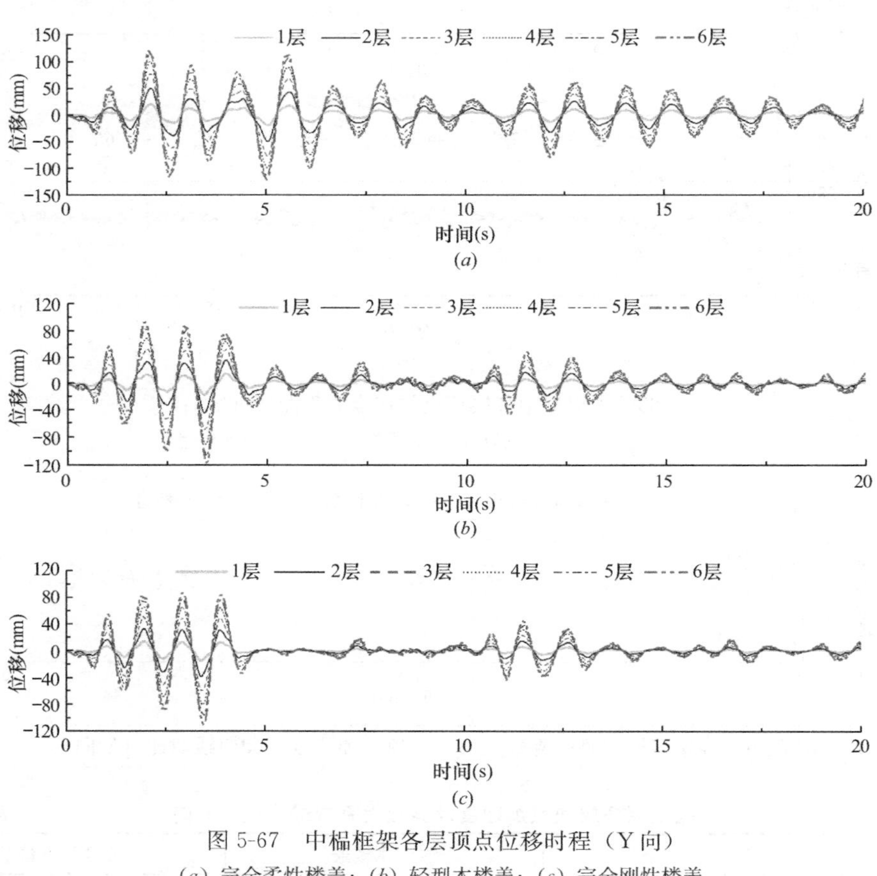

图 5-67　中榀框架各层顶点位移时程（Y 向）

（*a*）完全柔性楼盖；（*b*）轻型木楼盖；（*c*）完全刚性楼盖

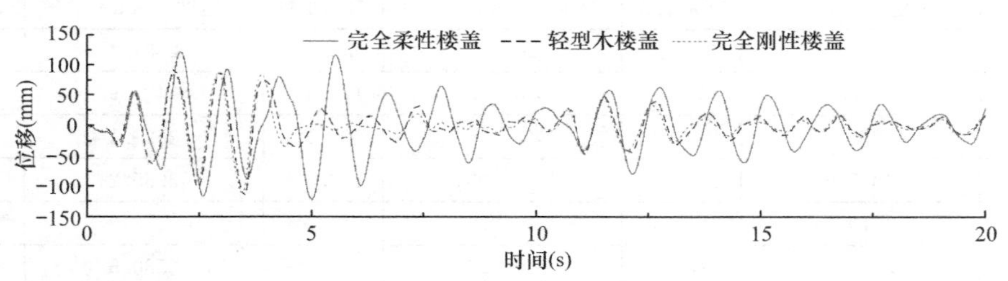

图 5-68　各楼盖模型时中榀框架第 6 层顶点位移时程曲线对比（Y 向）

从图 5-67 可以看出，无论楼盖平面内刚度大小，随着结构层数的增高，各层顶点位移增大。从图 5-68 可以看出，轻型木楼盖与完全刚性楼盖时程曲线波形及幅值相对接近，与完全柔性楼盖有较大差别。

完全柔性楼盖、轻型木楼盖以及完全刚性楼盖时各榀框架第 6 层顶点 Y 向最大位移列于表 5-18 中。

各榀框架第 6 层顶点位移最大值（Y 向）（mm）　　**表 5-18**

楼盖模型 \ 框架轴线	1	2	3	4
完全柔性楼盖	47.70	84.43	108.92	121.99
轻型木楼盖	96.54	106.14	113.75	116.23
完全刚性楼盖	111.27	111.37	111.38	111.38

从表 5-18 可以看出，完全柔性楼盖时，与无支撑钢木混合结构不一样，从边榀到中榀框架最大顶点位移逐步增大，边榀框架位移小于中榀框架较多；轻型木楼盖时，从边榀到中榀框架位移逐渐增大，各榀框架最大位移相对较接近；完全刚性楼盖时，从边榀到中榀框架位移几乎相等。随着楼盖平面内刚度的增加，各榀框架的最大顶点位移趋于一致。另外，对于中榀框架第 6 层顶点 Y 向最大位移，完全柔性楼盖>轻型木楼盖>完全刚性楼盖。

图 5-69 是各楼盖模型时中榀与边榀框架第 6 层顶点 Y 向位移时程对比。可以看出，完全柔性楼盖时，由于没有楼盖的协同作用，中榀、边榀框架位移差别较大；轻型木楼盖时，楼盖具有较大的平面内刚度，能够协调使中榀、边榀框架位移相对较接近；完全刚性楼盖时，位移完全相同。

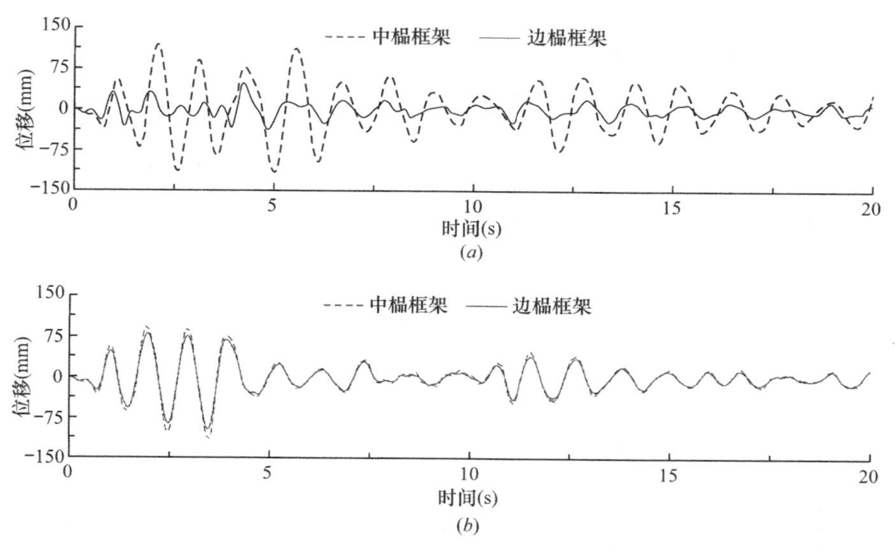

图 5-69　中榀与边榀框架第 6 层顶点位移时程曲线（Y 向）（一）
（a）完全柔性楼盖；（b）轻型木楼盖

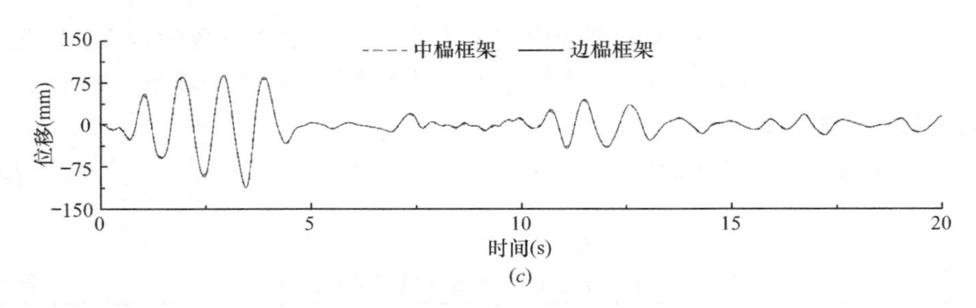

图 5-69 中榀与边榀框架第 6 层顶点位移时程曲线（Y 向）（二）
（c）完全刚性楼盖

3）层间位移角

表 5-19 中列出了结构各层 Y 向层间位移角及角部楼盖平面剪切位移角的最大值。

各层层间位移角及角部楼盖平面剪切位移角最大值（Y 向） **表 5-19**

层数	层间位移角			角部楼盖平面剪切位移角		
	柔性楼盖	轻型木楼盖	刚性楼盖	柔性楼盖	轻型木楼盖	刚性楼盖
1	1/196	1/224	1/249	1/590	1/1844	0
2	1/128	1/143	1/169	1/237	1/755	0
3	1/142	1/150	1/168	1/160	1/546	0
4	1/172	1/163	1/173	1/133	1/482	0
5	1/218	1/197	1/195	1/122	1/481	0
6	1/339	1/301	1/268	1/113	1/585	0

从表 5-19 知，完全柔性楼盖与轻型木楼盖最大层间位移角均发生在第 2 层处；完全刚性楼盖最大层间位移角发生在第 3 层处，但第 2 层与之非常接近。楼盖平面内刚度影响结构最大层间位移角发生的位置。各楼盖模型时，结构层间位移角均大于 1/250，小于 1/50，结构已进入塑性。结构最大层间位移角都是完全柔性楼盖>轻型木楼盖>完全刚性楼盖，但与无支撑钢木混合结构不一样的是，各楼盖模型的各层层间位移角最大值随层高并无明显规律。对比表 5-19 与表 5-13 知，与无支撑钢木混合结构相比，完全刚性楼盖模型层间位移角差别不大；但同一刚度的轻型木楼盖在有支撑钢木混合结构中的层间位移角相对于无支撑钢木混合结构增长较多。

各楼盖模型时结构第 2 层 Y 向层间位移时程曲线如图 5-70 所示。

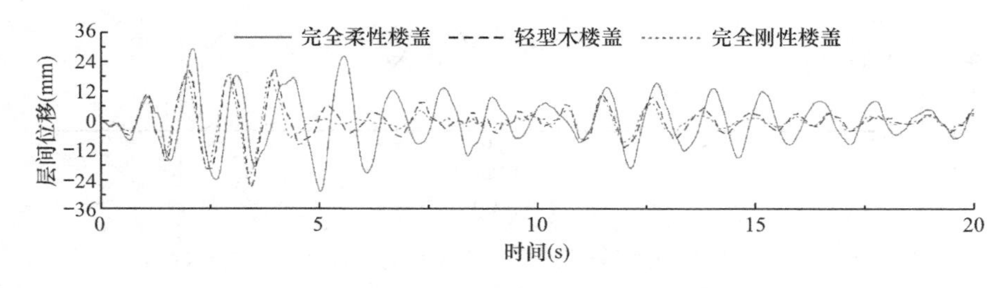

图 5-70 第 2 层层间位移时程曲线（Y 向）

从图 5-70 可以看出，轻型木楼盖与完全刚性楼盖模型时程曲线波形及幅值相对较接近，与完全柔性楼盖模型差别相对较大。相比无支撑钢木混合结构，有支撑钢木混合结构中各楼盖模型时程曲线之间的差别增大。

4）楼盖平面剪切位移角

表 5-19 中列出了结构各层角部楼盖平面剪切位移角的最大值。完全柔性楼盖时，楼盖平面剪切位移角随着层数增高而增大，最小值在底层，最大值在第 6 层，为 1/113，大于限值 1/250 较多；完全刚性楼盖时，楼盖平面剪切位移角为 0；轻型木楼盖时，平面剪切位移角最小值在底层，最大值在第 5 层处，为 1/481，小于限值 1/250，与无支撑钢木混合结构最大值 1/1642 相比，增大较多。很显然，楼盖平面内刚度影响着楼盖最大平面剪切位移角发生的位置；结构进入塑性时，轻型木楼盖依然处于弹性状态，能够保证水平荷载的转移及分配。

图 5-71 是各楼盖模型时结构第 5 层角部楼盖剪切变形时程曲线对比。从图 5-71 可以看出，完全柔性楼盖模型时，剪切变形达到 50mm 左右；轻型木楼盖模型时，剪切变形在 12mm 左右；完全刚性楼盖模型时，位移时程曲线为值等于 0 的平直线，几乎没有变形。

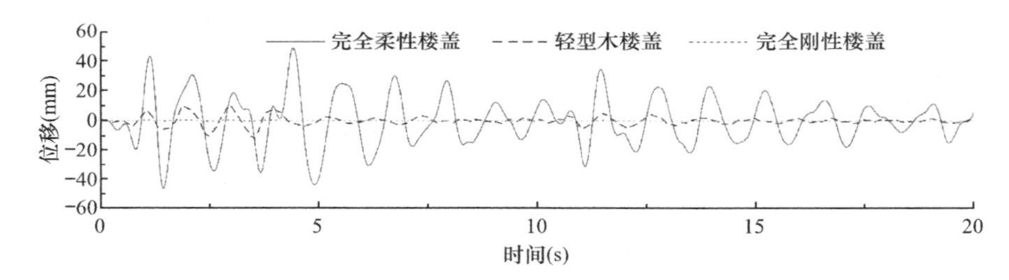

图 5-71　各楼盖模型时第 5 层角部楼盖变形时程（Y 向）

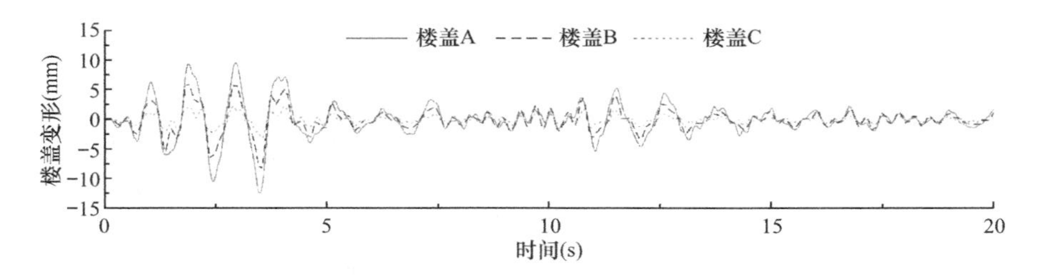

图 5-72　轻型木楼盖第 5 层不同开间楼盖剪切变形时程（Y 向）

图 5-72 是轻型木楼盖模型时结构第 5 层不同开间楼盖剪切变形时程曲线。楼盖 A、B、C 分别代表角部楼盖、第二开间楼盖、第三开间楼盖。从图 5-72 可以看出，与无支撑钢木混合结构一样，角部楼盖剪切变形＞第二开间＞第三开间。对于结构每一层来说，角部楼盖变形最大，越接近中部的楼盖变形越小。

5）基底剪力

完全柔性楼盖、轻型木楼盖以及完全刚性楼盖时各榀框架 Y 向基底剪力及结构 Y 向总剪力最大值列于表 5-20 中。

各榀框架基底剪力及总剪力最大值（Y 向）(kN)　　表 5-20

楼盖模型 \ 框架轴线	1	2	3	4	结构总剪力
完全柔性楼盖	77.853	191.129	212.795	280.736	1032.4
轻型木楼盖	702.669	200.283	231.073	244.538	2484.4
完全刚性楼盖	963.763	232.583	232.276	232.047	3089.3

从表 5-20 可以看出，完全柔性楼盖时，边榀 1 轴框架 Y 向基底剪力最大值明显小于中间 2、3、4 轴的框架；轻型木楼盖时，中间 2、3、4 框架剪力最大值相差较小，边榀 1 轴框架剪力远大于中间的框架，为完全柔性楼盖时的 10 倍左右；完全刚性楼盖时，边榀 1 轴框架基底剪力最大值继续增大，中间的框架剪力最大值基本相等。随着楼盖平面内刚度增大，边榀框架的基底剪力越来越大。另外，与无支撑钢木混合结构不一样，各楼盖模型时结构基底总剪力最大值差别较大，完全柔性楼盖<轻型木楼盖<完全刚性楼盖，完全柔性楼盖、轻型木楼盖分别为完全刚性楼盖的 33.4%、80.4%。

图 5-73 是完全柔性楼盖、轻型木楼盖及完全刚性楼盖时中榀与边榀框架 Y 向基底剪力时程曲线对比。

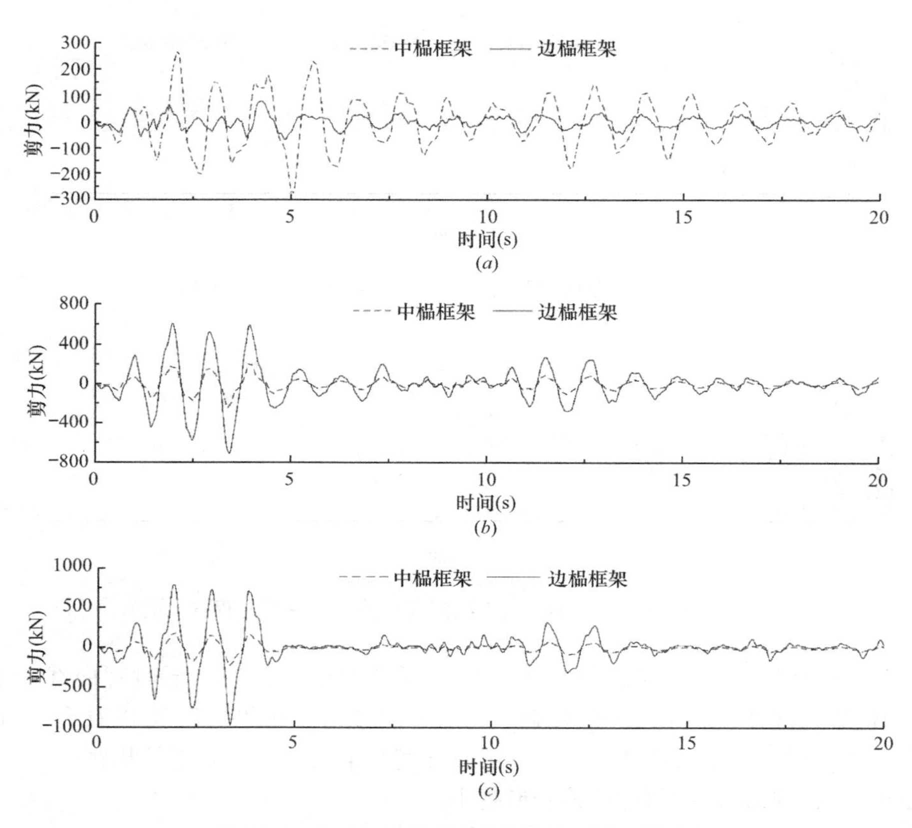

图 5-73　中榀与边榀框架基底剪力时程（Y 向）

(a) 完全柔性楼盖；(b) 轻型木楼盖；(c) 完全刚性楼盖

完全柔性楼盖时，中榀框架由于自重大，且水平地震力不能通过楼盖转移到边榀框架，因而剪力大于边榀框架，见图 5-73（a）；完全刚性楼盖时，水平地震力按竖向抗侧力框架抗侧刚度分配，边榀框架由于有支撑，其抗侧刚度要远大于中榀框架，因而边榀框架剪力远大于中榀框架，见图 5-73（c）；轻型木楼盖具有一定的平面内刚度，能将一定的水平荷载转移到刚度较大的边榀框架上，因而边榀框架基底剪力介于完全柔性楼盖、完全刚性楼盖之间，见图 5-73（b）。

图 5-74、图 5-75 分别是各楼盖模型时结构边榀框架 Y 向基底剪力时程及结构 Y 向总基底剪力时程对比。

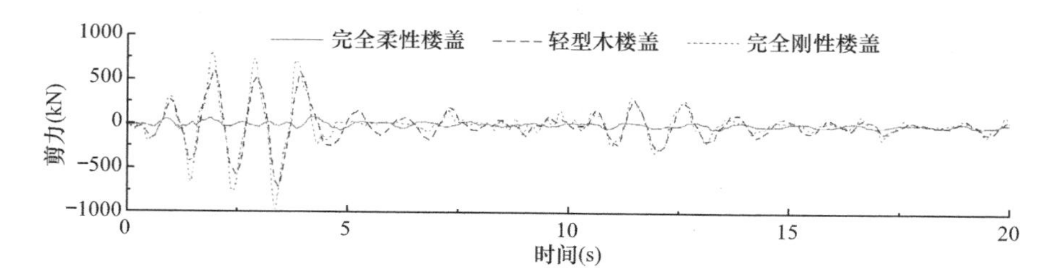

图 5-74　各楼盖模型时边榀框架基底剪力时程（Y 向）

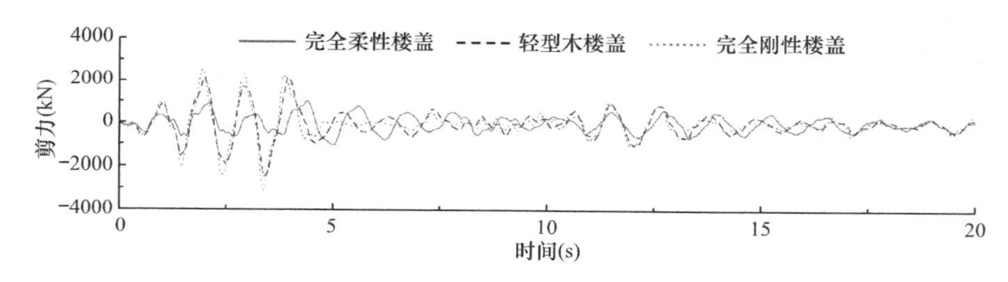

图 5-75　各楼盖模型时结构总基底剪力时程（Y 向）

从图 5-74 看出，随着楼盖平面内刚度的增加，边榀框架基底剪力趋向于增大，楼盖将结构中间框架上的荷载越来越多的转移到抗侧刚度较大的边榀框架上，轻型木楼盖对于发挥支撑功能的效果较好。从图 5-75 看出，轻型木楼盖与完全刚性楼盖模型的基底总剪力时程波形及幅值相对接近，与完全柔性楼盖差别较大。另外从图 5-75 与图 5-59 对比看出，相对于无支撑钢木混合结构，各楼盖模型时的结构总基底剪力时程曲线差别相对较大。

6）楼盖滞回模型对结构响应影响

与无支撑钢木混合结构一样，对轻型木楼盖模型的楼盖 U1 交叉弹簧单元分别运用保守模型、Clough 模型计算结构地震响应，然后与改进的 Stewart 模型比较，结果见图 5-76。

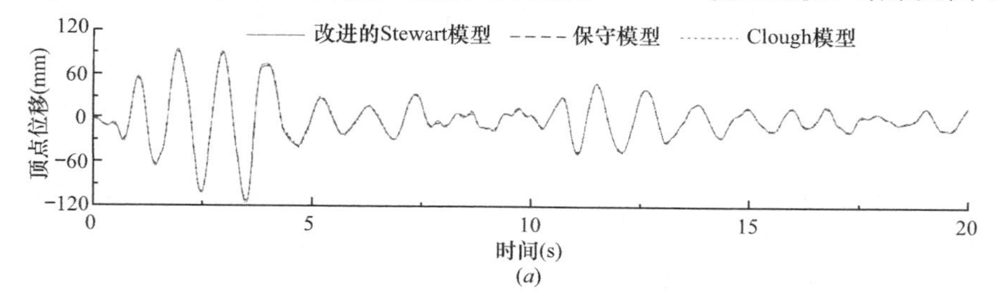

图 5-76　轻型木楼盖滞回模型对结构地震响应的影响（Y 向）（一）

（a）中榀框架第 6 层顶点位移时程

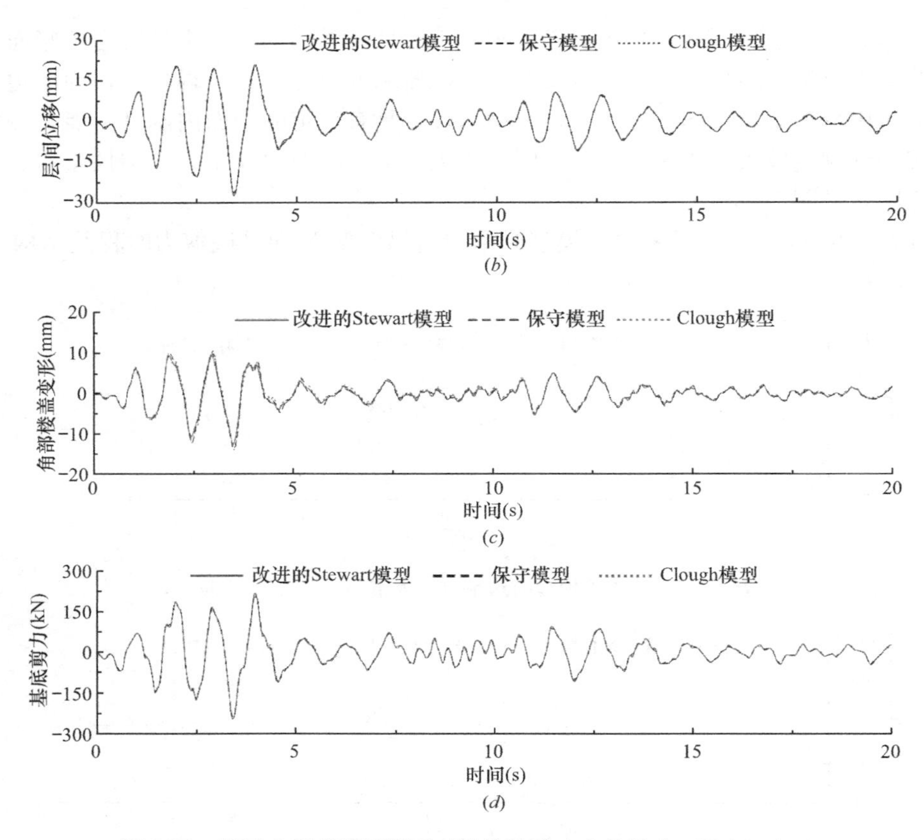

图 5-76 轻型木楼盖滞回模型对结构地震响应的影响（Y 向）（二）

（*b*）第 2 层层间位移时程；（*c*）第 5 层角部楼盖剪切变形时程；（*d*）中榀框架基底剪力时程

从图 5-76（*a*）、（*b*）、（*d*）可以看出各楼盖滞回模型时，中榀框架第 6 层顶点位移、第 2 层层间位移以及中榀框架基底剪力差别很小，几乎可以忽略。由图 5-76（*c*）可以看出，楼盖的剪切变形非常小，最大值在 12mm 左右，大于无支撑钢木混合结构中的楼盖剪切变形最大值 4mm，但也处于初始弹性状态，因而轻型木楼盖 U1 交叉弹簧单元的滞回模型对结构地震响应影响不大。

四、钢木混合结构与钢-混凝土组合结构比较

本节主要对钢木混合结构及钢-混凝土组合结构的特性以及地震响应进行对比，以对两种结构形式有个定性的认识。这两种结构的主体框架分别包括无支撑及有支撑钢框架，最主要区别在于采用的楼盖形式不同，无支撑及有支撑钢木混合结构楼盖形式均为轻型木楼盖；无支撑及有支撑钢-混凝土组合结构楼盖形式均为压型钢板混凝土组合楼盖。

钢结构中常用的楼盖一般为压型钢板混凝土组合楼盖，它的平面内刚度很大，一般为完全刚性楼盖。但压型钢板混凝土组合楼盖自重相对于轻型木楼盖大很多，这里取楼面恒载标准值为 $4kN/m^2$；楼面活荷载标准值为 $2.0kN/m^2$。钢-混凝土组合结构由于自重较大，因此结构构件截面尺寸相应要增大。无支撑及有支撑钢-混凝土组合结构中，柱截面均为 H400×400×13×21；梁截面为 H300×300×10×15。有支撑钢-混凝土组合结构中的支撑采用 ϕ168×10 的钢管。无支撑及有支撑钢木混合结构前面章节已经分析；对无支撑及有支撑

钢-混凝土组合结构建立有限元模型进行 7 度弹塑性罕遇地震时程分析，结构单元、边界条件及地震波输入等与钢木混合结构一样。两种结构的主要计算结果列于表 5-21 中。

钢木混合结构与钢-混凝土组合结构对比　　　　**表 5-21**

项目	无支撑结构			有支撑结构		
	木	钢混	木/钢混	木	钢混	木/钢混
结构自重（t）	465.1	1542.3	30.2%	469.6	1560.4	30.1%
最大顶点位移（mm）	97.2	92.7	104.9%	116.2	112.9	102.9%
最大层间位移角	1/169	1/180	106.5%	1/150	1/176	117.3%
中榀框架最大基底剪力（kN）	212.7	437.7	48.6%	244.5	422.0	57.9%
边榀框架最大基底剪力（kN）	194.5	432.0	45.0%	702.7	995.6	70.6%
结构最大基底总剪力（kN）	1434.4	3046.6	47.1%	2484.4	4107.3	60.5%
基础竖向受力（1.2 恒+1.4 活）(t)	1465.3	2758.0	53.1%	1470.7	2779.7	52.9%

注："木"代表钢木混合结构，"钢混"代表钢-混凝土组合结构。

从表 5-21 中看出，相比采用压型钢板混凝土组合楼盖的无支撑钢-混凝土组合结构，无支撑钢木混合结构由于轻型木楼盖自重轻，总的结构自重减少了 70%左右；各榀竖向框架最大基底剪力及结构最大基底总剪力减少了 50%～60%；基础竖向受力减少了 40%～50%。由于采用了轻质楼盖，相比无支撑钢-混凝土组合结构，无支撑钢木混合结构对于减少结构自重、水平地震剪力以及基础受力效果较显著，从而可以减少结构构件截面及基础材料用量。

相比有支撑钢-混凝土组合结构，有支撑钢木混合结构自重减少了 70%左右；各榀竖向框架最大基底剪力及结构最大基底总剪力减少了 30%～45%；基础竖向受力减少了 40%～50%。与无支撑钢木混合结构一样，由于采用了轻质楼盖，有支撑钢木混合结构对于减少结构自重、水平地震剪力以及基础受力效果较显著，从而可以减少结构构件截面及基础材料用量。

第六章　连接性能

对于钢木混合结构体系而言，钢框架与木剪力墙之间的连接对结构体系的性能至关重要。连接应当必须具有足够的刚度和强度，保证钢框架与木剪力墙的协同工作性能，在构件破坏前，连接不应先发生破坏。实际工程中，轻型木结构预加工精度不如钢结构，而运输过程中，钢结构和木结构都难免发生磕碰和变形。尺寸误差和运输变形都会造成安装困难，因此，连接还要起到弥补误差和变形的作用，且形式应简单，制作方便，施工操作性强，减少现场作业时间。

研究发现以下两种不同的连接方式可以较好地实现轻木-钢框架混合体系抗侧力性能：一种是普通螺栓连接，一种是高强螺栓连接。其中，高强螺栓连接比普通螺栓连接的连接刚度更大，对钢木混合墙体极限承载力提高更加明显[3]。除此之外，也可以根据设计需要选择有阻尼器的连接方式。

第一节　钢框架与木剪力墙连接计算

一、确定墙体抗剪承载力

在连接设计时，首先确定轻木剪力墙的抗剪承载力，可以依据《木结构设计标准》中的规定利用式（6-1）和式（6-2）估算木剪力墙的抗侧承载力。

$$V=\sum f_{d}l \tag{6-1}$$

$$f_{d}=f_{vd}k_{1}\cdot k_{2}\cdot k_{3} \tag{6-2}$$

式中　V——轻型木剪力墙抗侧承载力设计值；

f_{vd}——采用木基结构板材作为面板的剪力墙抗剪强度设计值（kN/m），见《木结构设计标准》；

l——平行于荷载方向的剪力墙墙肢长度（m）；

k_1——木基结构板材含水率调整系数，见《木结构设计标准》；

k_2——骨架构件材料树种的调整系数，见《木结构设计标准》；

k_3——强度调整系数，仅用于无横撑水平铺板的剪力墙，见《木结构设计标准》。

对于双面铺板的剪力墙，无论两侧是否采用相同材料的木基结构板材，剪力墙的抗剪承载力设计值等于墙体两面抗剪承载力设计值之和。

二、确定螺栓参数

当采用普通螺栓连接时，需要先根据墙体的尺寸假定连接个数，如一侧布置 2 个连接，则计算简图如图 6-1 所示。

每一个连接相当于一个剪力墙的支座。在剪力 V 作用下，剪力墙有转动趋势。由此可计算每个连接承担的剪力 V_c，并根据 V_c 估计螺栓的尺寸。当采用高强螺栓连接时，还需要根据每个连接承担的剪力 V_c 计算自攻螺钉的数量和直径。连接的设计流程图如图 6-2 所示。

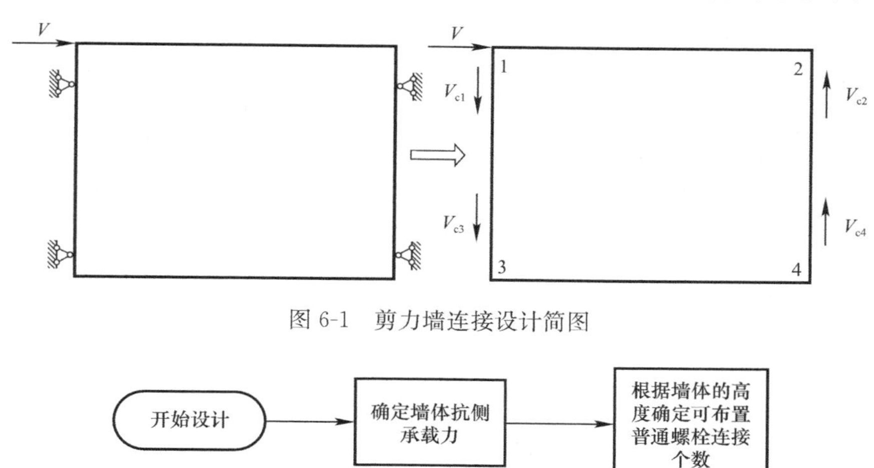

图 6-1　剪力墙连接设计简图

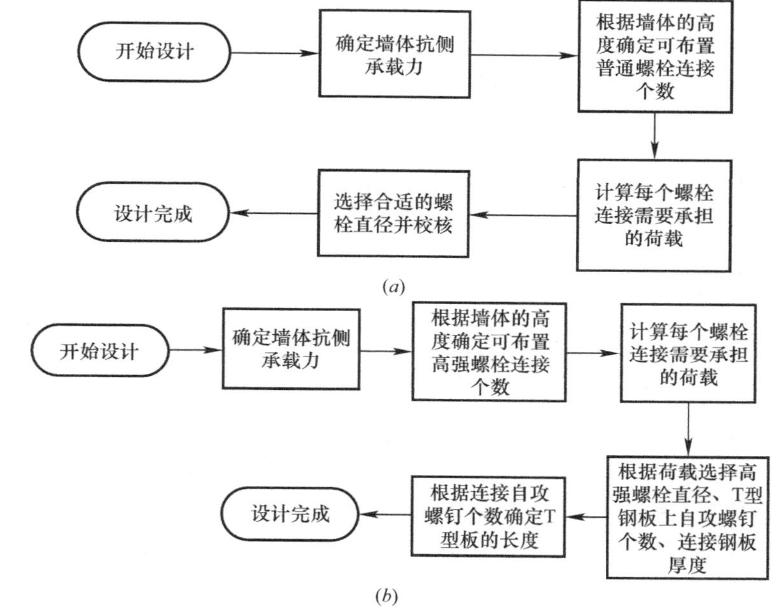

图 6-2　连接设计流程图

(*a*) 普通螺栓连接设计流程；(*b*) 高强螺栓连接设计流程

第二节　钢框架与木剪力墙连接构造

一、普通螺栓连接

以墙体侧面连接为例，由图 6-3 说明钢框架与木剪力墙的连接构造：在木剪力墙边龙骨上开设比待穿螺栓直径大 10mm 的圆孔，此余量可调整木剪力墙在钢框架中的位置；边龙骨左侧和右侧分别设置开孔木垫板和木盖板，此开孔孔径比螺栓直径大 1mm；待木剪力墙在钢框架中的位置调整确定后，将木盖板和木垫板用钉子固定在边龙骨上；最后将普通螺栓穿过木盖板、边龙骨、木垫板、钢柱翼缘并拧紧。木垫板的作用是调节钢框架与木剪力墙间的空隙，木盖板的作用是保证螺栓与顶梁板的紧密接触并能承压传力。钢柱翼缘、木垫板、木盖板上的螺栓孔共同起到固定螺栓的作用。

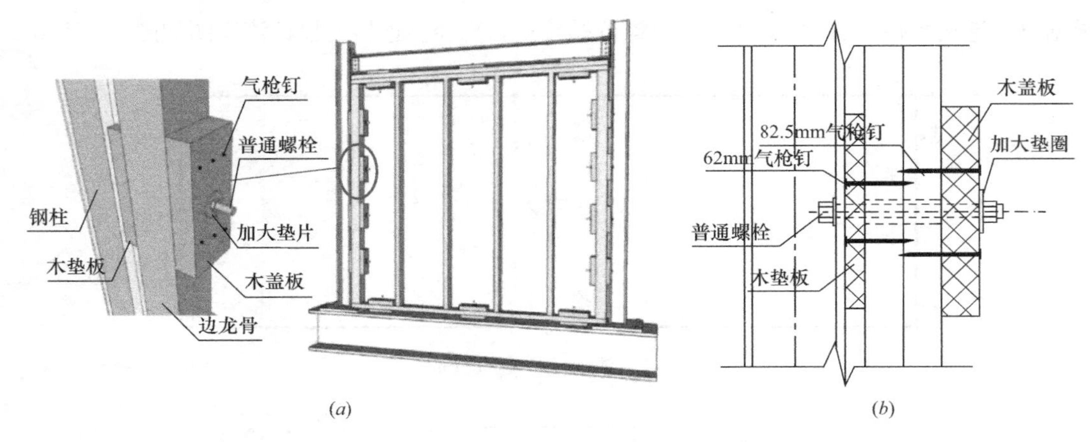

(*a*)　(*b*)

图 6-3　普通螺栓连接

(*a*) 普通螺栓连接构造；(*b*) 普通螺栓连接剖面图

连接中宜采用 4.8 级普通螺栓，这是由于轻型木结构的边龙骨孔壁承压强度低，不可承受过大的拧紧力，普通螺栓的拧紧力已经足以将木盖板挤压破坏，而不需要使用高强螺栓。为了减小木盖板的局部压应力，可在木盖板一侧使用特制加大垫圈。

二、高强螺栓连接

高强螺栓连接，是通过高强螺栓将钢框架与轻型木剪力墙相连的一种连接方式，可参考《钢结构设计标准》中关于摩擦型高强螺栓的内容进行设计。

以轻型木剪力墙与其顶部钢框架梁连接为例说明钢框架与木剪力墙的连接构造，如图 6-4 所示。在钢梁下翼缘预先焊好钻有水平方向椭圆孔的连接板，轻型木剪力墙上方用自攻螺钉连接钻有竖直椭圆孔的 T 型钢连接件；椭圆孔的长向比螺栓直径大 20mm；利用椭圆孔调整轻型木剪力墙在钢框架中的水平、竖直位置，将 8.8 级高强螺栓穿过钢梁下方焊接板和轻型木剪力墙上方的 T 型钢板并拧紧，实现轻型木剪力墙的固定。

钢框架和轻型木剪力墙上分别设置的一对相互垂直椭圆孔作用是方便调整木剪力墙的位置。根据摩擦型高强螺栓的原理，当钢框架传到轻型木剪力墙上的作用力小于摩擦型高强螺栓的剪力设计值时，连接不发生滑动。高强螺栓拧紧后，可以保证钢框架与轻型木剪力墙之间的荷载传递。

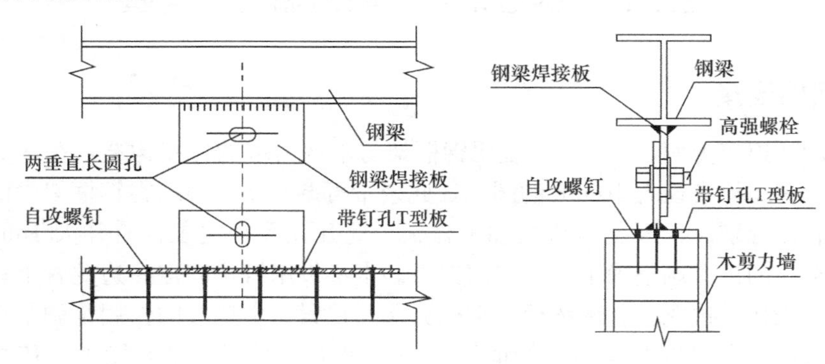

图 6-4　高强螺栓连接示意图及剖面图

三、阻尼器连接

（一）概念设计

有阻尼器的钢木混合框架剪力墙结构体系由三个主要部分组成，分别为钢框架、木剪力墙和楼板以及阻尼器。三个组成部分分别发挥各自的优势。钢框架结构具有承载能力高、安装速度快、工艺成熟、价格低廉的优点，是理想的工业化建筑体系。在混合结构中，钢框架直接承担楼面传递的竖向荷载，同时起到一定的抗侧力作用，在构造上还作为木剪力墙和楼板的支撑。在地震作用下，钢框架的梁端可在极端状态下发生塑性变形消耗能量。

木剪力墙和楼板是结构中的二维构件，木楼板主要起到承受和传递竖向荷载的作用，同时也兼有一定的抗侧力能力；木剪力墙是主要的抗侧力构件，用于抵抗由风和地震引起的侧向力。在侧向力的作用下，剪力墙的钉连接部分会发生塑性变形，在大变形的条件下具有一定的耗能能力。在极大变形的条件下，即使钢框架梁发生屈服，楼板重量也可以由木剪力墙的墙骨柱分担，从而防止结构整体倒塌。

阻尼器在结构中可以起到“抗震保险丝”的作用。由于木剪力墙容易发生塑性变形，且当塑性变形达到一定范围后，墙体会发生不可恢复的、影响正常使用的破坏，必须全部更换才能重新投入使用。因此阻尼器可以发挥其优势，在无地震和较小地震情况下通过设计防止剪力墙中的侧向力过大，使剪力墙不发生破坏，或破坏程度较小不需要更换。震后只需要更换阻尼器，结构就可以快速恢复使用。在极端大震状态下，有阻尼器钢木混合框架剪力墙结构具有多道抗震防线。此时尽管阻尼器作为第一道防线失效，剪力墙会进入更高的受力水平，与钢框架共同产生塑性变形，通过塑性变形消耗能量，剪力墙还可以防止结构倒塌。

有阻尼器钢木混合框架剪力墙结构体系的抗侧力机理如图 6-5 所示。图中（*a*）表示结构的重力主要由钢框架承担；（*b*）表示在较小侧向力作用下，阻尼器没有激活，钢框架与木剪力墙共同承担侧向力；（*c*）表示侧向力增大，阻尼器被激活，此时钢框架的位移增大，而木剪力墙的受力水平保持与阻尼器刚刚激活时一致。如此可以使剪力墙的受力水平保持在较低状态，减少剪力墙的损坏；（*d*）表示侧向力进一步增大，阻尼器发生锁定，木剪力墙的参与抵抗侧向力，防止结构倒塌。

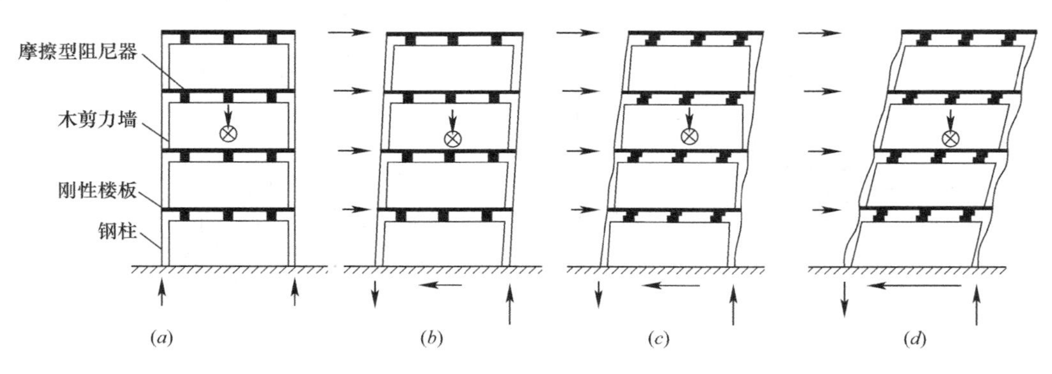

图 6-5　有阻尼器的钢木混合框架剪力墙结构受力机理

（*a*）仅重力作用；（*b*）阻尼器激活前；（*c*）阻尼器激活后；（*d*）阻尼器锁定后

(二) 阻尼器的选择及构造

阻尼器是安装在结构中的特殊构件，用于耗散地震能量，实现结构振动控制。阻尼器的种类有很多，主要包括弹塑性阻尼器、黏滞阻尼器、调谐质量阻尼器、摩擦型阻尼器等。不同的阻尼器各自有不同的优缺点。弹塑性阻尼器在激活后可以提供回复力，但是弹塑性材料较难获得；黏滞阻尼器利用流体流动的阻尼力，但是构造复杂，造价较高；调谐质量阻尼器会引入附加质量，与钢木混合结构减轻质量以减小地震力的理念背道而驰；摩擦型阻尼器的构造简单，但不提供回复力，造成残余变形较大。但是如果摩擦型阻尼器的支撑在震后仍具有足够的弹性刚度，在更换阻尼器时其残余变形会有一部分恢复。综合考虑构造因素、设计目标和经济性要求，在钢木混合结构中选择使用摩擦型阻尼器。

摩擦型阻尼器是一种性能优良、构造简单、安装方便、易于更换的减震装置，已经广泛地应用于新建结构和既有结构的加固中。摩擦型阻尼器的主要工作机理是，当地震发生时，在主要结构构件发生屈服之前，摩擦型阻尼器在预定的荷载下发生滑移，依靠摩擦力做功来耗散地震能量。摩擦型阻尼器又分为普通摩擦型阻尼器、Pall 型阻尼器、Sumitomo 摩擦阻尼器等[54]。选用普通摩擦型阻尼器就可以满足钢木混合结构体系的要求。

摩擦型阻尼器的激活需要利用结构不同部分的位移差。钢框架和木剪力墙在抗侧力时主要发生剪切变形。楼面质量主要由钢框架承担，所以地震力首先传递到钢框架，再通过钢框架与木剪力墙的连接传递到木剪力墙。这时钢框架与木剪力墙之间在剪切变形方向上就有产生相对变形的趋势。这一相对变形即可为摩擦型阻尼器所利用。

普通摩擦型阻尼器主要由主板、副板、摩擦片、螺栓等组成。为了利用相对变形，将阻尼器设置于木剪力墙顶部的钢木连接节点处。利用在有阻尼器的钢木混合框架剪力墙结构体系中的阻尼器的构造如图 6-6 所示。其中阻尼器外板与钢框架连接，可以采用焊接，也可采用螺栓连接，本图中采用螺栓连接；内板与木剪力墙通过螺栓或自攻螺钉连接，本图中采用螺栓连接。这样阻尼器的外板与钢梁协同变形，阻尼器内板与木剪力墙协同变形。如有特殊需要也可将内板与外板的连接对调。内板和外板之间夹有摩擦片，以提供阻尼器激活之后的摩擦力。产生摩擦力所需要的压力通过高强螺栓施加预拉力来提供。

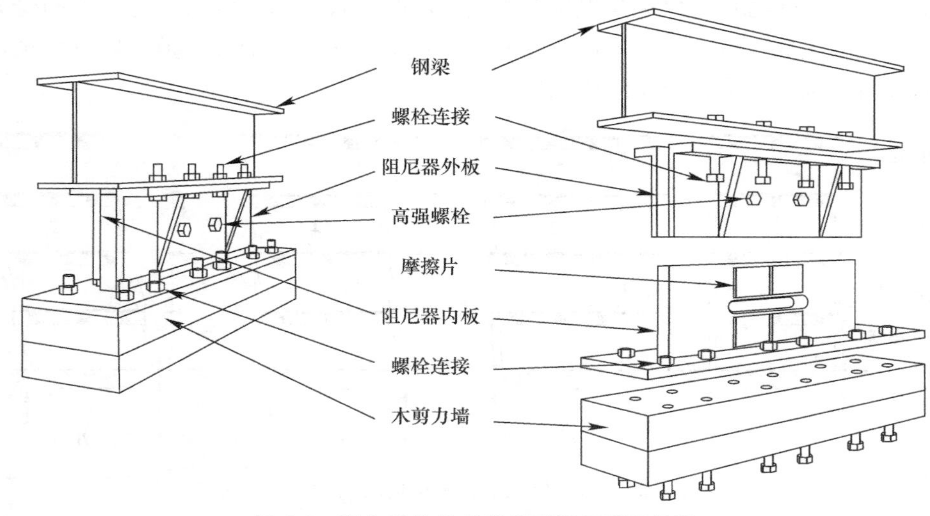

图 6-6　混合结构体系摩擦型阻尼器的构造

为了使摩擦片与阻尼器的外板固定牢固，在阻尼器外板上开一个大小与摩擦片大小相同的凹槽，将摩擦片嵌入其中，再用环氧树脂胶粘牢。这样设计有两点好处：其一是摩擦片仅凭胶粘的可靠性比较差，容易发生在摩擦力作用下摩擦片与阻尼器外板胶接部分率先剪坏而滑移的现象，摩擦片失去摩擦耗能的能力，而采用嵌固的方法不会出现这一情况；其二是在摩擦片受压之后，由于凹槽侧壁的承压作用，摩擦片处于三向受压状态，不仅提高摩擦片的抗压承载力，还能增大摩擦片与阻尼器内板的有效接触面积，增强摩擦片的摩擦效果。

阻尼器的外板上开普通螺栓孔，使整个外板可以与螺栓一同运动，而阻尼器的摩擦片是固定在外板上的，这就保证了在阻尼器运动的过程中，螺栓与摩擦片的相对位置保持不变，使摩擦片所受的正压力保持不变。而在阻尼器的内板上，开椭圆孔，使外板带动螺栓可以在楼层剪切变形的方向运动。

第三节 单层钢木混合结构拟静力加载试验

一、试验目的

为了了解连接的结构性能和现场安装情况，分析比较普通螺栓连接与高强螺栓连接两种不同连接方式下钢木混合墙体的抗侧力性能。

二、试验设计和制作

（一）试件设计

普通螺栓连接与高强螺栓连接的钢木混合墙体试件分别编号为 S1 和 S2。试件均由钢框架和木剪力墙两部分组成。钢框架跨度均为 2400mm、框架柱轴线高度 1650mm；木剪力墙尺寸分别为 2235mm×1562mm 和 2033mm×1503mm，均采用双面覆板，覆面板与边缘和中间墙骨柱连接的钉间距均为 100mm；钢框架底部用高强螺栓固定在工字型钢底梁上。试件通过钢底梁与试验台座相连。试件各部分材料的尺寸规格详见表 6-1。

试件材料和构造 表 6-1

构件名称	材料和构造
墙骨柱	Ⅲ$_c$ 级云杉-松木-冷杉（简称 SPF）规格材，含水率 20.3%，截面尺寸为 38mm×89mm
顶梁板/底梁板	顶梁板和底梁板均为双层，材料同墙骨柱
覆面板	9.5mm 厚进口定向刨花板（简称 OSB 板），单块尺寸 1.22m×2.44m，竖向拼接。拼板处留 3mm 空隙
钉子	连接木剪力墙骨架构件钉、OSB 覆面板钉和试件中连接盖板与龙骨的钉子为 3.3×82.5（直径×钉长，单位 mm）的气枪钉；连接垫板与龙骨的钉子为直径 2.7×64 的气枪钉；焊接钢板与木剪力墙墙骨柱的连接、底部角钢的连接用直径 3.5×60 的自攻螺钉
钢梁、柱	Q235 级热轧 H 型钢，钢梁截面为 HW100×100×6×8，钢柱截面为 HW125×125×6.5×9
钢底梁	Q235 级热轧 H 型钢，截面为 HW300×300×10×15，长度为 2600mm，在柱安装处焊加劲肋
螺栓	钢框架拼接节点用 10.9 级 M10 高强螺栓，柱底与钢底梁连接用 8.8 级 M16 高强螺栓

试件 S1 和 S2 的立面构造和连接构造详图分别见图 6-7 和图 6-8。S1 的木剪力墙四边骨架构件均采用 4.8 级普通螺栓与钢框架连接，如图 6-7（*a*）所示；为防止钢梁梁端焊缝处脆性破坏，在梁端设有狗骨式削弱（Reduced beam section 简称 RBS）。以墙体顶部连接为例，由图 6-7（*b*）说明钢框架与木剪力墙的连接构造：在木剪力墙顶梁板上开设比螺栓直径大 10mm 的圆孔，此余量可调整木剪力墙在钢框架中的位置；顶梁板下侧和上侧分别设置开孔木盖板和木垫板，此开孔孔径比螺栓直径大 1mm；待木剪力墙在钢框架中的位置调整确定后，将木盖板和木垫板用钉子固定在顶梁板上；最后将普通螺栓穿过木盖板、顶梁板、木垫板、钢梁翼缘并拧紧。木垫板的作用是调节钢框架与木剪力墙间的空隙，木盖板的作用是保证螺栓与顶梁板的紧密接触并能承压传力。S2 的木剪力墙在三边均采用双向椭圆孔钢连接板并用高强螺栓连接，如图 6-8（*a*）所示；相互连接的钢板上的双向椭圆孔，保证了木剪力墙在上下、左右两个方向均可调节就位；木剪力墙底部通过角钢分别用自攻螺钉与木剪力墙底梁板侧面连接、用高强螺栓与钢底梁连接，钢框架构造与 S1 中相同。也以木剪力墙与顶部钢框架梁连接为例，如图 6-8（*b*）所示：在钢梁下翼缘预先焊好钻有竖向椭圆孔的连接板，木剪力墙上方用自攻螺钉连接钻有水平椭圆孔的 T 型钢连接件；椭圆孔的长向比螺栓直径大 20mm；木剪力墙水平、竖向调整位置后，用 8.8 级高强螺栓连接钢梁下方焊接板和木剪力墙上方的 T 型钢板。设置双向椭圆孔的目的就是方便调整木剪力墙的位置。

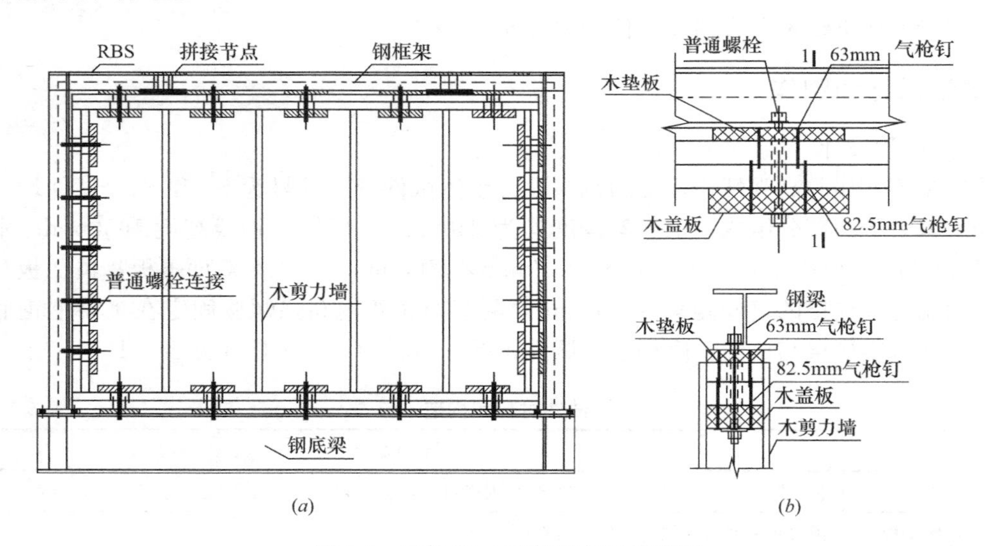

图 6-7　试件 S1 立面构造与连接详图

（*a*）试件 S1 立面构造详图；（*b*）普通螺栓连接构造详图

（二）试验装置与加载制度

钢木混合墙体的往复加载试验采用国际标准化协会的 ISO 16670[55] 位移控制加载方式，加载速率为 20mm/min，单向加载极限位移取为±48mm。

本试验加载装置采用双通道电液伺服加载系统，水平作动器变形范围为±250mm，能够施加的最大荷载为±300kN，加载头采用铰接方式与试件的钢框架右柱相连，以释放加载头本身重量产生的弯矩，加载装置与试件的连接如图 6-9 所示。荷载-位移数据记录采用作动器自带荷载-位移动态采集系统，加载方向以图 6-9 中向左为正、向右为负。

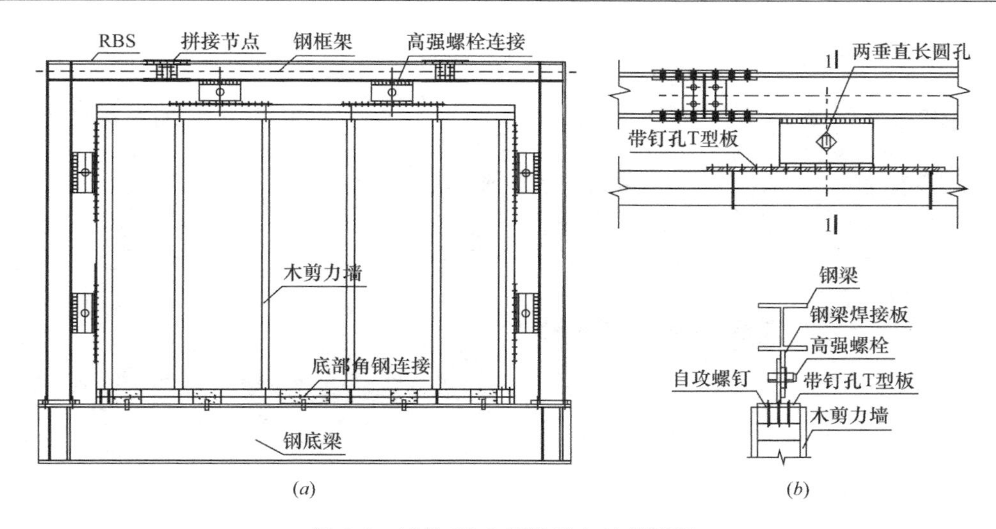

图 6-8　试件 S2 立面构造与连接详图

(*a*) 试件 S2 立面构造详图；(*b*) 高强螺栓连接构造详图

图 6-9　加载装置与试件布置图

三、破坏现象及结构分析

(一) 破坏现象

S1 加载时，由于连接中木剪力墙周边骨架上的大孔与普通螺栓间存在空隙，只有在钢框架与木剪力墙发生一定相对位移后连接才顶紧，因此在±10mm 位移内，木剪力墙总是做平移运动，变形不明显。随着位移增大，木剪力墙与钢框架开始协调变形，木剪力墙覆面板相互错动；随着荷载的增大，木剪力墙面板角部被挤坏（图 6-10），边缘面板钉钉头被拔出或陷入覆面板中（图 6-11）。最后大部分边缘面板钉被剪断或拔出，承载力不再增长。在 RBS 节点处可见经摩擦的印痕和变形（图 6-12），表明 RBS 节点屈服。连接中的木垫板由于受到孔壁挤压作用，发生挤压破坏（图 6-13）。

S2 加载时，首先观察到木剪力墙覆面板错动，随后覆面板角部被挤坏。随着荷载的逐渐加大，边缘面板钉脱出覆面板或被剪断，面板和面板钉破坏现象类似于 S1。随着荷载的增大，顶部椭圆孔连接板上的连接螺栓发生错动。当边缘面板钉大部分被剪断或拔出后，承载力下降。达到极限承载力时，可观察到 RBS 节点有经摩擦的印痕和变形，同时钢框架右柱上靠近加载头的连接件钢板观察到摩擦印痕和变形（图 6-14），说明 RBS 和连接钢板出现屈服现象。

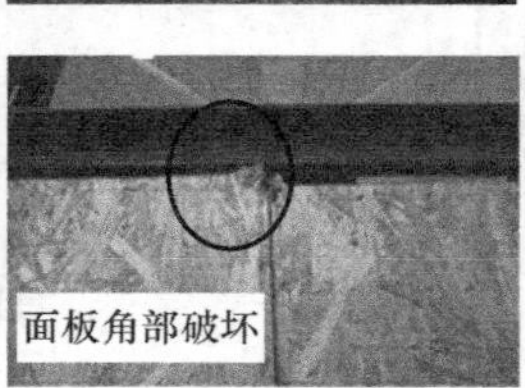

图 6-10 面板破坏

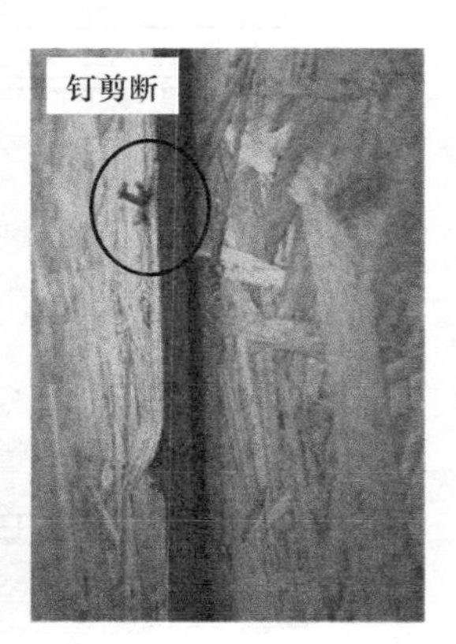

图 6-11 面板钉破坏

图 6-12 试件 RBS 节点屈服

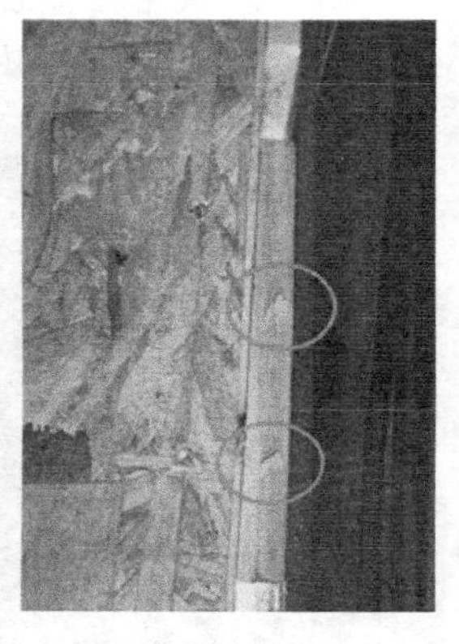

图 6-13 S1 垫板挤压破坏

图 6-14 S2 连接钢板屈服

（二）钢木混合墙体荷载-位移曲线

以钢框架的右柱顶位移为横坐标，加载头的作用力为纵坐标，作钢木混合墙体的荷载-位移曲线与骨架曲线，如图 6-15 所示。

由图 6-15（*a*）可以看出，S1 初始刚度较小。这是因为木剪力墙墙体骨架中的大孔与螺栓间存在空隙，在位移不大的情况下，钢木混合墙体中的木剪力墙产生刚体位移几乎不承载，荷载主要由钢框架承担。随着位移的增大，木剪力墙与钢框架结合逐渐紧密，荷载由钢框架与木剪力墙共同承担，刚度有了一定提高。最后，木剪力墙边缘面板钉剪断或从覆面板中拔出，钢框架进入塑性，刚度下降，承载力达到极限。最终 S1 极限承载力为正向 90.79kN，负向 108.71kN。

与 S1 相比，S2 连接的初始刚度大，如图 6-15（*b*）所示，在初始阶段荷载即由钢框架与木剪力墙共同承担，承载力不断上升。当木剪力墙大部分边缘面板钉剪断或拔出后，承载力下降。S2 极限承载力较 S1 有了一定提高，正向为 113.01kN，负向为 120.97kN。由于两试件钢框架相同，木剪力墙破坏情况也基本相同，分析承载力提高的主要原因是底部角钢连接限制了墙体的平动和转动，相当于 S2 增加了抗倾覆连接件[56]。

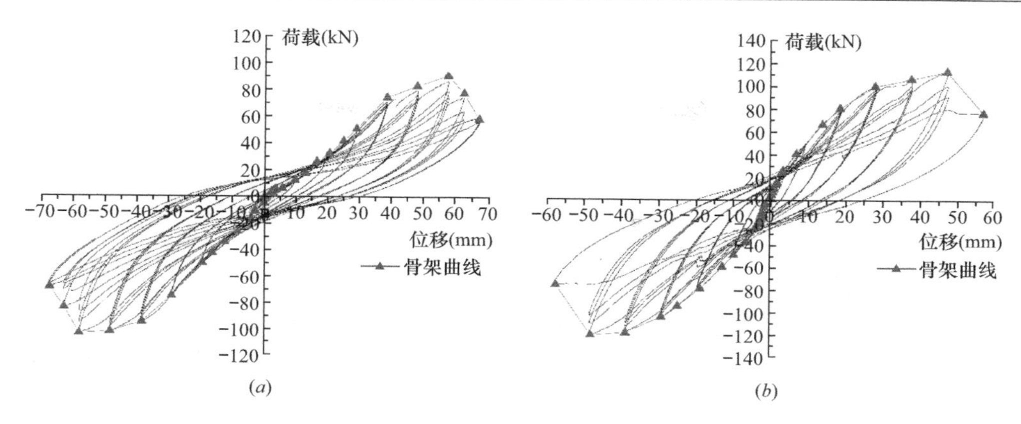

图 6-15　荷载-位移曲线与骨架曲线
（a）S1 试件；（b）S2 试件

（三）钢木混合墙体耗能性能

钢木混合墙体耗能性能可由荷载-位移曲线直接得到。对于往复加载试验，钢木混合墙体在整个过程中所耗散的能量应为所有滞回环面积的总和。两个试件在往复荷载下耗能情况如图 6-16 所示，累计总位移为加载头在拉压两个方向所经历的总行程。为了分析内填木剪力墙的效果，将钢木混合墙体与 ABAQUS 模拟获得的不带木剪力墙纯框架进行耗能对比，对比结果列于表 6-2。从表 6-2 可知，破坏时，S2 耗能多于 S1，而 S1 的变形能力比 S2 强。对此结果的解释为：

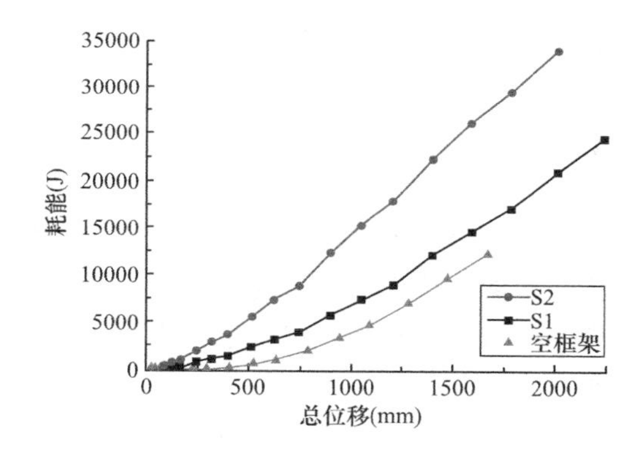

图 6-16　耗能曲线

1）耗能方式主要有：钢框架塑性变形、木剪力墙错动变形和连接滑动。S1、S2 与纯框架相比，由于有了木剪力墙的贡献，耗能能力和变形能力都有了明显提升。同等位移条件下，S2 的耗能多于 S1，这是由于在摩擦型高强螺栓未滑动前，木剪力墙错动变形大耗能更多，在摩擦型高强螺栓滑动后，S2 连接摩擦力做功也耗散较多能量。

2）S1 只在位移达到一定程度（约±10mm）后，木剪力墙才发挥作用，即 S1 与 S2 相比，木剪力墙作用发挥较晚。因此当达到同样行程时，S2 木剪力墙已破坏，S1 木剪力墙仍具有一定承载力，因此 S1 极限位移更大，变形能力更强。

试件耗能对比　　**表 6-2**

试件名称	耗能（J）	总行程（mm）	耗能提高比例（相比纯框架）
S1	24522	2243.48	99%
S2	34027	2012.48	176%
纯框架	12310	1589.44	—

注：纯框架耗能情况由 ABAQUS 计算得到。

（四）钢木混合墙体刚度退化

根据《建筑抗震设计方法规程》[57]的规定，钢木混合墙体的刚度可以采用割线刚度来表示，割线刚度 K_i 的计算方法如式（6-3）：

$$K_i = \frac{|+F_i|+|-F_i|}{|+\Delta_i|+|-\Delta_i|} \tag{6-3}$$

式中　F_i——第 i 次循环的峰值荷载；

Δ_i——第 i 次循环的峰值位移。

S1 和 S2 的刚度退化情况如图 6-17 所示，钢木混合墙体在往复荷载作用下，有明显的刚度退化。由图 6-17 可知，S1 在初始即经历一段刚度下降，而后刚度平稳中稍有上升，但相比 S2 刚度提高并不明显。初始刚度下降是由于 S1 连接中的普通螺栓拧紧后，具有一定连接刚度，但由于普通螺栓预紧力小，初始摩擦力很快被克服，木剪力墙滑动而不承载，连接刚度迅速下降。S1 的刚度上升是由于木剪力墙顶紧逐渐发挥作用。S1 刚度上升之后，割线刚度仍比 S2 小，一个原因是 S1 连接刚度较小，峰值荷载小；另一个原因是，由于 S1 木剪力墙发挥作用较晚，同等承载力下，S1 位移更大，增大了算式（6-3）的分母。

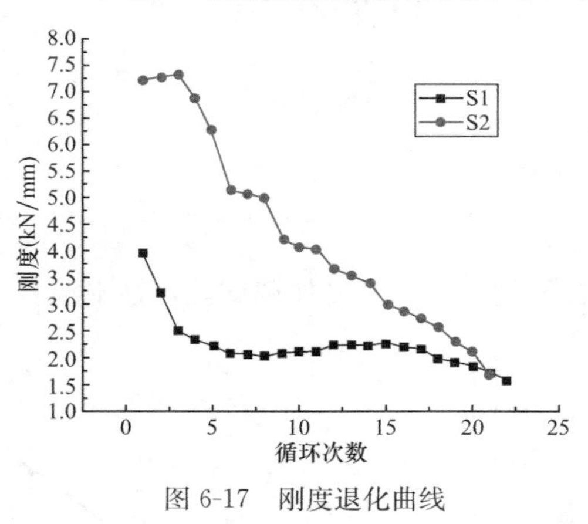

图 6-17　刚度退化曲线

S2 刚度退化在 $0.2\Delta_m$ 到 $0.4\Delta_m$ 间最为明显，Δ_m 为单向加载极限位移。这是因为此阶段，木剪力墙作为主要受力构件，覆面板往复错动，导致木剪力墙面板钉屈服和剪断，刚度不断减小。在达到极限承载力时，S1 和 S2 的刚度趋于一致，说明钢木混合墙体的抗侧刚度都已几乎丧失。

（五）钢框架与木剪力墙的协同工作性能分析

通过在钢框架上粘贴应变片可以测得钢框架所承担的剪力，通过加载头的传感器可以获得钢木混合墙体的总剪力，二者相减即可获得木剪力墙承担的剪力。随着位移的增长，钢木混合墙体中钢框架与木剪力墙的剪力分配比例的变化如图 6-18 所示。

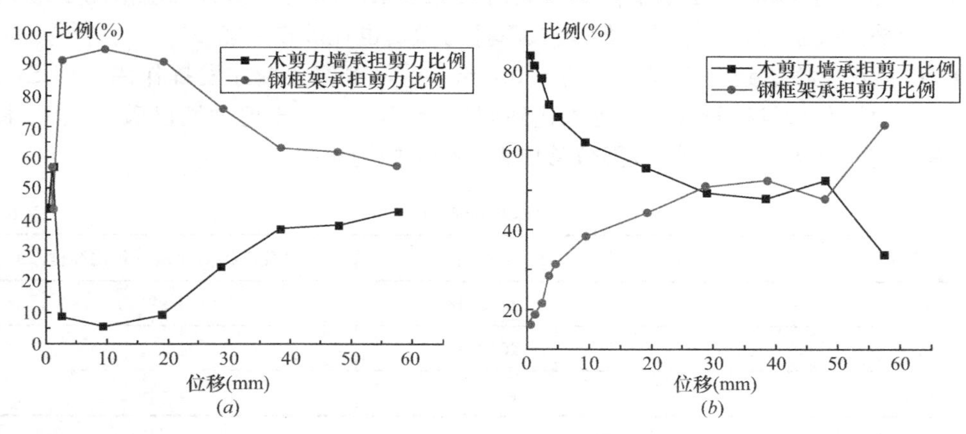

图 6-18　钢木混合墙体剪力分配比例

（*a*）S1 试件；（*b*）S2 试件

由图 6-18（*a*）可知，由于连接中大孔的存在，S1 在克服普通螺栓摩擦力后，木剪力墙滑动，承担剪力比例突降，随着位移增大，木剪力墙与钢框架挤紧并逐渐发挥作用，承担剪力的比例上升，到达 40mm 位移时，钢框架和木剪力墙均产生一定损坏，剪力分配比例趋于稳定。

由图 6-18（*b*）可知，S2 采用高强螺栓连接，初始刚度大，木剪力墙初始刚度大于钢框架，剪力分配比例高。随着往复运动的位移增大，木剪力墙的损伤逐渐积累，剪力分配比例逐渐下降，侧向位移达到 48mm 时，摩擦型高强螺栓发生滑动，静摩擦力转为滑动摩擦力，传递给木剪力墙的荷载突降，因此木剪力墙的剪力分配比率有较大下降。

四、试验结论

对两种连接方式的钢木混合墙体进行了低周往复加载试验，并对其破坏特征、抗侧性能进行对比分析，试验及分析结果如下：

1）S1 极限承载力为正向 90.79kN，负向 108.71kN。S2 极限承载力为正向 113.01kN，负向 120.97kN。高强螺栓连接比普通螺栓连接的连接刚度更大，对钢木混合墙体极限承载力提高更加明显。

2）与纯框架相比，钢木混合墙体体现出了良好的延性和耗能性能；S1、S2 耗能分别提高了 99%和 167%。达到极限状态时，S2 比 S1 耗能更多，S1 比 S2 有更好的变形能力。

3）钢木混合墙体在往复加载过程中有明显的刚度退化，退化程度先快后慢，逐渐趋于稳定。

第七章 钢木混合结构竖向体系与整体结构试验

第一节 钢木混合竖向抗侧力体系抗侧性能试验

一、实验目的

在钢木混合结构中，钢框架与木剪力墙协同工作，构成结构抗侧力体系。本试验拟通过结构试验，研究钢木混合抗侧力体系在侧向力作用下的刚度、强度、变形和破坏模式，以及其恢复力特性、等效阻尼比、耗能能力和刚度退化等特性。同时，全面了解抗侧力体系中钢框架和木剪力墙的协同工作性能，具体为研究混合抗侧力体系由弹性阶段到极限状态过程中，侧向力在钢框架和木剪力墙中的分配规律，从而揭示二者的协同工作关系。

二、试验设计和制作

（一）试件设计

为研究钢木混合结构的整体抗侧力性能，本研究设计了两个3m×6m钢木混合结构足尺模型进行试验。两个试件均为单层单跨钢木混合结构模型，尺寸相同，分别记做试件A和试件B。试件高2.8m，长6.0m，宽3.0m，每个试件包含三榀框架，榀间距3.0m，如图5-19所示。试件A、B就是第五章第七节中的两个模型。

试件A采用传统轻型木楼盖，钢框架柱间填充的木剪力墙为单面覆板；试件B采用钢木混合楼盖，钢框架柱间填充的木剪力墙为双面覆板。每个试件包含三个钢木混合竖向抗侧力体系，对试件A记做A-1、A-2和A-3，对试件B记做B-1、B-2和B-3。试验采用三点（对应图5-19中的1、3、5号点）同时加载的方式，加载点为试件的左上方角点。为了考察不同楼盖形式对侧向力的分配作用，结合实际情况，中间加载点（3号点）所施加的荷载是旁边加载点（1号点及5号点）荷载的2倍。6个拉线式位移计（LVDT）分别被安装在每榀框架的顶点处以测量结构侧移。整体试验所用材料和相应构件构造于表5-4中给出。

钢框架与内填木剪力墙可作为钢木混合抗侧力体系中的分体系，共同抵抗结构受到的地震、风等侧向作用。本试验中的钢框架、木剪力墙和钢梁柱连接节点的构造如图7-1所示。钢框架和木剪力墙通过螺栓连接，木剪力墙的边骨柱由10个M14螺栓与钢柱翼缘相连，螺栓2个一组，相距60mm，不同螺栓组之间的距离为400mm；木剪力墙的顶梁板通过14个M14螺栓与钢梁下翼缘相连，螺栓2个一组，相距50mm，不同螺栓组之间的距离为360mm，试验中安装完成的钢木混合抗侧力体系如图7-2所示。

（二）试验装置与加载制度

实验装置与加载制度见第五章第七节。最终安装好的试件A和试件B如图7-3所示。

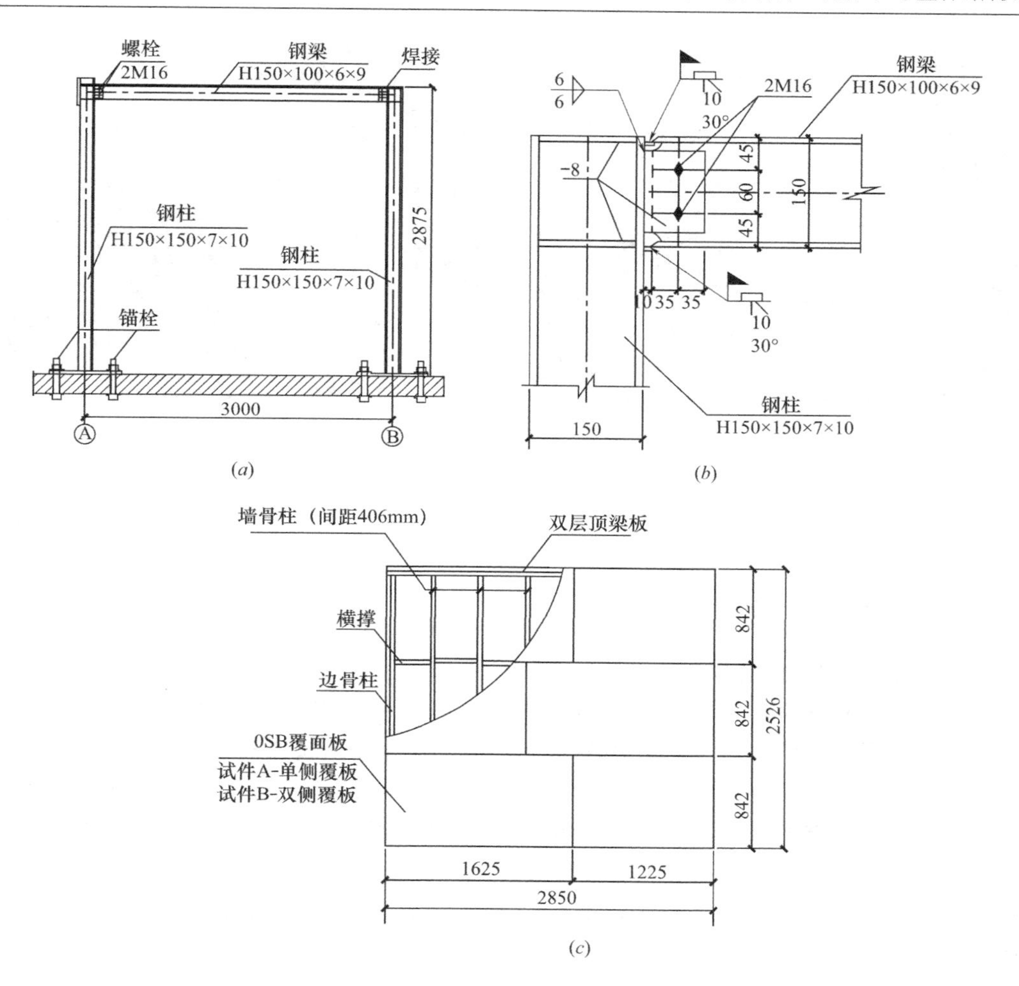

图 7-1　钢木混合结构竖向抗侧力体系构造

(a) 钢框架构造；(b) 钢梁柱连接节点；(c) 内填木剪力墙构造

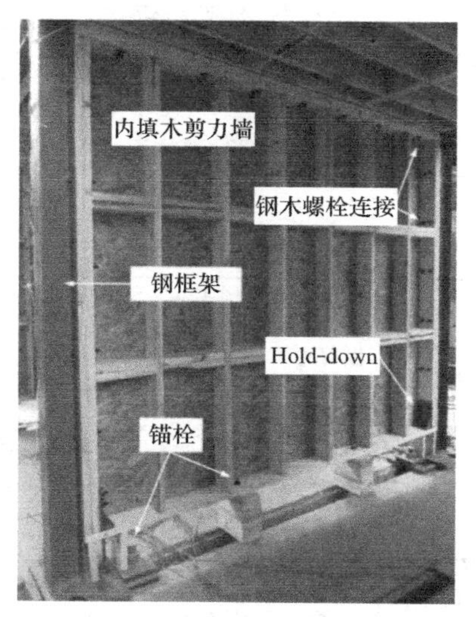

图 7-2　钢木混合抗侧力体系

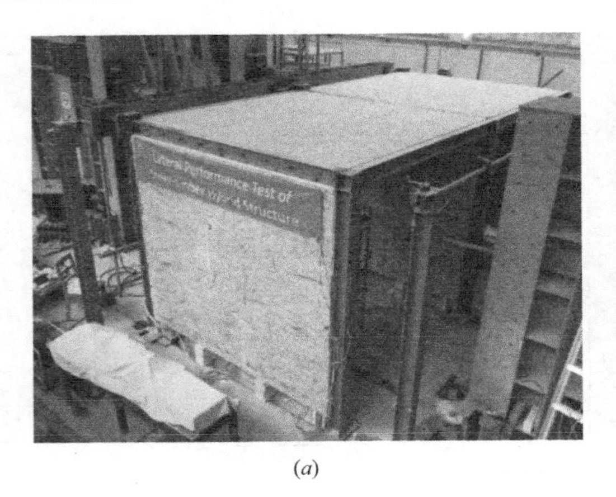

(*a*)

(*b*)

图 7-3　试件安装图

(*a*) 试件 A 安装图；(*b*) 试件 B 安装图

三、破坏现象及结果分析

(一) 试验现象和破坏模式

对于工况 1A-4A 和工况 1B-4B 的单向加载试验，可以观察到结构在侧向推力作用下的轻微倾斜，但卸载后变形恢复，残余变形很小。对于工况 5A 和工况 5B 的往复加载试验，试件 A 和试件 B 的破坏模式较相似，都始于木剪力墙面板钉连接的破坏，且木剪力墙的破坏先于钢框架的屈服。继而面板角点的钉连接陆续破坏，其破坏模式多为覆面板在钉子处撕裂。随后钢框架开始进入塑性阶段，木剪力墙破坏加剧，两个试件均在加载幅值为 0.8Δ_m 时达到极限状态，此时大部分面板边缘钉节点破坏，有覆面板在钉节点处撕裂的破坏模式，亦有钉子拔出和剪断破坏。此时试件 A 中 A-1 榀框架左上梁柱节点翼缘对接焊缝被拉断。在加载结束时，木剪力墙上、中两排面板的钉节点基本全部破坏，很多钉子在往复荷载作用下被剪断，钢柱脚附近翼缘明显鼓曲。然而，整个加载过程中，墙体骨架完好，且钢木间的螺栓连接没有破坏，墙体骨架与钢梁、柱的错动较小，墙骨柱上拔也较小。试件 A 在往复荷载下的试验现象如表 7-1 所示，其对应的破坏模式如图 7-4 所示。

试件 A 试验现象表　　　　**表 7-1**

加载级数	循环	实测中柱侧移/力（推正拉负）	试验现象	对应图
±50kN	1	3.2mm（−2.7mm）	三榀剪力墙上、中两排覆面板边缘钉稍倾斜	—
±75kN	1	5.7mm（−4.9mm）	三榀剪力墙上、中两排覆面板边缘钉的倾斜程度较上一加载级别增大	图 7-4（*a*）
±100kN	1	8.5mm（−7.5mm）	可观察到覆面板整体轻微错位，有绕其中心转动的趋势	—
±125kN	1	11.7mm（−10.5mm）	时而可听到因木材和钢材挤压发出的响声；三榀剪力墙上、中两排覆面板边缘钉倾斜程度继续增大	—
±150kN	1	14.9mm（−13.6mm）	可听到因木材和钢材挤压发出的响声；三榀剪力墙上、中两排覆面板边缘钉倾斜程度继续增大	—

续表

加载级数	循环	实测中柱侧移/力（推正拉负）	试验现象	对应图
$\pm 0.2\Delta_m$ (1/140) *	1	189kN（−191kN）	可听到木材和钢材挤压时发出的响声；观测到覆面板整体倾斜	图 7-4（*b*）
	2	180kN（−181kN）		
	3	190kN（−181kN）		
$\pm 0.3\Delta_m$ (1/112)	1	210kN（−219kN）	木材和钢材挤压发出响声的频率加快，音量增大，尤其在拉压转换的时候；局部角点钉节点破坏	图 7-4（*c*）
	2	210kN（−208kN）		
	3	213kN（−206kN）		
$\pm 0.4\Delta_m$ (1/80)	1	270kN（−268kN）	可听到钢木之间的错动引起"次次"的响声；三榀剪力墙上、中两排覆面板四角钉节点已有破坏，主要破坏模式为钉头陷入覆面板，偶尔听到覆面板在钉子处崩断的响声，面板边缝有相互挤压现象	图 7-4（*d*） 图 7-4（*e*）
	2	287kN（−262kN）		
	3	249kN（−249kN）		
$\pm 0.5\Delta_m$ (1/60)	1	316kN（−304kN）	三榀剪力墙上、中两排覆面板四角处钉节点已有一半破坏，覆面板在钉子处崩断的响声不断出现	图 7-4（*f*）
	2	299kN（−298kN）		
	3	298kN（−283kN）		
$\pm 0.6\Delta_m$ (1/50)	1	348kN（−335kN）	三榀剪力墙上、中两排覆面板边缘钉子均出现不同程度的破坏，主要破坏模式为钉头陷入覆面板；覆面板在钉子处崩断的响声接二连三；卸载后，肉眼可观察到整个钢木混合结构的残余变形	图 7-4（*g*）
	2	327kN（−324kN）		
	3	335kN（−309kN）		
$\pm 0.7\Delta_m$ (1/43)	1	367kN（−334kN）	木剪力墙一、二排交接处面板边缘钉大多破坏，面板呈现明显倾斜	图 7-4（*h*）
	2	363kN（−327kN）		
	3	350kN（−315kN）		
$\pm 0.8\Delta_m$ (1/37)	1	382kN（−334kN）	三榀框架加载点处梁上翼缘对接焊缝断裂，响声很大；剪力墙一、二排覆面板严重倾斜，边缘钉多数破坏；剪力墙覆面板中间位置的钉子亦开始破坏，板边大多已经相互接触，板角多挤压破坏；试件已达到承载力极限状态	图 7-4（*i*） 图 7-4（*j*）
	2	350kN（−326kN）		
	3	334kN（−300kN）		
$\pm 1.0\Delta_m$ (1/30)	1	352kN（−332kN）	三榀剪力墙面板边缘钉连接基本全部破坏，60%的破坏模式为覆面板在钉头处破坏，另外 40%的破坏模式为钉子被拔出墙骨柱或剪断。钢木螺栓连接节点未发生显著变化，但肉眼可见连接垫片对木材的挤压加剧；中柱后方柱脚 H 型钢翼缘轻微鼓曲；木剪力墙抗拔锚固件并无破坏；剪力墙中间锚栓有垫片轻微压进底梁板的现象；有相当一部分面板钉被剪断，因钢框架对木剪力墙的约束作用，骨架钉均未出现破坏现象，也观测不到墙骨柱上拔	图 7-4（*k*） 图 7-4（*l*） 图 7-4（*m*）
	2	328kN（−296kN）		
	3	315kN（−287kN）		
$\pm 1.2\Delta_m$ (1/24)	1	310kN（−406kN）	木剪力墙中的面板钉连接节点基本全部破坏，板边呈一条十分明显的斜线；钢柱翼缘鼓曲加大，梁柱节点梁翼缘焊缝被拉断；面板四角大都因挤压而破坏，木屑掉落较多；面板与原来钉在上面的规格材有多达 20～30mm 的错动。然而，顶梁板与边骨柱基本未破坏，观测不到其与钢梁、柱之间的错动，墙体骨架完好，墙骨柱未上拔；剪力墙锚栓大垫片轻微压入底梁板	图 7-4（*n*） 图 7-4（*o*） 图 7-4（*p*）
	2	301kN（−370kN）		
	3	282kN（−277kN）		

注：* 第一列括号内数字为该控制位移对应的层间位移角。

图 7-4 试件 A 往复加载试验现象（一）

（*a*）覆面板轻微倾斜；（*b*）覆面板角点倾斜；（*c*）面板角点钉连接破坏；（*d*）面板角点钉连接破坏和错动；（*e*）面板角部边缘钉连接破坏；（*f*）面板在角部破坏 1；（*g*）面板在角部破坏 2；（*h*）面板角部拉裂；（*i*）焊缝断裂；（*j*）面板在边缘被拉裂

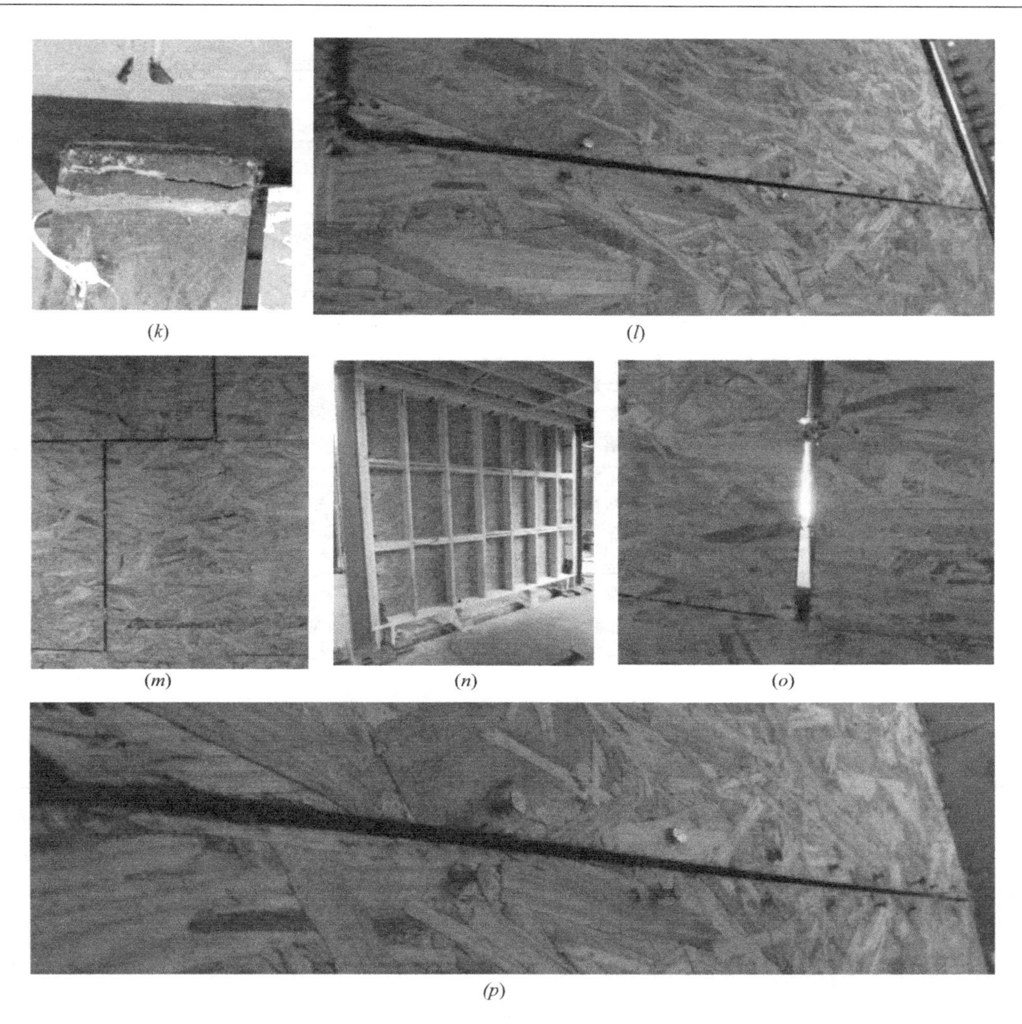

图 7-4　试件 A 往复加载试验现象（二）

（*k*）钢梁翼缘焊缝断裂；（*l*）钉子剪断 1；（*m*）钉子剪断 2；（*n*）结构整体变形；

（*o*）面板剧烈错动；（*p*）钉子在往复加载下往复受弯而被剪断

试件 B 在往复荷载下的试验现象如表 7-2 和图 7-5 所示。

试件 B 试验现象表　　**表 7-2**

加载级数	循环	实测中柱侧移/力（推正拉负）	试验现象	对应图
±50kN	1	1.9mm（−0.4mm）	无明显现象	—
±75kN	1	3.0mm（−2.4mm）	无明显现象	—
±100kN	1	4.5mm（−4.0mm）	可观察到覆面板整体轻微错位，有绕其中心转动的趋势	—
±125kN	1	6.2mm（−5.7mm）	剪力墙上、中两排覆面板边缘钉稍倾斜	—
±150kN	1	8.1mm（−7.8mm）	剪力墙少量角部钉节点轻微破坏	图 7-5（*a*）
$\pm 0.2\Delta_m$ (1/140)*	1	274kN（−272kN）	肉眼可见剪力墙覆面板开始错位，剪力墙多处角部钉节点处出现轻微撕裂	图 7-5（*b*）
	2	273kN（−268kN）		
	3	262kN（−257kN）		

续表

加载级数	循环	实测中柱侧移/力（推正拉负）	试验现象	对应图
±0.3Δ_m (1/112)	1	322kN (−311kN)	剪力墙覆面板出现较明显的错位，面板角部钉节点出现明显撕裂，面板边部也开始有较小撕裂	图 7-5 (*c*)
	2	313kN (−287kN)		
	3	298kN (−288kN)		
±0.4Δ_m (1/80)	1	387kN (−379kN)	OSB 面板角部钉节点撕裂较严重，可听见覆面板崩坏的响声，钉子开始陷入面板，面板边部钉节点破坏更为显著	图 7-5 (*d*)
	2	359kN (−356kN)		
	3	370kN (−354kN)		
±0.5Δ_m (1/60)	1	444kN (−433kN)	面板之间相互挤压，角部钉节点撕裂严重，面板边部钉节点撕裂较明显，钉子开始陷入面板或拔出面板，有木屑脱落	图 7-5 (*e*)
	2	423kN (−406kN)		
	3	404kN (−399kN)		
±0.6Δ_m (1/50)	1	481kN (−460kN)	面板角部钉节点很多已破坏，边部钉节点的钉子有拔出现象	—
	2	489kN (−440kN)		
	3	415kN (−416kN)		
±0.7Δ_m (1/43)	1	505kN (−472kN)	边部钉节点较多钉子开始拔出破坏，角部钉节点大部分破坏；楼板水泥面层在加载头处出现明显斜裂缝（宽度在 2mm 左右）；其他地方出现许多细微裂缝（宽度小于 1mm）	图 7-5 (*f*) 图 7-5 (*g*)
	2	445kN (−459kN)		
	3	442kN (−434kN)		
±0.8Δ_m (1/37)	1	493kN (−481kN)	木剪力墙中钉子部分已经被剪断，角部钉节点基本全部破坏；水泥楼面上加载处裂缝不断扩大，其余水泥楼面上新增了一些细微裂缝；结构达到承载力极限状态	图 7-5 (*h*)
	2	464kN (−452kN)		
	3	453kN (−412kN)		
±1.0Δ_m (1/30)	1	508kN (−442kN)	木剪力墙覆面板严重错位，大量钉节点撕裂破坏，亦有钉子拔出和剪断破坏；第三榀框架梁柱端焊缝断裂，该榀框架自此之后位移明显大于其他两榀框架；楼盖水泥面层上加载处裂缝扩大、开始裂开成小碎块，其余楼面处新增一些细微裂缝	图 7-5 (*i*) 图 7-5 (*j*)
	2	432kN (−383kN)		
	3	410kN (−353kN)		
±1.2Δ_m (1/24)	1	447kN (−346kN)	除了中间钉节点和少量边部钉节点，剪力墙上钉节点基本全部破坏；OSB 板倾斜很大，板与板之间有很大的缝隙；框架梁柱节点梁翼缘焊缝被拉断；结构承载力和刚度急剧下降	图 7-5 (*k*) 图 7-5 (*l*)
	2	373kN (−346kN)		
	3	347kN (−326kN)		

注：* 第一列括号内数字为该控制位移对应的层间位移角。

(*a*)

(*b*)

(*c*)

图 7-5　试件 B 往复加载试验现象（一）

(*a*) 角部钉连接破坏 1；(*b*) 角部钉连接破坏 2；(*c*) 覆面板倾斜

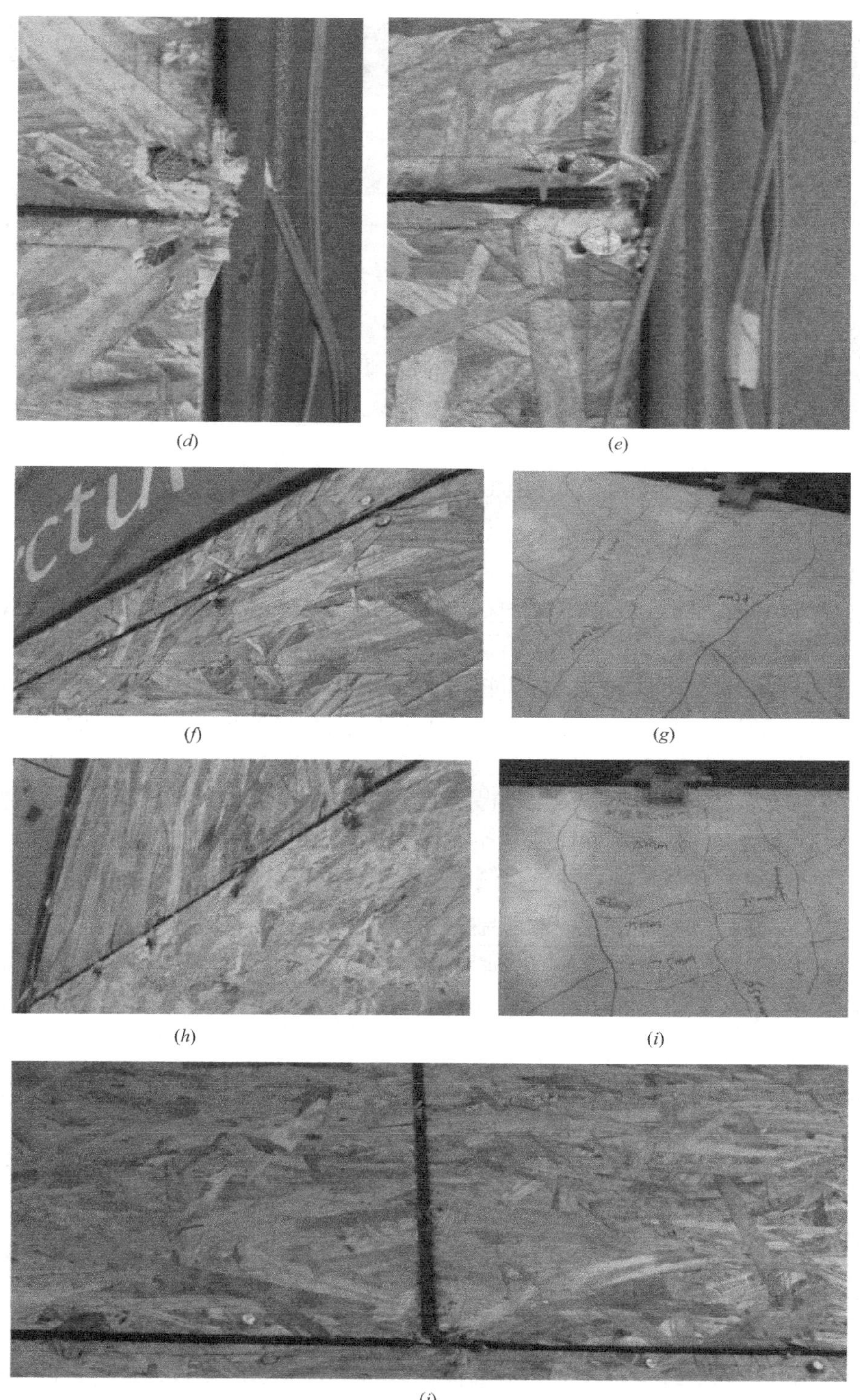

图 7-5　试件 B 往复加载试验现象（二）

（*d*）角部钉连接破坏 3；（*e*）覆面板角部碎裂；（*f*）钉子剪断破坏；（*g*）楼盖水泥面层裂缝 1；（*h*）覆面板边缘碎裂；（*i*）楼盖水泥面层裂缝 2；（*j*）覆面板边缘钉连接节点的破坏

(*k*)

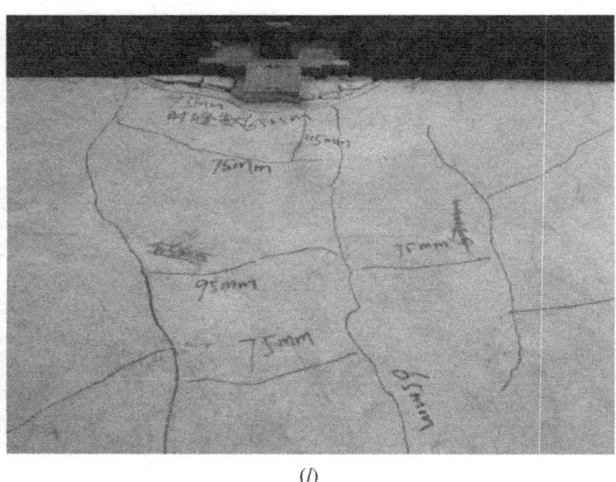

(*l*)

图 7-5　试件 B 往复加载试验现象（三）

（*k*）覆面板严重倾斜；（*l*）楼盖水泥面层在加载点处被局部挤碎

（二）初始刚度

按照前述方法，可以获得每榀钢木混合抗侧力体系所承担的剪力。通过工况 1A 与工况 4A 试验结果的对比分析，可以得到试件 A 中三个钢木混合抗侧力体系（A-1，A-2 和 A-3）在木剪力墙安装前后的抗侧刚度变化；同理试件 B 中三个钢木混合抗侧力体系（B-1，B-2 和 B-3）在木剪力墙安装前后的抗侧刚度变化可通过工况 1B 与工况 4B 试验结果的对比分析得到。试验所得的钢木混合抗侧力体系在木剪力墙安装前后的抗侧刚度列于表 7-3 中。

可以看到，木剪力墙的安装极大地提高了空框架的抗侧刚度。试件 A 安装了单面覆板剪力墙，其构成的混合体系抗侧刚度较空钢框架时提高了 264%～273%；试件 B 安装了双面覆板剪力墙，其构成的混合体系抗侧刚度较空钢框架时提高了 588%～610%。

钢木混合抗侧力体系的初始刚度　　**表 7-3**

试件编号		空框架抗侧刚度（kN/mm）	安装木剪力墙后的抗侧刚度（kN/mm）	安装木剪力墙后刚度增长百分比（%）
试件 A	A-1	1.678	6.139	266
	A-2	1.704	6.197	264
	A-3	1.676	6.245	273
试件 B	B-1	1.812	12.867	610
	B-2	1.859	12.782	588
	B-3	1.850	12.856	595

（三）荷载-位移曲线

通过工况 5A 和工况 5B 的往复加载试验，可得到试件 A、B 中六个钢木混合竖向抗侧力体系在往复荷载下的荷载位移曲线，如图 7-6 所示。

（四）结构耗能和刚度退化

钢木混合结构竖向抗侧力体系所耗散的能量可由荷载-位移曲线直接得到。对于往复加载试验，体系在整个过程中所耗散的能量应为所有滞回环面积的总和。六个钢木混合抗侧力体系在反复荷载下耗能情况如图 7-7 所示，表 7-4 亦列出了各抗侧力体系的总耗能。累计总位移为试件在拉压两个方向所经历的总位移。

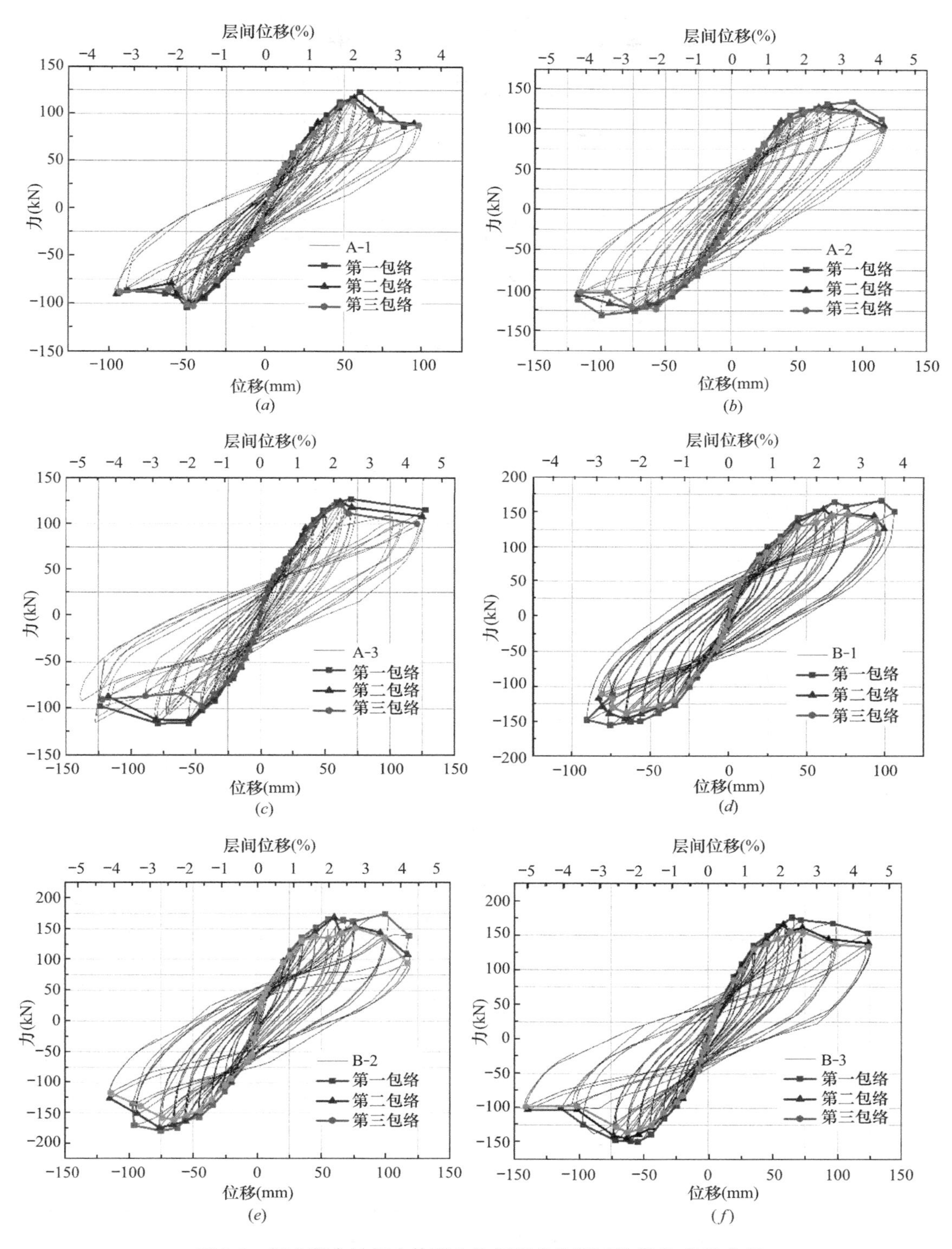

图 7-6　钢木混合抗侧力体系在往复荷载作用下的荷载-位移曲线

(*a*) A-1；(*b*) A-2；(*c*) A-3；(*d*) B-1；(*e*) B-2；(*f*) B-3

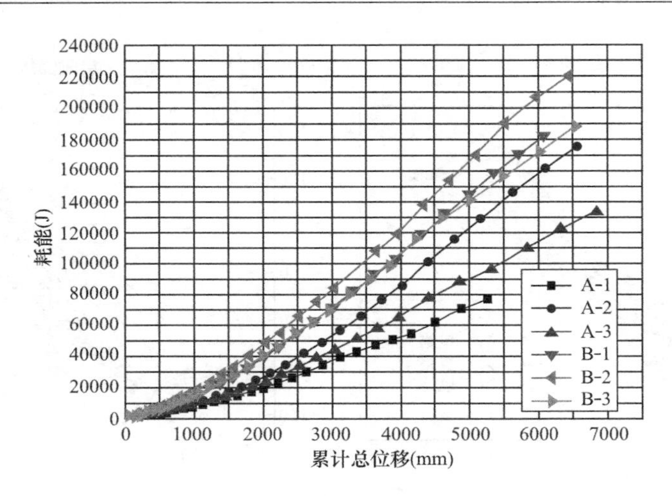

图 7-7　钢木混合抗侧力体系的耗能曲线

钢木混合抗侧力体系的耗能　　表 7-4

试件编号		总耗能（J）	破坏时的累计位移（mm）
试件 A	A-1	77216.31	5271.24
	A-2	175970.54	6562.04
	A-3	134336.09	6852.49
试件 B	B-1	182752.31	6084.36
	B-2	220789.08	6455.73
	B-3	188674.83	6553.02

从表 7-4 可见，双面覆板钢木混合结构竖向抗侧力体系的总耗能比单面覆板时提高了25%～40%。同时，黏滞阻尼系数 ε_{eq} 是反映结构耗能能力大小的指标之一，六个墙体试件各级循环的等效黏滞阻尼比的计算结果列于表 7-5 中。

钢木混合抗侧力体系在各级循环下的等效黏滞阻尼比　　表 7-5

试件	位移等级	第一次循环	第二次循环	第三次循环
A-1	$0.2\Delta_m$	0.09391	0.07587	0.0791
	$0.3\Delta_m$	0.07172	0.07127	0.06851
	$0.4\Delta_m$	0.08444	0.07769	0.06462
	$0.5\Delta_m$	0.08049	0.07139	0.06522
	$0.6\Delta_m$	0.08882	0.07982	0.07057
	$0.7\Delta_m$	0.09345	0.09258	0.09012
	$0.8\Delta_m$	0.13213	0.12527	0.09198
	Δ_m	0.11017	0.10275	0.08485
A-2	$0.2\Delta_m$	0.08911	0.07385	0.0809
	$0.3\Delta_m$	0.07666	0.07455	0.07341
	$0.4\Delta_m$	0.09659	0.09349	0.07651
	$0.5\Delta_m$	0.09977	0.0917	0.09017
	$0.6\Delta_m$	0.12186	0.11604	0.10868

续表

试件	位移等级	第一次循环	第二次循环	第三次循环
A-2	$0.7\Delta_m$	0.14541	0.14843	0.14278
	$0.8\Delta_m$	0.16515	0.17115	0.1592
	Δ_m	0.1952	0.21134	0.19316
A-3	$0.2\Delta_m$	0.09187	0.07742	0.08606
	$0.3\Delta_m$	0.08255	0.07445	0.07058
	$0.4\Delta_m$	0.09259	0.0862	0.07477
	$0.5\Delta_m$	0.0918	0.08277	0.08091
	$0.6\Delta_m$	0.10313	0.09482	0.12321
	$0.7\Delta_m$	0.12312	0.10793	0.10514
	$0.8\Delta_m$	0.13471	0.12191	0.14089
	Δ_m	0.18099	0.14971	0.12281
B-1	$0.2\Delta_m$	0.126	0.09379	0.08685
	$0.3\Delta_m$	0.09368	0.08425	0.08279
	$0.4\Delta_m$	0.10675	0.08991	0.08617
	$0.5\Delta_m$	0.11568	0.10257	0.09842
	$0.6\Delta_m$	0.126	0.13691	0.11735
	$0.7\Delta_m$	0.14406	0.13581	0.13693
	$0.8\Delta_m$	0.15315	0.15662	0.15111
	Δ_m	0.17049	0.18407	0.176
B-2	$0.2\Delta_m$	0.1411	0.10307	0.0976
	$0.3\Delta_m$	0.1044	0.09305	0.09007
	$0.4\Delta_m$	0.12095	0.09896	0.09516
	$0.5\Delta_m$	0.12906	0.11445	0.10889
	$0.6\Delta_m$	0.13447	0.13423	0.1248
	$0.7\Delta_m$	0.14927	0.14198	0.14388
	$0.8\Delta_m$	0.15558	0.15075	0.14836
	Δ_m	0.17732	0.19074	0.19419
B-3	$0.2\Delta_m$	0.12882	0.10313	0.09704
	$0.3\Delta_m$	0.09932	0.09015	0.08897
	$0.4\Delta_m$	0.10825	0.09367	0.09017
	$0.5\Delta_m$	0.11656	0.1012	0.09679
	$0.6\Delta_m$	0.12386	0.12932	0.1121
	$0.7\Delta_m$	0.13496	0.12411	0.12573
	$0.8\Delta_m$	0.14383	0.14279	0.14241
	Δ_m	0.19279	0.19154	0.15743

图 7-8 显示了六个钢木混合抗侧力体系在往复荷载作用下的刚度退化情况。

可以看到，钢木混合抗侧力体系在往复荷载作用下具有明显的刚度退化现象，其退化程度由快而慢，刚度退化主要发生在 $0.3\Delta_m$ 以内的加载循环。在相同荷载循环下，双面覆板的钢木混合抗侧力体系的刚度大约为单面覆板体系的两倍。

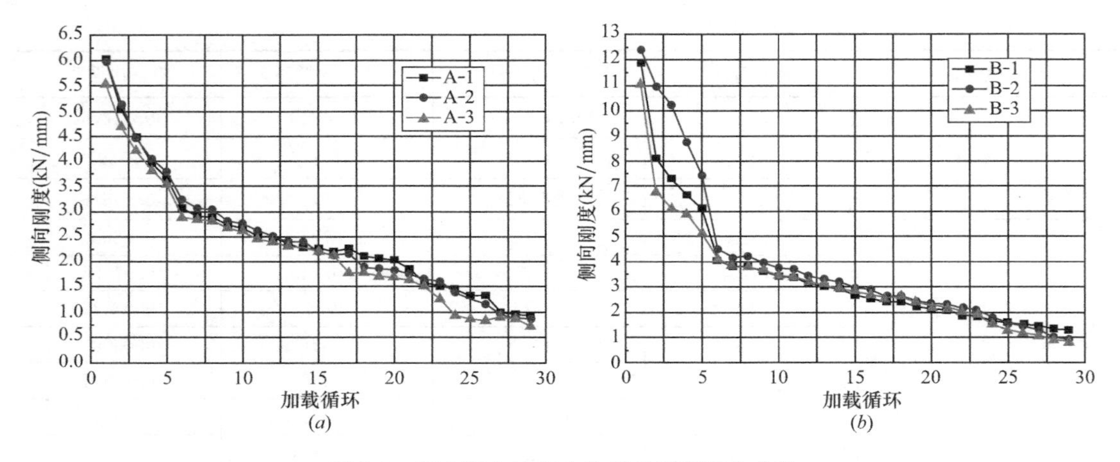

图 7-8 钢木混合抗侧力体系的刚度退化曲线

（a）试件 A；（b）试件 B

（五）骨架曲线分析

钢木混合抗侧力体系的骨架曲线或滞回曲线的第一包络线是对其抗侧力性能的综合反应，本节采用通过往复加载试验所得的包络线进行骨架曲线分析。试件 A 和试件 B 中各抗侧力体系的第一包络线如图 7-9 所示。研究中采用 EEEP 曲线来定义钢木混合抗侧力体系相应的弹性比例极限和屈服点。该曲线是屈服荷载、屈服位移、墙体破坏位移、荷载-位移曲线下面积和弹性阶段侧向刚度的函数。

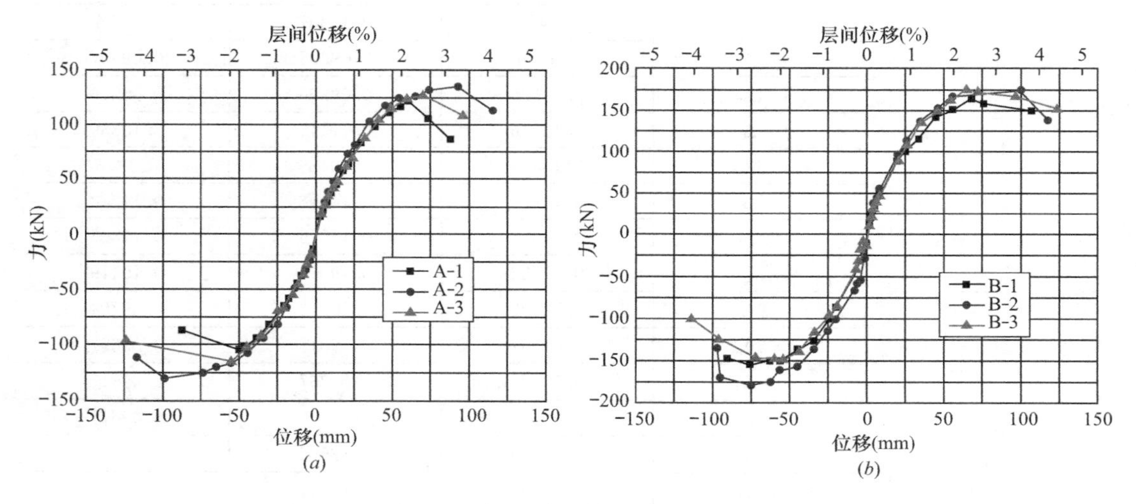

图 7-9 钢木混合抗侧力体系的骨架曲线

（a）试件 A；（b）试件 B

（1）弹性阶段刚度 K_e

根据 ASTM-E2126 标准，将荷载-位移曲线（或第一循环包络线）上原点和荷载值达到极限荷载 40％时的 P_{peak} 所对应点的连线斜率定义为墙体在弹性阶段的刚度，见式（4-3）。

（2）屈服荷载 P_{yield} 和屈服位移 Δ_{yield}

根据弹性阶段的刚度确定 EEEP 曲线上的弹性阶段。EEEP 曲线上的弹性阶段从原点开始至屈服点结束。曲线的塑性阶段为一水平直线直至墙体的破坏位移。假设屈服荷载P_{yield}是弹性阶段刚度、荷载-位移曲线下面积和墙体破坏位移的函数，可以按照下式进行计算：

$$当\ \Delta_u^2 \geqslant \frac{2A}{K_e}\ 时，P_{yield} = \left(\Delta_u - \sqrt{\Delta_u^2 - \frac{2A}{K_e}}\right)K_e \tag{7-1}$$

$$当\ \Delta_u^2 < \frac{2A}{K_e}\ 时，P_{yield} = 0.85P_{peak} \tag{7-2}$$

式中　P_{yield}——屈服荷载；

A——骨架曲线或滞回曲线包络线下方从原点至墙体破坏位移的面积。一旦屈服荷载确定，则可根据下式确定屈服位移：

$$\Delta_{yield} = P_{peak}/K_e \tag{7-3}$$

（3）延性系数

延性是指结构从屈服开始到达最大承载能力或到达以后而承载能力还没有明显下降期间的变形能力。延性好的结构，后期变形能力大，在达到屈服或最大承载能力状态后仍能吸收一定的能量，能避免脆性破坏的发生。因此延性系数是衡量结构抗震性能的一个重要指标。将墙体破坏时的变形与屈服时的变形的比值定义为墙体延性系数。

$$D = \Delta_u/\Delta_{yield} \tag{7-4}$$

因图 7-9 所示的六个抗侧力体系的骨架曲线基本对称，因此以下采用正向加载和反向加载的平均骨架曲线来计算钢木混合结构抗侧力体系的 EEEP 参数，计算结果列于表 7-6 中。

钢木混合抗侧力体系的 EEEP 参数计算结果　　**表 7-6**

	极限荷载 P_{peak}（kN）	弹性阶段刚度 K_e（kN/mm）	屈服荷载 P_{yield}（kN）	屈服位移（mm）	极限位移（mm）	延性系数 D
A-1	123.06	3.5	103.38	29.58	78.72	2.66
A-2	132.49	3.82	118.79	31.06	115.99	3.73
A-3	126.84	3.56	110.55	31.05	109.8	3.54
B-1	157.01	5.08	143.26	28.22	98.59	3.49
B-2	179.38	6.03	160.1	26.56	105.58	3.98
B-3	161.85	4.91	144.35	29.4	115.12	3.92

（六）钢框架与木剪力墙的协同工作性能

在钢木混合抗侧力体系中，剪力由钢框架和剪力墙共同承担，图 7-10 列出了六个钢木混合抗侧力体系中，钢框架和剪力墙在往复荷载下分别承担的剪力。以 A-1 为例，在每一相同位移值下，图 7-10（*a*）和（*b*）的相应点的纵坐标之和（钢框架和木剪力墙承担的剪力之和）等于图 7-6（*a*）相应位移值下的纵坐标值（混合体系承担的总剪力）。

由图 7-10 可以看出，钢框架和木剪力墙中的剪力符合各自承载力特征，因此可认为试验中使用此方式计算钢木混合抗侧力体系中钢框架和木剪力墙中各自承担的剪力是合理可行的。图 7-10（*a*）、（*c*）和（*k*）中的曲线均在 80～120mm 的加载循环附近呈明显的跳跃现象，这是由这些钢框架梁柱节点焊缝在试验中的断裂造成的，而 B-1 试件在整个加载过程中梁柱节点均完好，则其相应的钢框架剪力滞回曲线也非常对称，如图 7-10（*g*）和（*h*）所示。

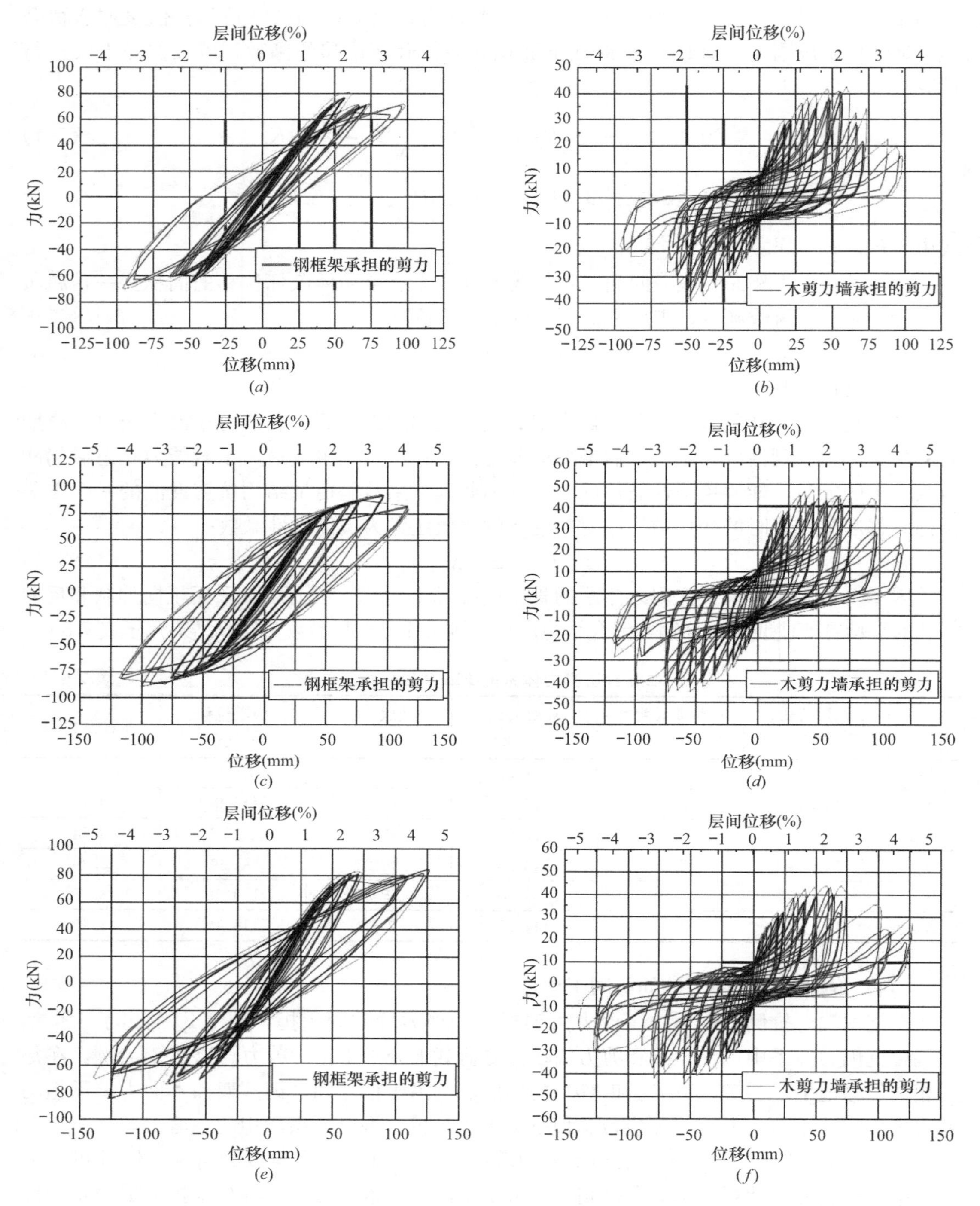

图 7-10 钢木混合抗侧力体系在往复荷载作用下钢框架和木剪力墙中分别分担的剪力-位移曲线（一）

(*a*) A-1 中钢框架承担的剪力；(*b*) A-1 中木剪力墙承担的剪力；(*c*) A-2 中钢框架承担的剪力；(*d*) A-2 中木剪力墙承担的剪力；(*e*) A-3 中钢框架承担的剪力；(*f*) A-3 中木剪力墙承担的剪力

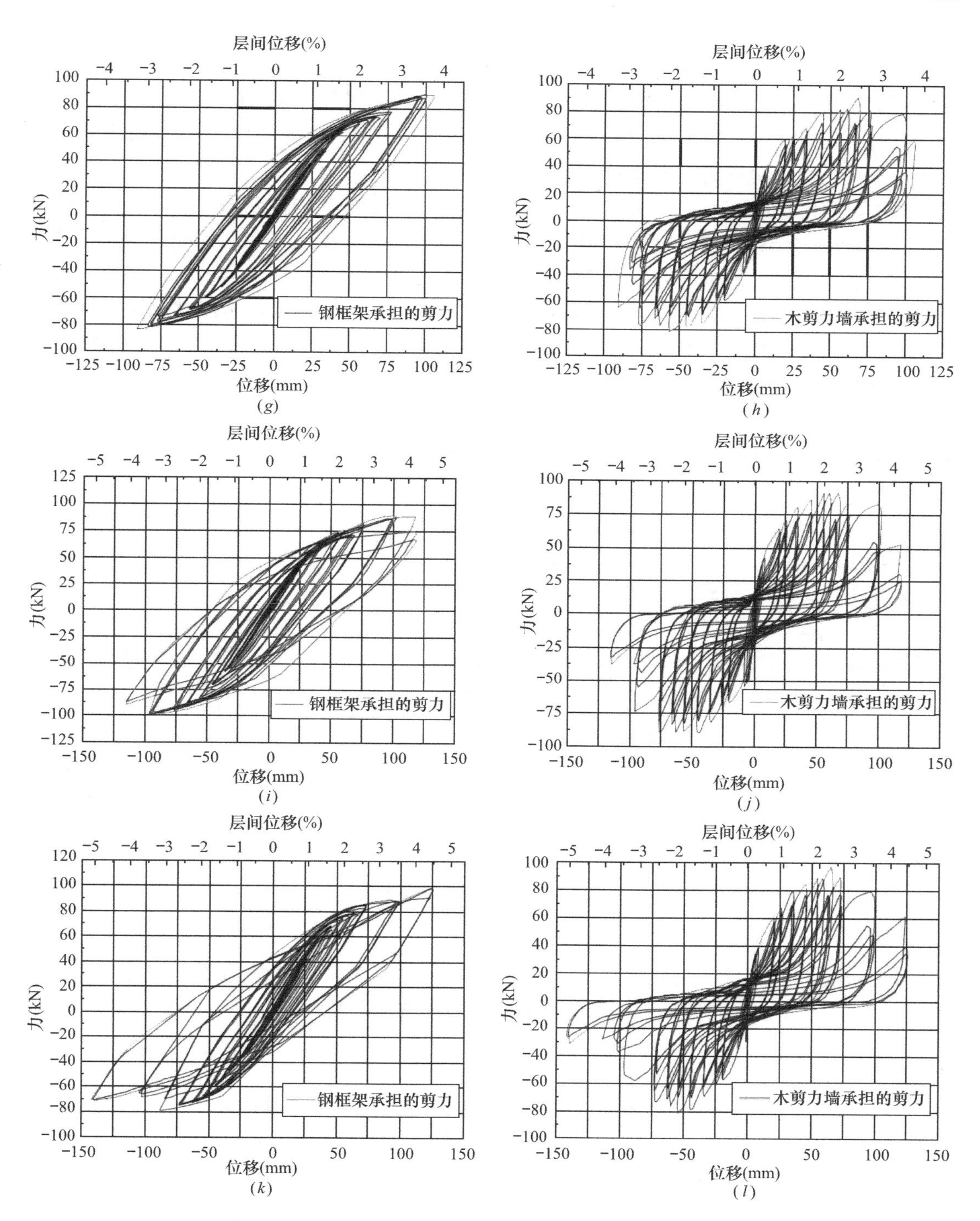

图 7-10　钢木混合抗侧力体系在往复荷载作用下钢框架和木剪力墙中分别分担的剪力-位移曲线（二）

(*g*) B-1 中钢框架承担的剪力；(*h*) B-1 中木剪力墙承担的剪力；(*i*) B-2 中钢框架承担的剪力；(*j*) B-2 中木剪力墙承担的剪力；(*k*) B-3 中钢框架承担的剪力；(*l*) B-3 中木剪力墙承担的剪力

计算得到钢木混合结构中钢框架和木剪力墙分别承担的剪力之后，便可进行二者的协同工作性能分析。试件 A 和试件 B 中，钢木混合抗侧力体系中钢框架和木剪力墙对混合体系抗侧承载力的贡献如图 7-11 所示。由图 7-11 可见，侧向力在钢框架和木剪力墙中的分配具有一定规律，在结构承担侧向荷载的初始阶段（侧移 20mm 以内），木剪力墙承担了混合体系的大部分剪力：对于单面覆板的试件 A，该比例为 50%～75%；对于双面覆板的试件 B，该比例为 65%～95%。这也是木剪力墙对钢框架结构侧向刚度提高比例很大的原因。随着结构侧移的增大，钢框架承担的剪力比例逐渐提高，直到结构破坏为止。试件 B 因采用了双面覆板的木剪力墙，其木剪力墙的作用更为明显，直到结构到达极限状态时（侧移为 80mm），剪力墙仍然承担了抗侧力体系中 50%以上的荷载，而此时试件 A 中剪力墙承担荷载比例已经下降到 35%左右。根据图 7-10 中曲线，还可以绘制出每一个滞回环下钢框架和木剪力墙分别消耗的能量占混合体系总耗能的比例，如图 7-12 所示。因结构滞回曲线在 30mm（0.3Δ_m）以后的往复加载阶段才具有较明显的包围面积，故图 7-12 所示的耗能比例曲线从 0.3Δ_m 以后的滞回曲线开始统计。

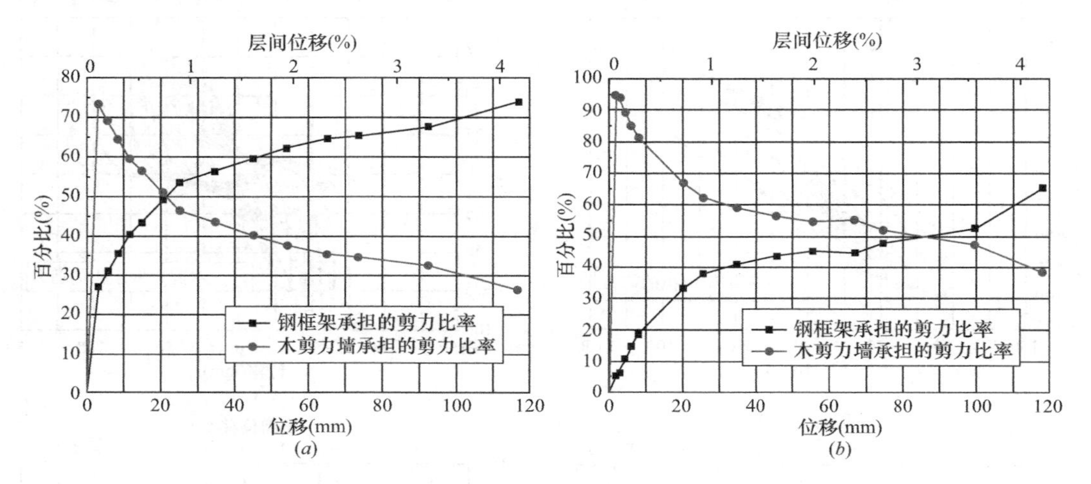

图 7-11　钢框架和木剪力墙在钢木混合体系中分担的剪力比率

(*a*) 试件 A；(*b*) 试件 B

由图 7-12 可见，钢木混合抗侧力体系在加载初期，其耗能主要由木剪力墙提供，当加载至 0.5～0.6 倍控制位移时，木剪力墙已经基本破坏，其耗能主要由钢框架提供。

四、试验结论

(1) 钢木混合结构竖向抗侧力体系的破坏模式为首先木剪力墙钉连接破坏，继而钢框架屈服。但由于钢木之间采用足够的螺栓连接，未发现木剪力墙墙骨柱上拔等破坏模式。整个试验过程中，钢木之间的螺栓连接均未出现破坏，说明这些连接满足钢框架和木剪力墙的协同工作条件。

(2) 木剪力墙的安装对钢框架的弹性抗侧刚度有很大提高，对于填充单面覆板木剪力墙的钢框架，其弹性抗侧刚度提高为原来的 2.64～2.73 倍；对于填充双面覆板木剪力墙的钢框架，其弹性抗侧刚度提高为原来的 5.88～6.10 倍。

(3) 钢木混合结构试验试件具有较好的延性。钢木混合抗侧力体系在往复荷载作用下

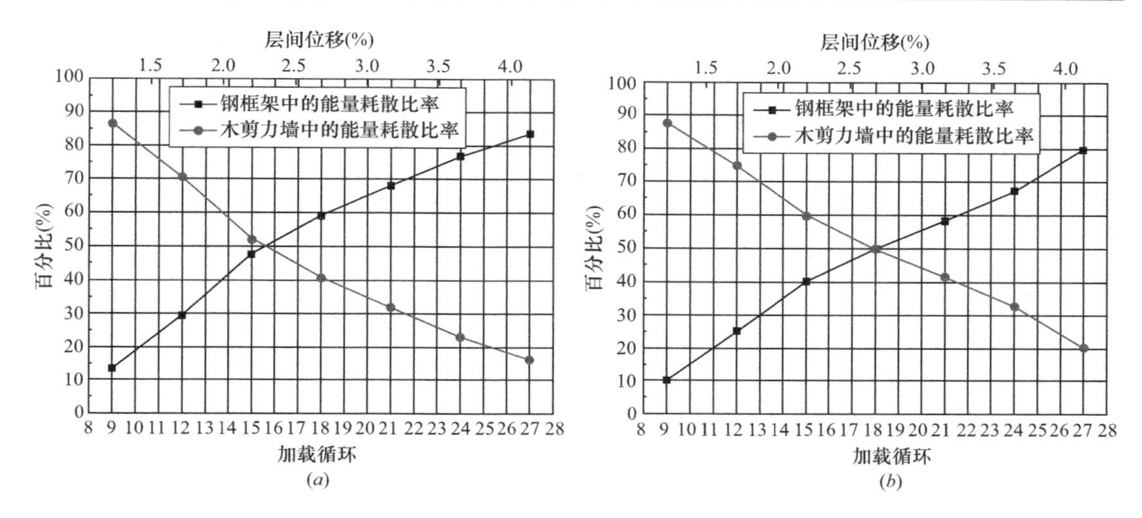

图 7-12　钢框架和木剪力墙在钢木混合体系中的耗能比率
（a）试件 A；（b）试件 B

具有明显的刚度退化现象，其退化程度由快而慢，刚度退化主要发生在 0.3Δ_m 以内的加载循环。相同荷载循环下，双面覆板钢木混合抗侧力体系的刚度约为单面覆板钢木混合抗侧力体系的两倍。

（4）钢木混合抗侧力体系的黏滞阻尼系数在 0.07～0.2 之间，在同级位移下的三次加载循环中，第三次循环的结构黏滞阻尼系数＜第二次循环的黏滞阻尼系数＜第一次循环的黏滞阻尼系数，与试验中试件的损伤累积以及捏缩现象相对应。

（5）对于单面覆板钢木混合抗侧力体系，其极限承载力、屈服荷载、弹性阶段刚度、延性系数分别在 123.06～126.84kN、103.38～110.55kN、3.50～3.82kN/mm 和 2.66～3.73 之间；对于双面覆板钢木混合抗侧力体系，其极限承载力、屈服荷载、弹性阶段刚度、延性系数分别在 157.01～179.38kN、143.26～160.10kN、5.08～6.03kN/mm 和 3.49～3.98 之间。

（6）钢、木协同工作方面，侧向力在钢框架和木剪力墙中的分配具有一定的规律：在结构承担侧向荷载的初始阶段（侧移 20mm 以内），木剪力墙承担了混合体系的大部分剪力。对于单面覆板的试件 A，该比例为 50%～75%；对于双面覆板的试件 B，该比例为 65%～95%；在试件加载初期，混合体系的耗能主要体现在木剪力墙上，当木剪力墙进入塑性阶段后（加载至 0.5～0.6 倍控制位移后），木剪力墙内的剪力逐渐减小，钢框架则在此时承担了大部分剪力，同时随着钢框架中钢构件的屈服，混合结构体系的耗能也逐渐由钢框架提供。

第二节　有阻尼钢木混合结构框架剪力墙抗侧性能

一、实验目的

单榀混合结构往复加载试验主要基于以下目的：（1）观察结构体系的破坏模式；（2）观察阻尼器对钢木混合结构体系抗侧力性能的影响；（3）观察阻尼器的钢木混合结构体系中

钢结构与木剪力墙所承担剪力的分配情况；（4）分析结构体系的抗力-位移关系，了解其抗侧力性能；（5）考察结构体系中各部件的连接设计是否合理，施工是否方便。

二、试验设计和制作

（一）试件设计

为了达到上述目的，设计了三榀有阻尼器钢木混合框架剪力墙结构试件，分别编号为S1，S2，S3。

三个试件的钢结构部分都采用热轧宽翼缘 H 型钢，钢材选用 Q235 钢。钢柱截面为HW125×125×6.5×9，钢梁截面为 HW100×100×6×8。钢柱脚做法如图 7-13（*a*）所示，设焊接端板，用高强螺栓连接在试验架的底部 H 型钢梁上。S1 试件端板厚度为18mm，S2、S3 试件的端板厚度为 25mm。钢柱与钢梁连接采用工厂全熔透坡口对接焊缝。由于钢结构焊接的质量不容易保证，所以在 S1、S2 梁端设置翼缘削弱，S3 不设置翼缘削弱。翼缘削弱的构造如图 7-13（*b*）所示。梁端采用梁梁等强拼接节点，用 10.9 级高强螺栓 M10 拼接。

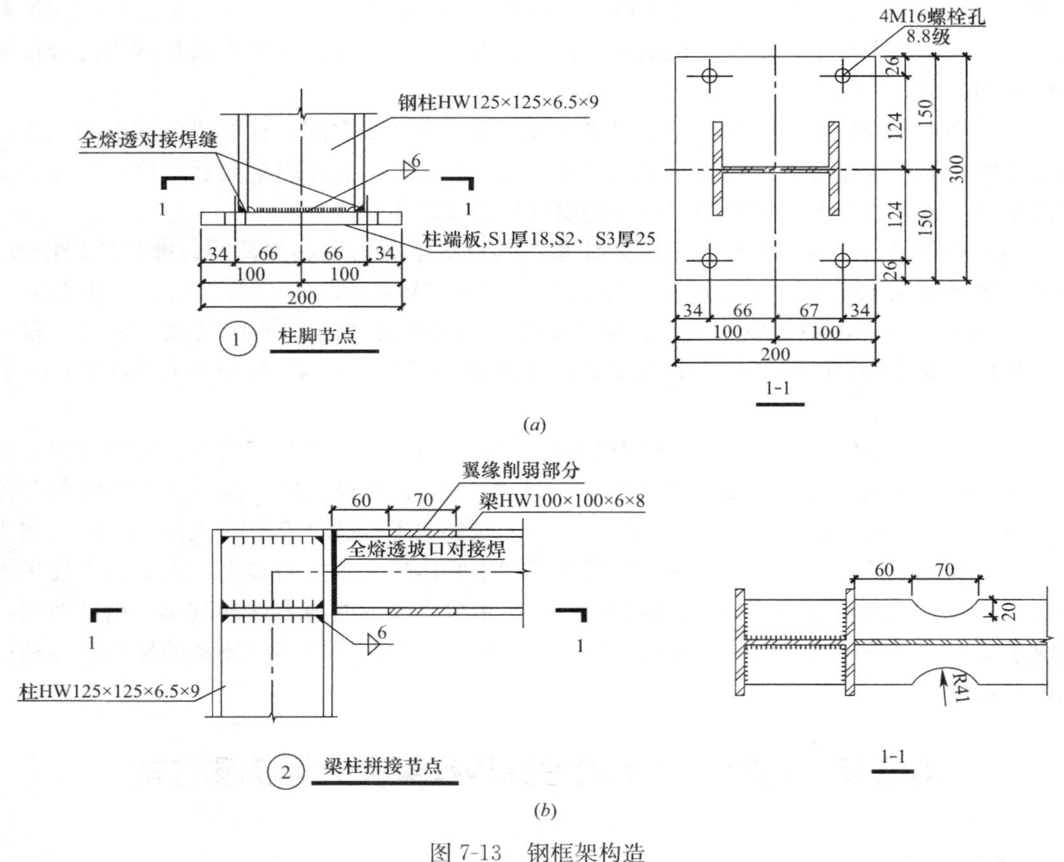

图 7-13 钢框架构造

（*a*）钢柱脚；（*b*）梁端翼缘削弱

三个试件的木结构框架都采用进口Ⅲ。级 SPF 规格材，含水率 20.3%，截面尺寸为38mm×89mm，沿墙体长度方向中心距 406mm。墙体端部端墙骨柱由两根规格材构成。

用直径 3.3mm，长度 82.5mm 的气枪钉连为一体。底梁板采用单层，顶梁板对于 S1 试件为双层，对 S2 和 S3 试件，在双层顶梁板的基础上在框架内部再加一层抗剪连接块。木框架中的规格材之间采用直径 3.3mm，长度 82.5mm 国产气枪钉连接。S1 试件的木框架构造如图 7-14（a）所示，S2 试件的木框架构造如图 7-14（b）所示。

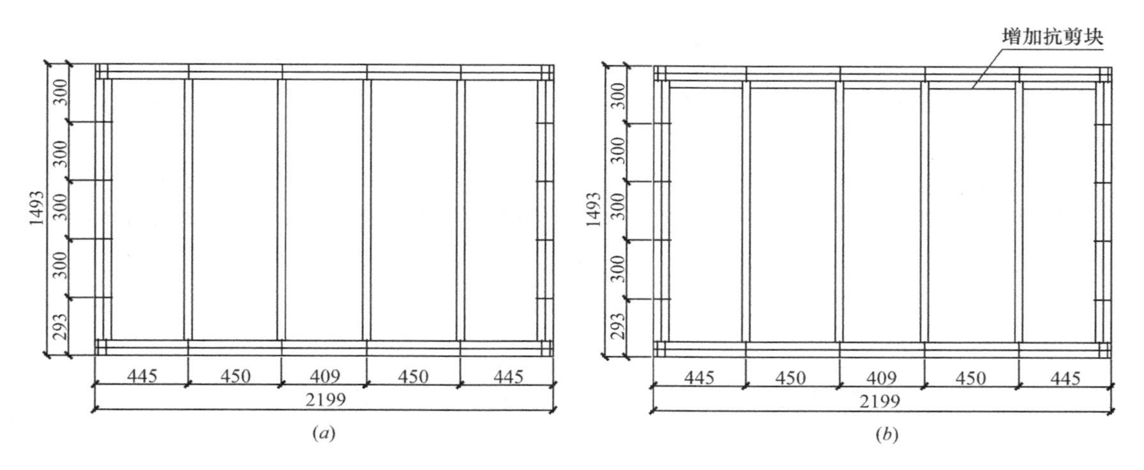

图 7-14　木剪力墙框架做法

（a）S1 试件；（b）S2、S3 试件

木剪力墙的覆面板采用 9.5mm 厚进口 OSB 板，裁为单块尺寸 1.22m×2.44m，竖向拼接。拼接采用直径 2.8mm，长度 62mm 的国产气枪钉。钉间距为外侧 100mm，内侧 200mm。

对于木剪力墙与底座的连接，三个试件均采用角形连接件连接。连接件如图 7-15 所示。连接件用高强螺栓与底座连接，用自攻螺钉与木剪力墙的底梁板连接。

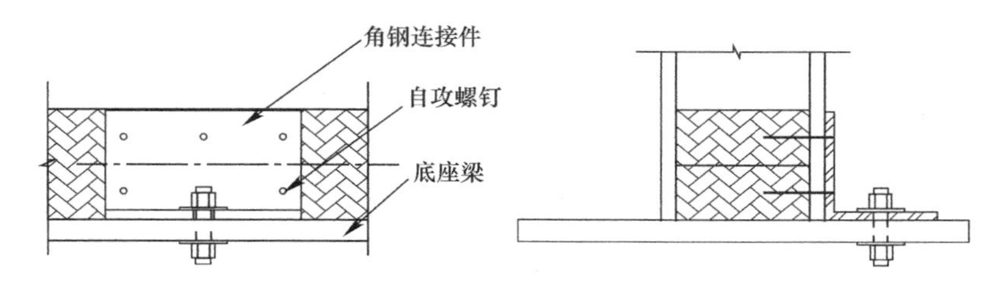

图 7-15　木剪力墙与底座连接

对于阻尼器，每面剪力墙都用两个阻尼器连接，每个阻尼器上按第 3 章试验的结论，设置 30×70×5 的 NF780 摩擦片 4 个，用一个 8.8 级 M16 螺栓施加预压力。但是三个试件的阻尼器各有不同。不同之处体现在以下几个方面。

（1）阻尼器与墙的连接方式不同。尝试两种连接方式：S1 试件的阻尼器内板使用自攻螺钉与剪力墙的顶梁板连接，与覆面板没有连接。S2 试件和 S3 试件的阻尼器内板与一个槽形钢连接，套在木剪力墙顶部，用自攻螺钉在剪力墙的侧面连接。自攻螺钉既穿过剪力墙的覆面板，又穿过顶梁板。为了保证连接可靠，还在双层顶梁板内部增加了抗剪块。

（2）阻尼器与墙的连接位置不同。对于 S1 试件，阻尼器的位置更靠近剪力墙中部，对于 S2、S3 试件，阻尼器的位置更靠近剪力墙端部。

(3) 阻尼器椭圆孔的开孔长度不同。S1、S2、S3 试件的开孔长度依次减小。这是为了研究不同的开孔长度对木剪力墙性能发挥的影响大小。S1 试件阻尼器开孔长度为 115mm，S2 试件为 62mm，S3 试件为 46mm。

(4) 阻尼器螺栓施加的紧固力矩不同。对于 S1、S2 试件，紧固力矩取为 184N·m；对于 S3 试件为 160N·m。

(5) S2、S3 试件为了对比有阻尼器和没有阻尼器的差别，在阻尼器上另设置了两个固定螺栓。当使用固定螺栓时，阻尼器没有滑动能力，相当于普通的钢木连接节点。当拆除固定螺栓时，阻尼器可以正常发挥作用。S1 试件未设固定螺栓孔。

阻尼器连接的具体方式如图 7-16 (*a*)、(*b*) 所示。图 7-16 (*a*)、(*b*) 所示为三个试件阻尼器连接板的连接方式。其中 S1 试件的阻尼器只与顶梁板从顶部相连，S2、S3 试件的阻尼器与覆面板和顶梁板从侧面相连。图 7-16 (*c*) 为固定螺栓孔的设置方法。

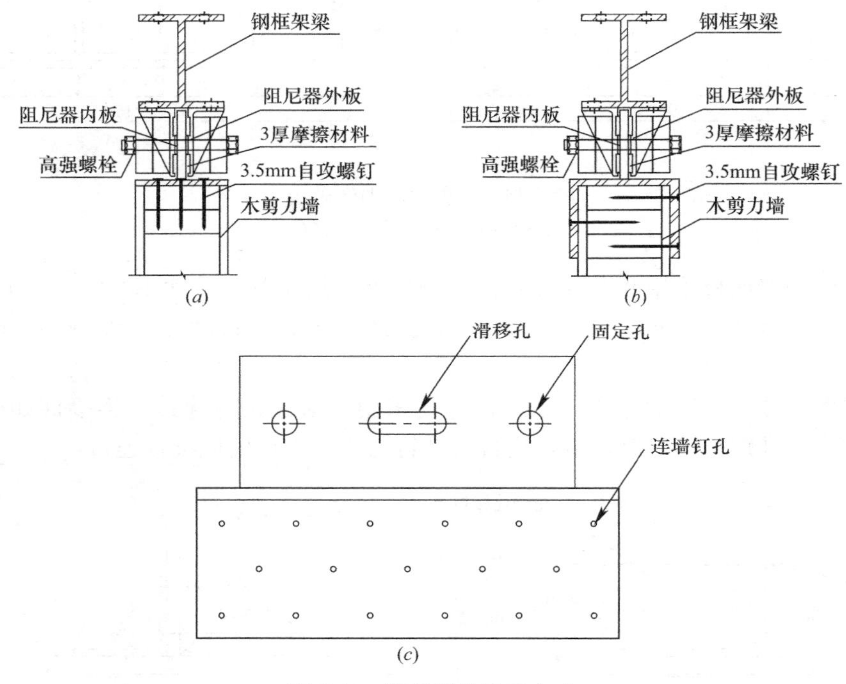

图 7-16　阻尼器的连接方式

(*a*) S1 试件阻尼器的连接方法；(*b*) S2、S3 试件阻尼器的连接方法；(*c*) 阻尼器的固定螺栓孔

下面将三个试件的区别总结列于表 7-7 中。

三个单榀试件的区别　　表 7-7

试件	S1	S2	S3
柱脚端板厚度	18mm	25mm	25mm
梁端翼缘削弱	有削弱	有削弱	无削弱
翼缘削弱中点与柱轴线距离	157.5mm	157.5mm	无
拼接节点与柱轴线距离	522.5mm	340.5mm	340.5mm
阻尼器中心与柱轴线距离	812.5mm	630.5mm	630.5mm
阻尼器与墙自攻螺钉连接位置	墙顶	墙侧	墙侧

续表

试件	S1	S2	S3
木框架顶部抗剪木块	未设置	设置	设置
阻尼器内板椭圆孔长度	115mm	62mm	46mm
阻尼器上螺栓扭矩	184N·m	184N·m	160N·m
紧固螺栓孔	未设置	设置	设置

（二）试验装置与加载制度

本试验在同济大学木结构试验室进行，加载装置采用同济大学木结构实验室双通道电液伺服加载系统，水平作动器加载头变形范围为±250mm，能够施加的最大荷载为±300kN。作动器装有力和位移的传感装置，此处采集的加载力即作为试验力，试验位移通过位移计测量。

由于试验加载反力架较小，没有适宜的固定钢柱和木剪力墙的位置，所以用一个截面为 HW300×300×10×15 的梁固定在试验反力架的底梁上，作为单榀框架试件的底座。

试验加载头的做法如图 7-17 所示。在柱的加载端开四个螺栓孔，与加载头采用螺栓连接。作动器端部有可自由转动的铰链，可以释放加载头部位的弯矩。

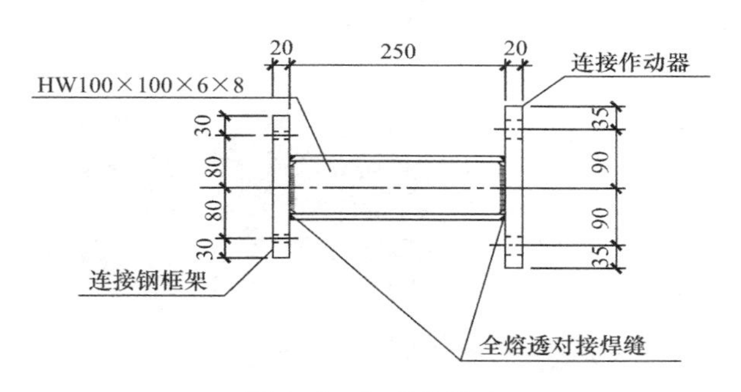

图 7-17　加载头做法

木剪力墙往复加载试验采用的是国际化标准协会的 ISO 16670 位移控制加载程序。单向荷载试验确定的极限位移值为控制位移，第一阶段采用控制位移值的 1.25%，2.5%，5%，7.5%和 10%三角形波依次进行一个循环。而后第二阶段采用控制位移值的 20%，40%，60%，80%，100%和 120%三角形波依次进行三个循环，终止试验。

在试验开始之前，为了获得钢框架的刚度，先断开木剪力墙与钢框架的连接，用作动器对墙框架进行 5mm 位移的加载，得到钢框架的初始刚度。

本试验中对木剪力墙及钢框架顶部的位移进行了采集，还在钢框架上布置了应片测点。

位移的采集利用两个±100mm 拉线式位移计，一个用于采集在钢梁的轴线端部最外端的位移数值。另一个采集木剪力墙顶梁板端部的位移。

应变测点主要在柱端、梁端、阻尼器两侧布置。对于柱端测点，布置在柱顶和柱底距离端部 50mm 位置的截面上。每个截面在柱两个翼缘的外侧两端和中间共布置 6 个应变片。对于梁端测点，布置在梁端距离端部 50mm 的位置截面上，每个截面在梁两个翼缘的外侧两端布置共 4 个应变片。在阻尼器两侧布置应变片是为了采集阻尼器两侧的轴力，通过轴力的大小推出阻尼器中受力的大小。因此在阻尼器两侧距离阻尼器 50mm 处的两个截面上布置应变片，每个截面的布置方法与梁端相同，共 4 个应变片。

位移和应变的数据采用东华 DH3821 采集箱获得。采样频率为 2Hz。

三、破坏现象及结果分析

（一）破坏现象

S1 试件加载后一段时间内，承载力稳步上升。随着荷载的增大，达到阻尼器的激发力后，阻尼器开始滑动（见图 7-18*a*、*b*），并开始逐渐带动剪力墙，使剪力墙面板发生错动。随着阻尼器滑移量不断增加，阻尼器最终锁死，带动剪力墙运动。剪力墙顶梁板侧向突出墙面板外（见图 7-18*c*），并带有劈裂声。剪力墙覆面板些许钉内陷，角部被挤坏（见图 7-18*d*），且破坏程度较小。最终梁端翼缘削弱节点屈服并断裂（见图 7-18*e*）。此时剪力墙主体完好，大部分的钉子还未脱出或剪断。

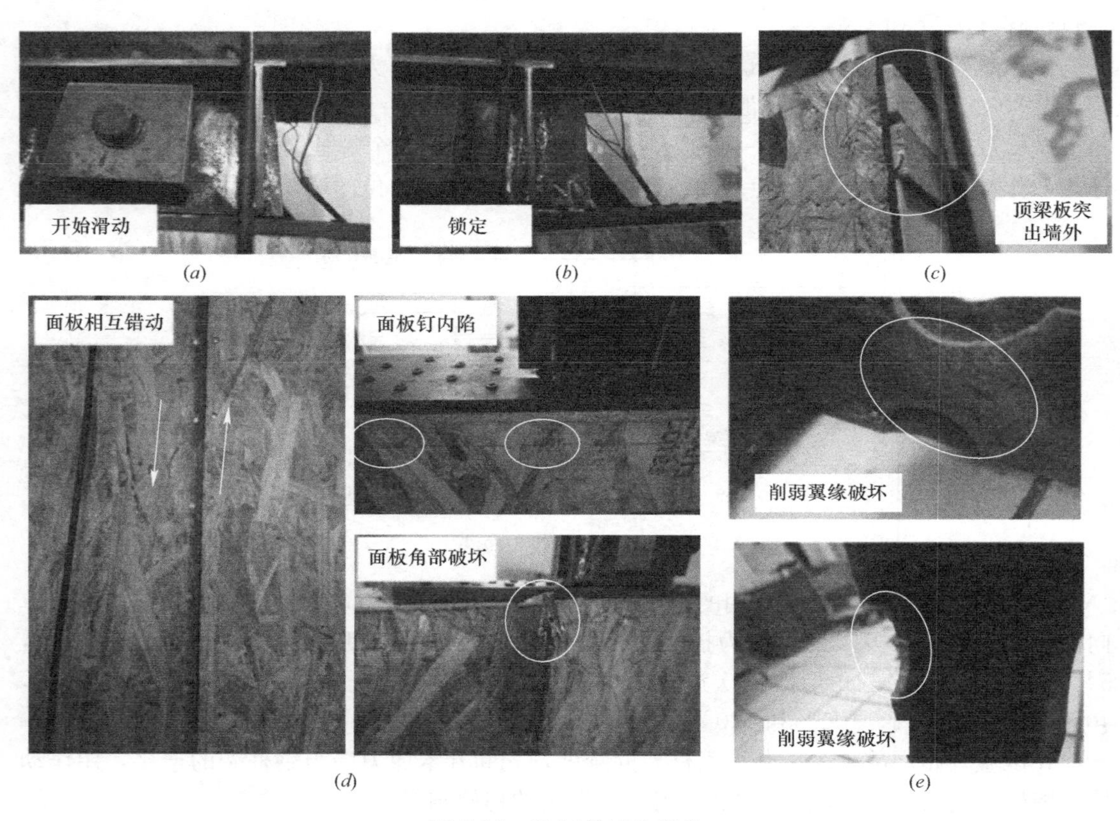

图 7-18　S1 试件试验现象

（*a*）阻尼器激活时；（*b*）阻尼器锁定；（*c*）顶梁板突出墙外；（*d*）木剪力墙的破坏；（*e*）梁端翼缘削弱节点破坏

从试验现象上看，由于阻尼器与顶梁板连接，未与覆面板相连，顶梁板与覆面板、墙骨之间的连接强度不足，导致顶梁板整体脱出。最终梁端削弱翼缘发生破坏，与加工时存在缺陷，以及框架梁拼接部分无法完全对正，造成有一定的平面外弯矩有关。最终木剪力墙的破坏较小，其承载能力没有充分发挥，这是由于阻尼器椭圆孔设置得较长，使木剪力墙在侧向位移很大的时候才能发挥性能。

S2 试件在加载后一段时间内，承载力稳步上升。随着荷载的增大，阻尼器激活，开始滑动（见图 7-19*a*、*b*），并开始逐渐带动剪力墙，使得剪力墙面板发生错动（见图 7-19*c*、*d*）。

随着阻尼器滑移量不断增加，阻尼器最终锁定，带动剪力墙运动。最终观察到底部角钢连接和阻尼器墙体连接处钉子部分被剪断（见图 7-19*e*、*f*）。

图 7-19　S2 试件试验现象

（*a*）阻尼器滑动前；（*b*）阻尼器滑动后；（*c*）覆面板错动前；（*d*）覆面板错动后；（*e*）底部自攻螺钉剪断；（*f*）阻尼器连墙自攻螺钉剪断

从试验现象中可以看出，S2 试件没有发生顶梁板突出的情况，在加载后期剪力墙的承载力得到了一定的发挥，梁端翼缘削弱节点也没有发生断裂，说明对 S1 试件的改进是有效的。

S3 试件与 S2 试件的主要区别在于是否有梁端翼缘削弱节点以及阻尼器椭圆孔的长度。实现现象与 S2 试件类似。阻尼器锁定得更早，致使剪力墙比 S2 试件更早地发挥了承载能力。

（二）荷载-位移曲线

S1、S2 和 S3 三个试件的荷载-位移曲线如图 7-20 所示，其中荷载为助动器力传感器的读数，位移为钢框架加载点的位移。

对比三个试件的荷载-位移曲线，可以得出以下结论。

（1）S1、S2、S3 试件的荷载-位移曲线类似，从图中可以看出明显的滞回耗能特性。在阻尼器滑动阶段，刚度为一个较小值。其中 S1 的滞回曲线最为饱满，S2、S3 次之。其主要原因是 S2 和 S3 的连接的刚度不如 S1，导致卸载刚度偏小。

（2）通过控制阻尼器上螺栓的扭矩，可以控制阻尼器激发力大小。S1 和 S2 采用的扭矩相同，其激发力的大小也基本相同。S3 采用的扭矩较小，其激发力也较小。

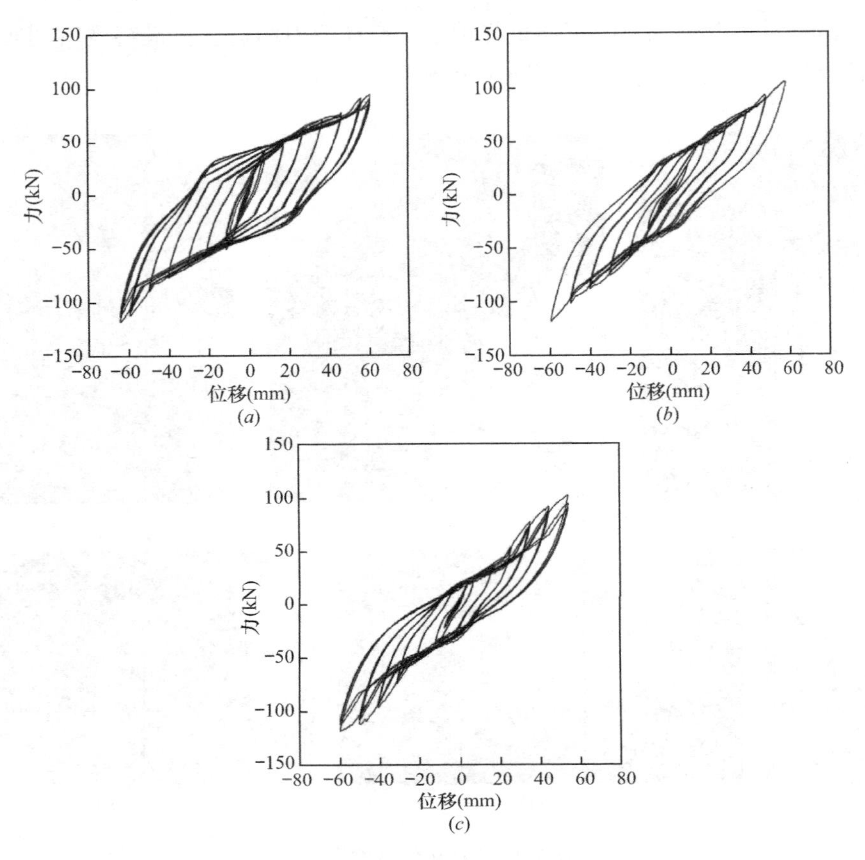

图 7-20 三个试件的荷载-位移曲线

(a) S1 试件；(b) S2 试件；(c) S3 试件

(3) 阻尼器椭圆孔的长度对木剪力墙承载力的发挥有很大影响。与 S1 试件相比，由于 S2 试件减小了椭圆孔的长度，阻尼器锁定时的位移减小，木剪力墙发挥锁定后承载能力的时间更早，得到最终的承载力更大。类似地，S3 比 S2 的承载力也更大。

图 7-21 锁定阻尼器的方法

(三) 初始刚度

三个试件在加载之前，都通过断开剪力墙的方法测试了空框架的初始刚度。对于 S2 和 S3 试件，还通过用螺栓锁定阻尼器的方法测试了钢木无阻尼器连接的初始刚度。锁定阻尼器的方法如图 7-21 所示。测试的结果如表 7-8 所示。

初始刚度试验结果 表 7-8

试件名	空框架抗侧刚度 (kN/mm)	安装木剪力墙后的抗侧刚度 (kN/mm)	框架与木剪力墙刚度比	安装木剪力墙后刚度增长百分比 (%)
S1	1.402	4.320	0.32	208.1

续表

试件名	空框架抗侧刚度（kN/mm）	安装木剪力墙后的抗侧刚度（kN/mm）	框架与木剪力墙刚度比	安装木剪力墙后刚度增长百分比（%）
S2（带阻尼器）	1.745	3.370	0.52	93.1
S2（锁定阻尼器）	1.745	4.064	0.43	132.9
S3（带阻尼器）	1.422	3.400	0.42	139.1
S3（不带阻尼器）	1.422	3.659	0.39	157.3

从表 7-8 中可以看出，S1 的初始刚度比 S2 和 S3 大，主要是由于改变了钢木连接件。由于 S2 和 S3 的自攻螺钉先与覆面板相连，再与墙的顶梁板连接，会对初始刚度有一定的影响。三个空框架的刚度与按结构力学柱脚刚接模型计算的刚度相比偏小，是因为无加劲肋的柱脚刚度难以达到刚接，加大端板厚度会对柱脚刚度有一定的提升，但是效果不是特别明显，所以在计算和分析中柱脚应该按半刚接考虑。

（四）剪力分配

通过应变片可以测得钢框架部分的剪力，通过助动器的读数可以得到结构整体所受的剪力。由此可以得出钢框架与木剪力墙-阻尼器体系的剪力分配。如图 7-22 所示。

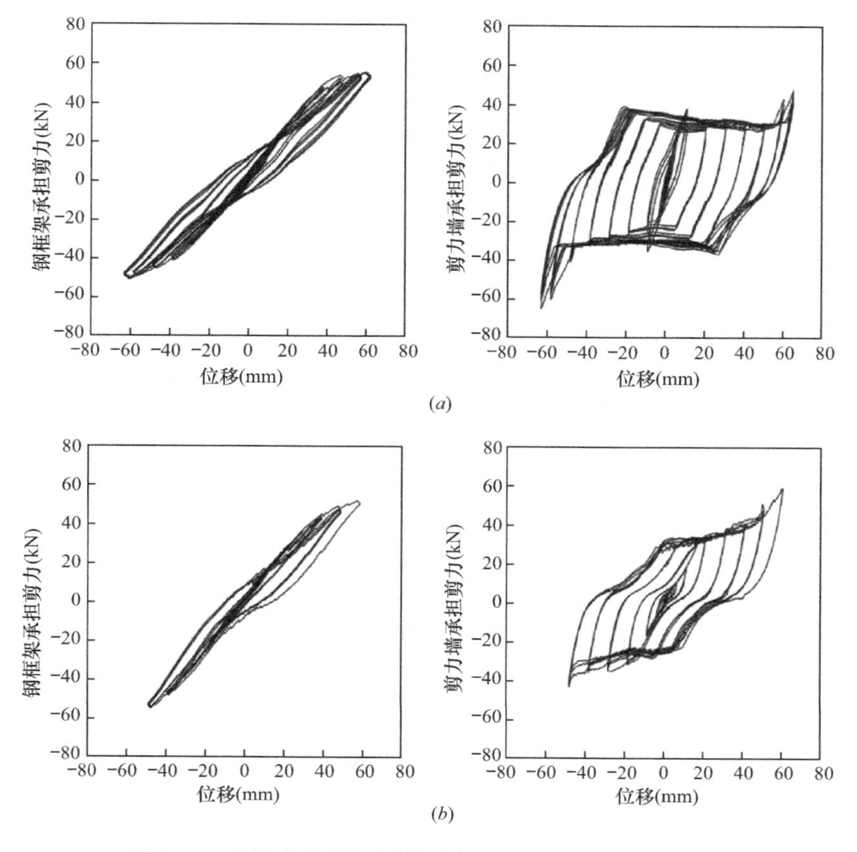

图 7-22　木剪力墙-阻尼器体系与钢框架的剪力分配（一）

（*a*）S1 试件；（*b*）S2 试件

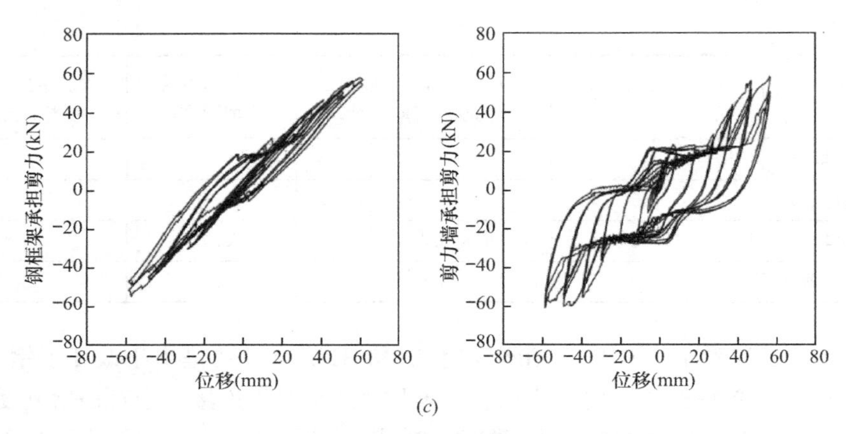

图 7-22　木剪力墙-阻尼器体系与钢框架的剪力分配（二）

（c）S3 试件

从图 7-23 中可以看出，使用的测试方法可以较好地获取钢框架与木剪力墙中的剪力分配。将钢框架与木剪力墙的剪力分配状况提取出来，与助动器总路程的关系如图 7-23 所示。

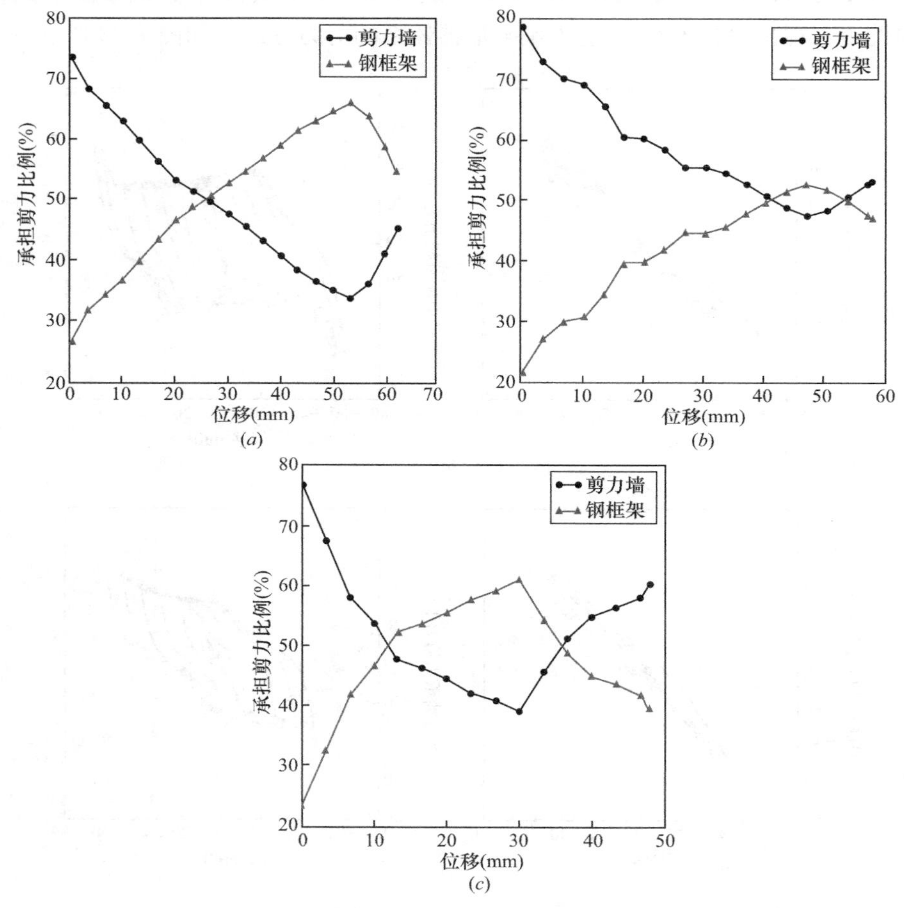

图 7-23　剪力分配与总路程的关系

（a）S1 试件；（b）S2 试件；（c）S3 试件

从图 7-22 和图 7-23 中可以得出以下结论。

(1) 三个试件的剪力墙-阻尼器体系的剪力-位移关系呈现出明显的有阻尼器结构的特点。S1 试件和 S2 试件的阻尼器螺栓的紧固力矩相同，阻尼器的激发力也相同，均为 30kN，比阻尼器试验中所得到的 42kN 约小 28%。其原因是阻尼器安装在结构中，内外钢板受到了其他约束，摩擦面的贴合程度比上一章试验中低。S3 试件的阻尼器激发力约为 22kN，比预计的 34kN 约小 35%。

(2) 剪力墙在阻尼器锁定后都能继续发挥作用，只是发挥的时间由于阻尼器椭圆孔长度的不同而不同。

(3) 三个试件中，钢框架中所产生的塑性均比较小，梁端翼缘削弱对钢框架的影响较小。

(4) 加载初期剪力墙所分担的剪力较大，随着加载的进行这一比例越来越小，直到阻尼器锁定时，木剪力墙所分担的剪力开始增加。

第三节　四层钢木混合结构振动台试验

一、试验目的

通过模拟地震振动台模型试验，研究钢木混合结构在地震激励下的结构响应和动力特性，考察钢木混合结构模型在多遇、设防、罕遇等不同水准地震作用下的位移及加速度反应，得到混合结构的破坏模式和失效机理。

二、试验设计和制作

(一) 试件设计

振动台试验的原型结构为国内常见的多层办公楼，结构形式为钢木混合结构体系。由于试验条件的限制，无法直接进行足尺结构的加载，需要对原型结构进行缩尺设计，以满足振动台加载能力的要求。选取长度相似系数 $S_l=2/3$，加速度相似系数 $S_a=2.0$，弹性模量相似系数 $S_E=1.0$。根据相似准则，可以得到各个物理量的相似关系，如表 7-9 所示。

振动台模型结构相似关系　　表 7-9

参数	相似关系	相似系数	参数	相似关系	相似系数
长度	S_l	0.6667	力	$S_F=S_\sigma \cdot S_l^2$	0.4444
线位移	$S_\delta=S_l$	0.6667	线荷载	$S_q=S_\sigma \cdot S_l$	0.6667
角位移	$S_\varphi=S_\sigma/S_E$	1.0000	面荷载	$S_p=S_\sigma$	1.0000
应变	$S_\varepsilon=S_\sigma/S_E$	1.0000	弯矩	$S_M=S_\sigma \cdot S_l^3$	0.2963
弹性模量	$S_E=S_\sigma$	1.0000	阻尼	$S_c=S_\sigma \cdot S_l^{1.5} \cdot S_a^{-0.5}$	0.3849
应力	S_σ	1.0000	周期	$S_T=S_l^{0.5} \cdot S_a^{-0.5}$	0.5774
泊松比	S_υ	1.0000	频率	$S_f=S_l^{-0.5} \cdot S_a^{0.5}$	1.7321
密度	$S_\rho=S_\sigma/(S_a \cdot S_l)$	0.7500	速度	$S_v=(S_l \cdot S_a)^{0.5}$	1.1547
质量	$S_m=S_\sigma \cdot S_l^2/S_a$	0.2222	加速度	S_a	2.0000
力	$S_F=S_\sigma \cdot S_l^2$	0.4444			

试件平面轴线尺寸为 8.00m×3.75m，层高 2.20m，共计四层，总高 8.80m。模型结构底部通过延伸架固定于振动台台座。结构基本骨架为钢框架，在两侧房间的四周布置轻木剪力墙，其中位于①、④轴的墙体开有窗洞，②、③轴的墙体开有门洞，其余木剪力墙不设洞口。钢框架和轻木剪力墙之间设置连接件，连接件与钢框架通过螺栓连接，与木剪力墙通过自攻螺钉连接。模型结构如图 7-24 所示。

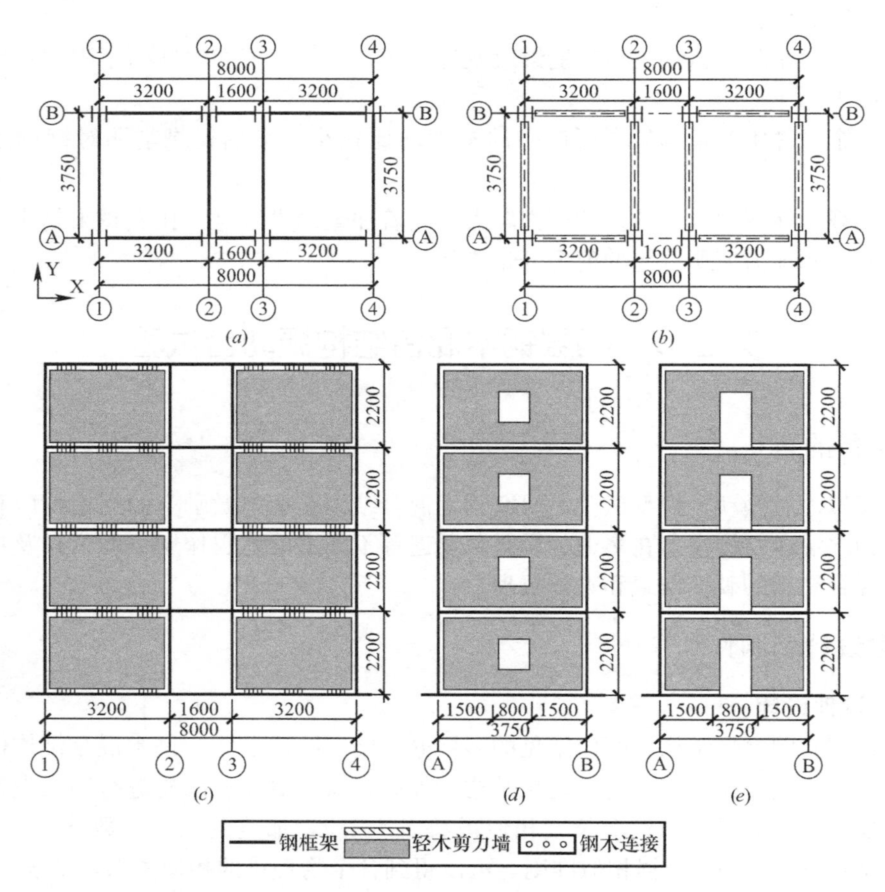

图 7-24　试验模型试件图

(*a*) 梁柱布置图；(*b*) 剪力墙布置图；(*c*) 立面图（轴线Ⓐ和Ⓑ）；
(*d*) 立面图（轴线①和④）；(*e*) 立面图（轴线②和③）

模型结构中钢框架采用热轧 H 型钢，截面尺寸如表 7-10 所列，钢材型号为 Q235B。按照规范《金属材料拉伸试验第一部分：室温试验方法》，对同批次钢材取样并进行材性试验。根据 8 个试件材性试验的结果，钢材平均弹性模量 $E=199.49\mathrm{kN/mm^2}$。

钢框架截面　　　**表 7-10**

楼层	构件	方向	截面
1-3	柱	—	HW150×150×7×10
	梁	X	HW125×125×6.5×9
		Y	HW125×125×6.5×9

续表

楼层	构件	方向	截面
4	柱	—	HW125×125×6.5×9
	梁	X	HW125×125×6.5×9
		Y	HW100×100×6×8

试验模型结构采用的木结构规格材为《加拿大木材分级规范》中的 No.2 级 SPF 规格材，现场测得 SPF 规格材含水率为 13%～17%。轻木剪力墙由 SPF 规格材组成的木框架和覆于墙面的定向刨花板（OSB 板）构成。剪力墙所用 SPF 规格材截面尺寸为 38mm×89mm，X 方向的剪力墙墙骨柱间距为 406mm，Y 方向剪力墙墙骨柱间距为 305mm；覆面板采用定向刨花板（OSB 板），板厚 12mm。在确定轻木剪力墙尺寸时，需要考虑与周边钢框架之间的间隙。为了确保轻木剪力墙能够方便安装，剪力墙左右侧与钢框架柱外包边界线距离为 40mm。

通常轻木剪力墙每块覆面板边缘钉间距是中间钉间距的一半。钉间距越密集，剪力墙刚度越大。根据覆板情况，剪力墙可分为单侧覆板和双侧覆板，双侧覆板剪力墙的刚度和承载力近似为单侧覆板剪力墙的两倍。根据模型结构设计时的刚度要求，确定轻木剪力墙的覆板情况和钉间距，具体参数如表 7-11 所示。

轻木剪力墙钉间距　　表 7-11

墙体轴线方向	楼层	覆面板	钉间距（mm）	
			边缘钉间距	中间钉间距
X	4	外侧覆板	125	250
	3	双面覆板	150	300
	2	双面覆板	200/100*	200
	1	双面覆板	150/75*	150
Y	4	双面覆板	150	300
	3	双面覆板	100	200
	2	双面覆板	75	150
	1	双面覆板	75	150

注：模型结构 1-2 层轻木剪力墙在试验中加密钉间距，“/”前为加密之前的钉间距，“/”后为加密后的钉间距。

轻木楼面板由搁栅、横撑和覆面板组成。与轻木剪力墙类似的，轻木楼面板同样采用 No.2 级 SPF 规格材。楼面板规格材截面尺寸为 38mm×184mm，搁栅间距 305mm；覆面板采用 15mm 厚 OSB 板。所有楼面的边缘钉间距为 75mm，中间钉间距为 150mm。

根据我国《建筑抗震设计规范》，“建筑重力荷载代表值应取结构和构配件自重标准值和各可变荷载组合值之和”，其中恒荷载组合值系数为 1.0，楼面均布活荷载组合值为 0.5。通过上述计算，得到理论上原型结构各层的质量后，根据相似准则，可以计算模型质量。统计模型结构所有构件实际质量，可得结构构件质量。计算附加质量由模型质量扣除结构构件质量而得。依照振动台实验室提供的质量块的规格，选取尽可能接近计算附加质量的质量块，最终统计得到实际附加质量，1～3 层附加质量为 7.955t，4 层附加质量为 5.115t。

（二）地震波与试验工况

试验中采用的地震波如下：

（1）汶川波：中国地震记录，2008年5月12日。

（2）Canterbury 波：新西兰地震记录，2011年6月13日。

（3）El-centro 波：美国地震记录，1940年5月18日。

（4）Kobe 波：日本地震记录，1995年1月17日。

由于本试验为缩尺试验，需要对地震波进行调整。根据相似准则，地震波时间调整系数 $S_t=0.5774$。根据《建筑抗震设计规范》，抗震设防烈度为8度时，多遇地震、设防地震和罕遇地震加速度最大值分别为 $0.07g$、$0.20g$ 和 $0.40g$，同时考虑加速度放大系数 $S_a=2$，因此对于单向地震波，地震加速度最大值分别调整为 $0.14g$、$0.40g$ 和 $0.80g$。对于双向地震波，主方向分量的地震加速度调整与单向地震波相同。在调整双向地震波的次方向分量时，由于《建筑抗震设计规范》规定双向地震主次方向地震波峰值比为1∶0.85，同时考虑在原型结构中，子结构部分X方向的从属面积为Y方向从属面积的两倍，因而，次方向和主方向地震加速度最大值比例为 $0.85\times0.5=0.425$。

为了全面研究钢木混合结构的抗震性能，本次振动台试验分为多个阶段进行。为了研究钢框架和轻木剪力墙在不同的刚度比条件下，钢木混合结构体系抗震性能的表现，阶段1和阶段2采用了不同刚度的轻木剪力墙。在阶段1之后，采用加密模型结构一、二层X向剪力墙钉间距的方法，对剪力墙刚度进行加强。设计试验工况时，在不同水准的地震工况开始和结束时进行白噪声扫频，当地震水准为大震时，在每一条地震波加载完后，进行一次白噪声扫频，以此得到结构动力特征的变化。由于振动台倾覆力矩的限制，大震 $0.80g$Kobe 波未能成功加载，试验中以 Kobe 波（$0.75g$）考察大震 Kobe 波下结构的响应。试验结果中，所有的 Kobe 大震的结果均指 Kobe 波（$0.75g$）时的响应。振动台试验工况见表7-12。

振动台试验工况表 **表7-12**

工况	地震激励	峰值加速度（g）		工况	地震激励	峰值加速度（g）	
		X向	Y向			X向	Y向
1	白噪声	0.07		22	白噪声		0.07
2	白噪声		0.07	23	Wenchuan	0.40	
3	汶川波	0.14		24	Canterbury	0.40	
4	Canterbury	0.14		25	El-Centro	0.40	
5	El Centro	0.14		26	El-Centro	0.40	0.17
6	KOBE	0.14		27	KOBE	0.40	
7	白噪声	0.07		28	KOBE	0.40	0.17
8	汶川波	0.40		29	白噪声	0.07	
9	Canterbury	0.40		30	白噪声		0.07
10	El-Centro	0.40		31	汶川波	0.80	
11	KOBE	0.40		32	白噪声	0.07	
12	白噪声	0.07		33	Canterbury	0.80	
13	白噪声	0.07		34	白噪声	0.07	
14	白噪声		0.07	35	El-Centro	0.80	

续表

工况	地震激励	峰值加速度（g）		工况	地震激励	峰值加速度（g）	
		X向	Y向			X向	Y向
15	汶川波	0.14		36	白噪声	0.07	
16	Canterbury	0.14		37	KOBE	0.80	
17	El-Centro	0.14		38	白噪声	0.07	
18	El-Centro	0.14	0.0595	39	KOBE	0.75	
19	KOBE	0.14		40	白噪声	0.07	
20	KOBE	0.14	0.0595	41	白噪声		0.07
21	白噪声	0.07					

三、破坏现象及结果分析

（一）破坏现象

模型结构在经历了多个水准的地震作用后，主要结构构件没有出现严重损伤，钢框架部分保持完好，轻木剪力墙出现部分钉节点破坏，但没有严重的失效或者破坏，钢木连接也依然保持完好。在小震作用下，模型结构没有出现明显损伤。在剪力墙加强后，模型结构经历中震时，由于部分剪力墙相邻覆面板间隙较小，在振动中出现覆面板角部挤坏的现象，如图7-25（*a*）所示。当模型结构开始经受大震加载时，剪力墙中的钉节点破坏逐渐增多，破坏形式包括钉头的拔出、陷入和钉孔挤坏等，如图7-25（*b*）～（*d*）所示。在各类

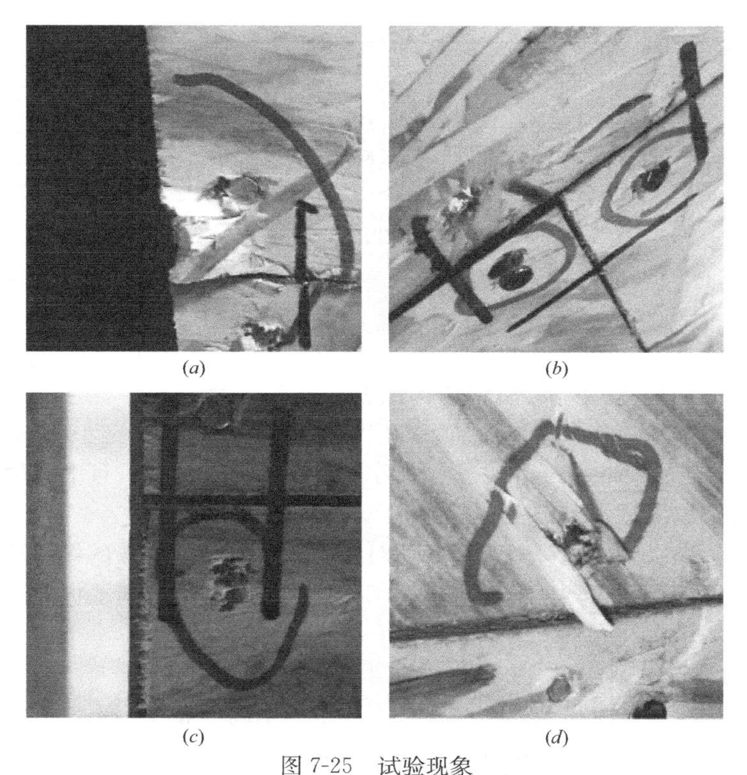

（*a*）　（*b*）　（*c*）　（*d*）

图7-25　试验现象

（*a*）覆面板角部挤坏；（*b*）钉头拔出；（*c*）钉头陷入；（*d*）钉孔挤坏

破坏形式中，以钉头拔出的现象最为多见，钉头拔出长度一般在 2～5mm，最严重的一处钉头拔出长度达 10mm。破坏的钉节点主要位于覆面板的边缘，这些位置在结构振动时的变形较大。从分布上看，钉节点的破坏主要分布于模型结构的第二、三层，试验中这两层相应的层间位移角较大。

（二）结构动力特性

随着地震作用的强度增加，钢木混合结构的自振频率逐渐下降，而阻尼比逐渐增加，结构 X 方向的自振频率和阻尼比的变化如图 7-26 所示。模型结构的自振频率在小、中震下变化较小，而在大震下变化明显。在弱剪力墙工况下，模型结构在经历小、中震后，自振频率由 3.875Hz 下降到 3.719Hz，仅下降了 0.156Hz。之后结构一、二层的墙体由弱剪力墙加强为强剪力墙，在经历小、中震后，自振频率由 3.969Hz 下降到 3.812Hz，仅下降了 0.157Hz。而模型结构在经历大震后，自振频率由 3.812Hz 下降到 3.531Hz，下降达 0.281Hz。值得注意的是，在大震下，自振频率的变化主要出现在 El-Centro 波和 Kobe 波加载之后，说明这两次地震激励造成了模型结构的刚度下降，结构出现了较为明显的损伤。

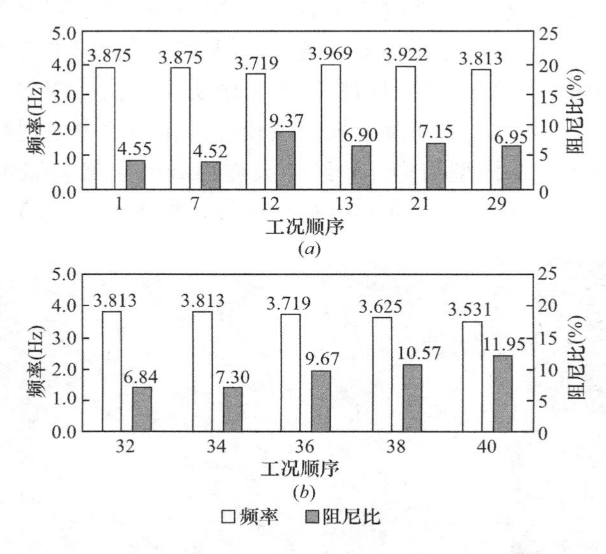

图 7-26 模型结构 X 向自振频率与阻尼比变化

当木剪力墙为弱剪力墙时，模型结构的初始阻尼比为 4.5%，经历中震之后上升为 9.67%。随后模型结构的剪力墙被加强，阻尼比下降为 6.90%，在经历小、中震后，阻尼比仍在 7%左右。当模型结构经历大震激励后，阻尼比逐渐增加，且上升明显。至加载结束时，模型结构阻尼比达到 11.95%。

模型结构一、二层剪力墙钉间距加密。对比工况 12 和工况 13 的结果可知，结构自振频率由 3.719Hz 上升到 3.969Hz，增加了 0.25Hz，结构刚度得到了提高，且高于模型结构初始刚度。

（三）加速度响应

通过加速度传感器可以得到模型结构在不同水准不同地震作用下的加速度响应，该加速度为结构不同层高处的绝对加速度。计算模型结构各层加速度与振动台台面加速度的比值，即可得到各层的加速度放大系数 β。

不同地震下模型结构加速度放大系数随楼层的变化如图 7-27、图 7-28 所示。图 7-27 为单向地震工况的结果。由图可知，虽然 β 随楼层的分布规律因地震波的不同而有所差异，但总体上随楼层的增高而增大。随着地震强度的提高，结构刚度出现下降，加速度放大系数有所降低，但在大震 El-Centro 波和 Kobe 波时，β 与相应的中震工况下相比没有明显变化。试验中，β 的最小值为 0.67，最大值为 3.35。图 7-28 为双向地震工况与对应单向地震波对比结果。在双向地震下，模型结构 X 方向的加速度放大系数与单向地震时的响应差异不大。

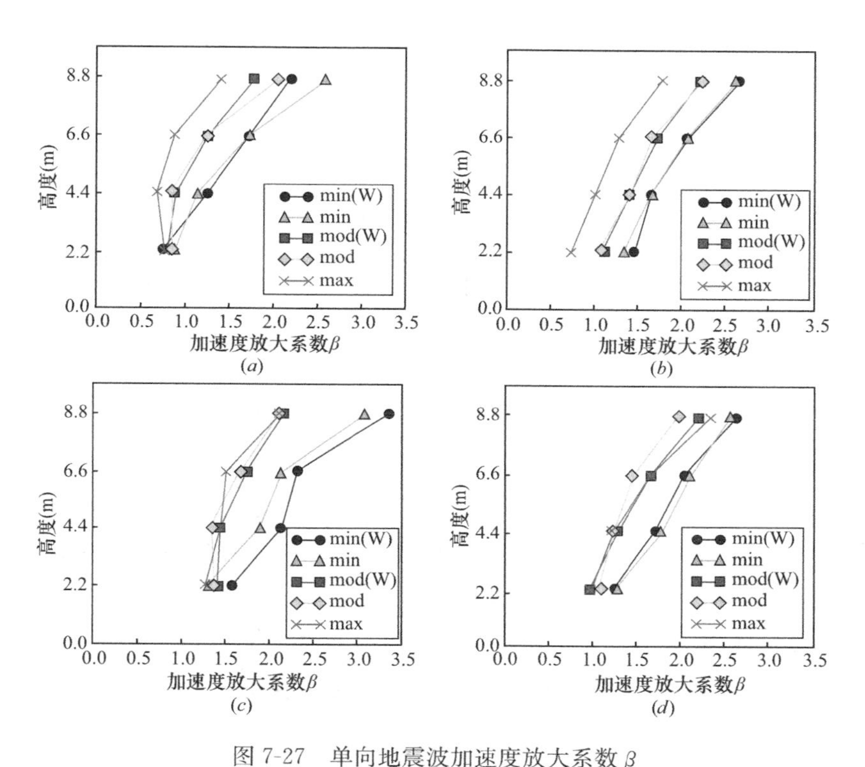

图 7-27　单向地震波加速度放大系数 β

注："(W)"表示木剪力墙为弱剪力墙时的结构响应，未标注的表示木剪力墙为强剪力墙时的结构响应

(*a*) Wenchuan；(*b*) Canterbury；(*c*) El-Centro；(*d*) Kobe

(四) 位移响应

模型结构的位移响应采用拉线位移计测得的数据。结构层间位移角如图 7-29、图 7-30 所示。模型结构在加强之后，层间位移角有所减小。在试验中，模型结构顶部最大位移为 57.13mm，最大层间位移 18.71mm，层间位移角的最大值仅为 0.85%，出现在大震 Kobe 波（0.75*g*），这表明钢木混合结构具有较好的承载能力。在相同地震水准下，El-Centro 波和 Kobe 波的位移响应相对较大。而在结构各个楼层中，最大层间位移角一般出现在第二层。整体而言，结构上部楼层的层间位移角比下部楼层更小，结构整体的变形以剪切型为主。图 7-30 为双向地震工况的结果。由于模型结构的质量分布和结构布置较为对称，在双向地震下，模型结构 X 方向的位移响应与单向地震时没有明显差异。

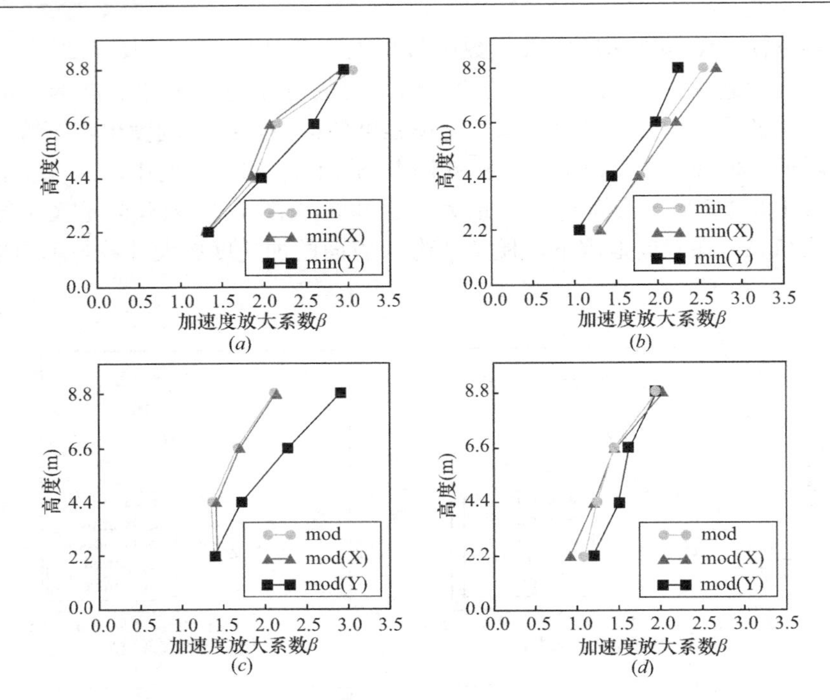

图 7-28 双向地震波与对应单向地震波加速度放大系数 β 对比

注："(X)"和"(Y)"分别表示双向地震波工况下，模型结构 X 和 Y 方向的结构响应，未标注的表示相同地震水准时单向地震波工况下的结构响应。

(*a*) El-Centro 小震；(*b*) Kobe 小震；(*c*) El-Centro 中震；(*d*) Kobe 中震

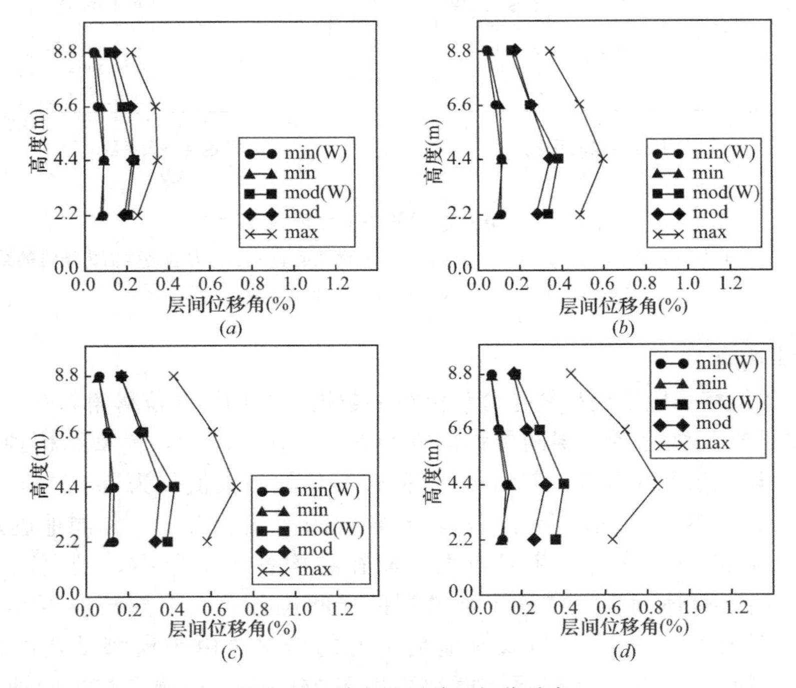

图 7-29 单向地震波层间位移角

注："(W)"表示木剪力墙为弱剪力墙时的结构响应，未标注的表示木剪力墙为强剪力墙时的结构响应。

(*a*) Wenchuan；(*b*) Canterbury；(*c*) El-Centro；(*d*) Kobe

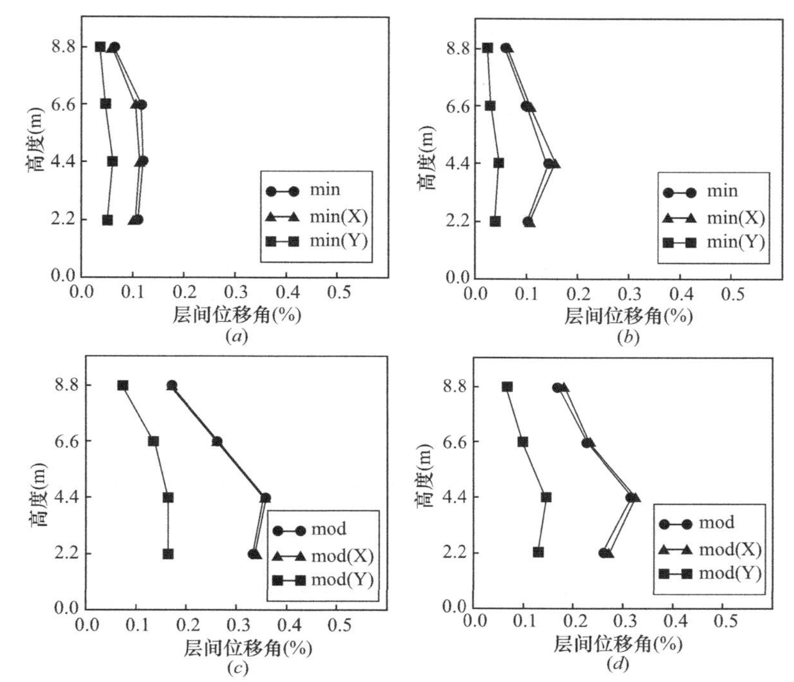

(a)　(b)　(c)　(d)

图 7-30　双向地震波与对应单向地震波层间位移角对比

注："(X)"和"(Y)"分别表示双向地震波工况下，模型结构 X 和 Y 方向的结构响应，

未标注的表示相同地震水准时单向地震波工况下的结构响应。

(a) El-Centro 小震；(b) Kobe 小震；(c) El-Centro 中震；(d) Kobe 中震

(五) 楼层剪力

在得知了结构各层加速度响应之后，结合模型结构各层的质量，可以得到模型结构各层的惯性力。将各层惯性力由上至下逐层叠加，便可得到模型结构的楼层剪力。图 7-31、图 7-32 给出各个地震工况下模型结构楼层剪力的分布。

总体而言，对于同一阶段同一水准的不同地震工况下，Wenchuan 波时模型结构楼层剪力较小，而 El-Centro 波的楼层剪力较大，Canterbury 波和 Kobe 波介于两者之间。楼层剪力最大响应出现在 Kobe 大震（0.75g）时。模型结构楼层剪力由上至下逐层叠加，剪力在三层和四层增加较快，在一层和二层增加较慢。

(六) 剪力分配

为了比较在不同地震作用下木剪力墙中剪力的情况，采用峰值剪力比来描述剪力墙承担的剪力占地震总剪力的比例大小。以结构第 k 层为例，分别计算该层地震剪力达到正向和负向峰值时，轻木剪力墙承担的剪力占地震总剪力的大小，并取平均值，即可得到峰值剪力比 R，计算公式为：

$$R=(R^{+}+R^{-})/2 \tag{7-5}$$

$$R^{+}=\sum Q_{k}^{w,peak+}/Q_{k}^{peak+}\times 100\% \tag{7-6}$$

$$R^{-}=\left|\sum Q_{k}^{w,peak-}\right|/\left|Q_{k}^{peak-}\right|\times 100\% \tag{7-7}$$

式中　R^{+}，R^{-}——分别为正向和负向峰值剪力比；

$\sum Q_{k}^{w,peak+}$，$\sum Q_{k}^{w,peak-}$——分别为第 k 层达到正向和负向峰值时剪力墙承担的剪力；

Q_{k}^{peak+} 和 Q_{k}^{peak-}——分别为第 k 层达到正向和负向峰值时的地震总剪力。

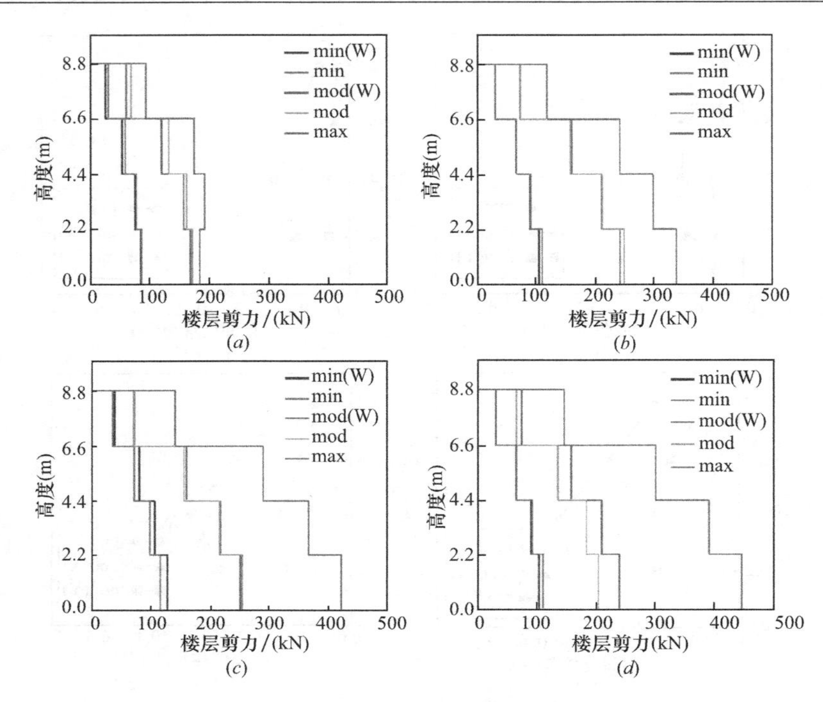

图 7-31 单向地震波楼层剪力

注："(W)"表示木剪力墙为弱剪力墙时的结构响应，未标注的表示木剪力墙为强剪力墙时的结构响应

(*a*) Wenchuan；(*b*) Canterbury；(*c*) El-Centro；(*d*) Kobe

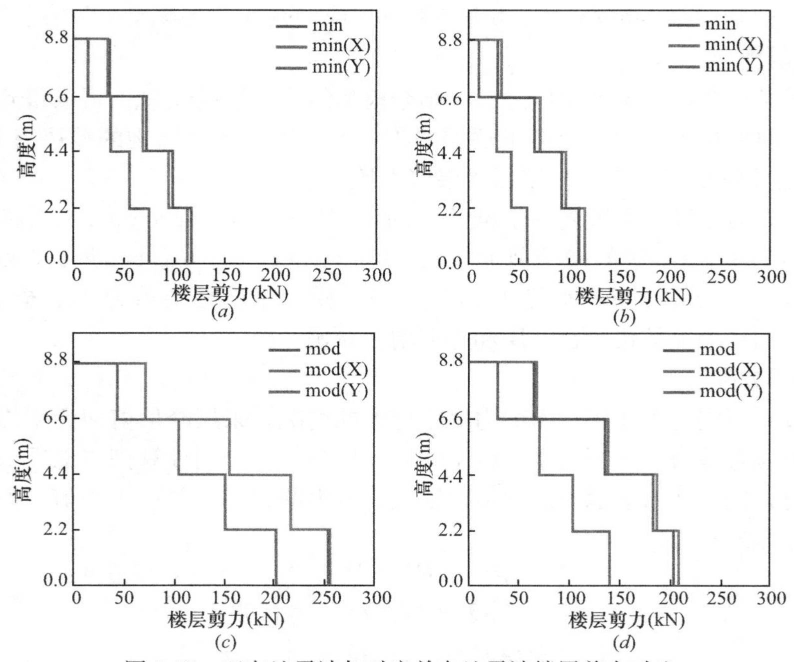

图 7-32 双向地震波与对应单向地震波楼层剪力对比

注："(X)"和"(Y)"分别表示双向地震波工况下，模型结构 X 和 Y 方向的结构响应，

未标注的表示相同地震水准时单向地震波工况下的结构响应。

(*a*) El-Centro 小震；(*b*) Kobe 小震；(*c*) El-Centro 中震；(*d*) Kobe 中震

相同楼层各工况下 R 值随地震波 PGA 的变化见图 7-33，可以看出相同地震水准下，模型结构峰值剪力比随着楼层由上到下而逐渐降低；随着地震水准的提高，R 值逐渐降低，且结构下层 R 值降低的速度比上层快。当木剪力墙为弱剪力墙时，结构的 R 值在小震下为 49.0%～78.0%，中震下为 37.2%～74.9%。当木剪力墙为强剪力墙时，随着台面输入地震波 PGA 由 0.14g 增加到 0.80g，模型结构的峰值剪力比 R 近似呈线性降低；小震下 R 值在 55.1%～75.9%，中震下 R 值在 47.5%～72.6%，大震下 R 值在 39.9%～69.4%。R 最小值出现在大震 Kobe 波（0.75g），对应模型结构第一层。可以看出，对于混合结构而言，剪力墙承担相当一部分的楼层剪力，随着地震水准的提高，剪力墙内的损伤渐渐累积，剪力墙承担的剪力的比例逐步下降。

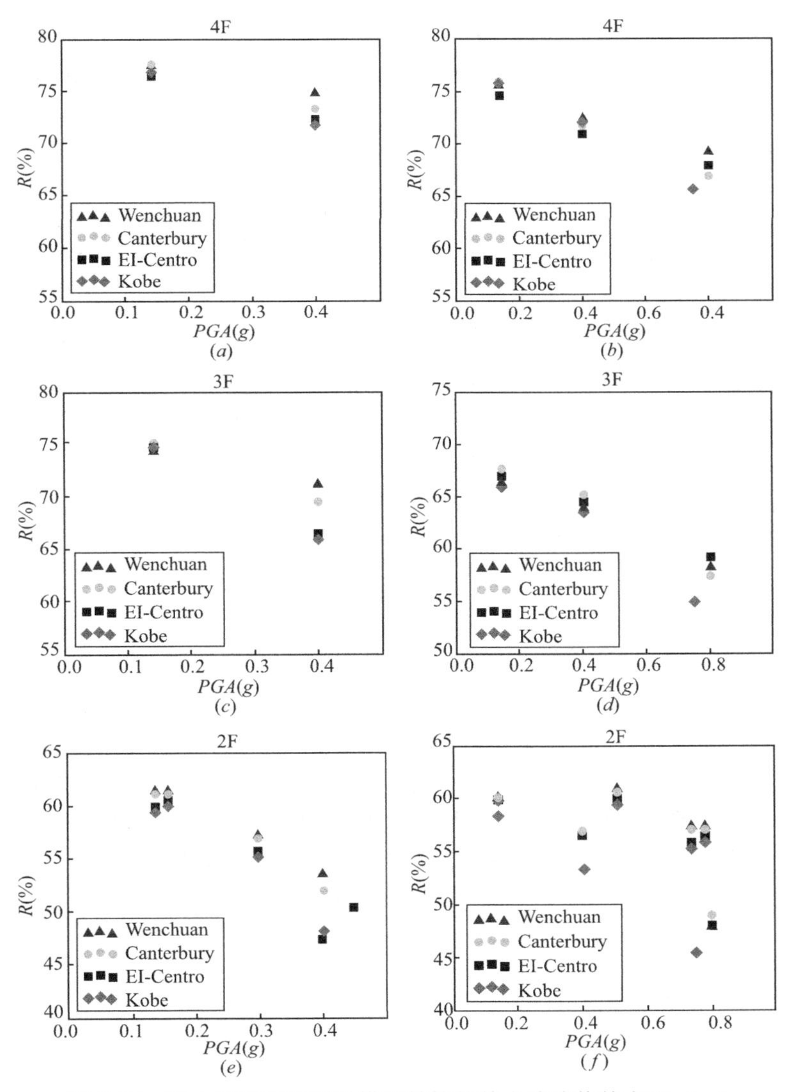

图 7-33　剪力墙刚度不同时模型结构的剪力墙峰值剪力比（一）

（a）弱剪力墙时 4 层剪力墙峰值剪力比 R；（b）强剪力墙时 4 层剪力墙峰值剪力比 R；
（c）弱剪力墙时 3 层剪力墙峰值剪力比 R；（d）强剪力墙时 3 层剪力墙峰值剪力比 R；
（e）弱剪力墙时 2 层剪力墙峰值剪力比 R；（f）强剪力墙时 2 层剪力墙峰值剪力比 R

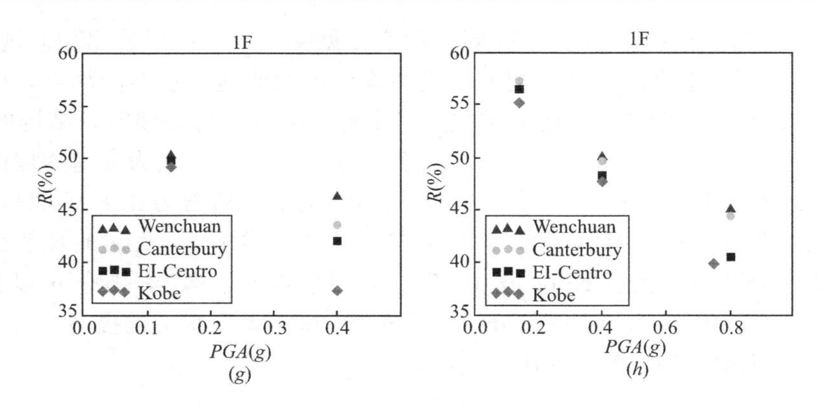

图 7-33 剪力墙刚度不同时模型结构的剪力墙峰值剪力比（二）

（*g*）弱剪力墙时 1 层剪力墙峰值剪力比 *R*；（*h*）强剪力墙时 1 层剪力墙峰值剪力比 *R*

四、试验结论

（1）钢木混合结构抗震性能良好，在经历 8 度频遇、设防和罕遇地震，共计 41 个工况之后，结构整体基本完好，并表现出良好的变形和承载能力。在整个振动台过程中，结构层间位移角控制在 0.1%以下，钢框架保持完好，轻木剪力墙仅出现轻微损伤，没有出现影响结构功能和正常使用的变形和破坏。木剪力墙的损伤主要出现在大震工况下，结构破坏形式主要为覆面板边缘钉节点的破坏，以钉子拔出的居多，拔出最大长度达 10mm。

（2）模型结构的初始自振频率为 3.875Hz，木剪力墙加强前后结构的自振频率分别为 3.719Hz 和 3.969Hz，至试验结束时自振频率为 3.531Hz。结构主要的频率变化来自于大震下的地震激励，以 El-Centro 波和 Kobe 波尤为显著。通过钉间距加密的形式对剪力墙加强的效果明显。结构初始阻尼比为 4.55%，小、中震时阻尼比约为 7%，在经历大震加载时逐步上升，试验结束时达到 11.95%。

（3）在地震作用下，结构的变形以剪切变形为主，顶部最大位移为 57.13mm。结构的薄弱楼层位于第二层，在地震作用下的相对变形最大。在各个工况下，结构最大层间位移角为 0.85%，出现于大震 Kobe 波（0.75*g*）时结构第二层，说明结构具有良好的抗震承载能力。

（4）峰值剪力比 *R* 随着楼层由上到下而逐渐降低；随着地震水准的提高，*R* 值逐渐降低，且结构下层 *R* 值降低的速度比上层快。试验过程中 *R* 的最小值为 37.2%，由此可知，轻木剪力墙承担相当一部分的楼层剪力。随着地震水准的提高，剪力墙内的损伤渐渐累积，剪力墙承担的剪力的比例逐步下降。

第八章　钢木混合结构设计方法

第一节　基于承载力的抗震设计方法

钢木混合结构是由钢框架和木剪力墙所组成的一种双重抗侧力结构体系。钢框架和木剪力墙协同工作，共同承担结构的侧向荷载。木剪力墙对钢框架的填充作用为钢构件提供了一定程度的支撑效应，加之木剪力墙也承担了一部分竖向荷载，这都有利于减小钢构件的偏心受力情况。在地震作用下，木剪力墙作为第一道防线，在设防地震、罕遇地震作用下会先于钢框架发生破坏，并实现耗能，对钢框架产生保护作用，其后退出工作，钢框架作为第二道防线[58]。

为了能够最大限度地保证钢木混合结构的抗震性能，建议按以下流程进行基于承载力的钢木混合结构抗震设计，设计流程图如图 8-1 所示。

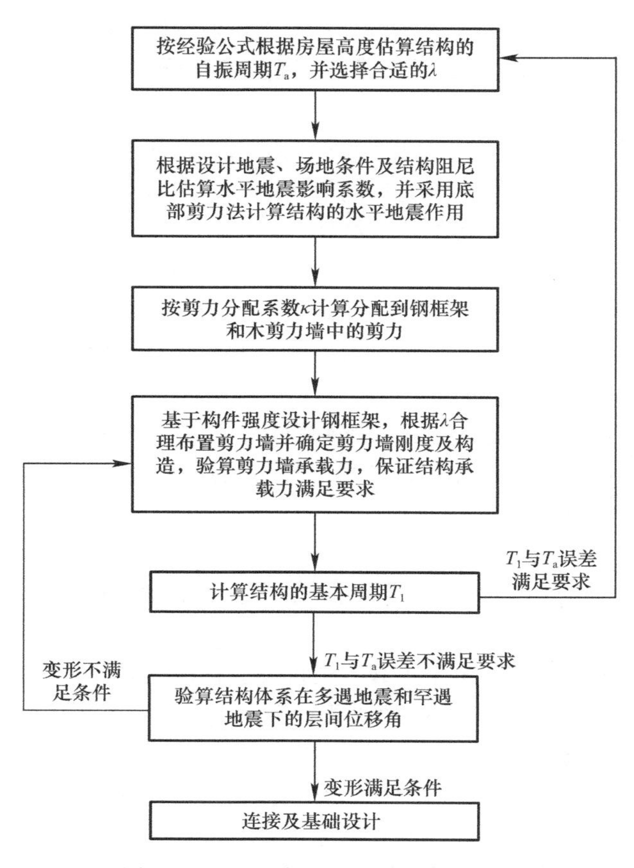

图 8-1　基于承载力的抗震设计流程图

(一)估算 T_a 和 λ

根据房屋高度按经验公式估算结构的自振周期 T_a,选择合适的内填轻型木剪力墙和钢框架抗侧刚度比 λ,λ 一般取 1.0～3.0。

(二)地震作用的估算与分配

根据设计地震、场地条件及结构阻尼比计算水平地震影响系数,采用底部剪力法计算结构的水平地震作用。并利用式(2-3)求得剪力分配系数 κ,分别计算分配到钢框架中的剪力 V_{steel} 和木剪力墙中的剪力 V_{wood}。

(三)基于承载力设计

根据所得的 V_{steel},按承载力要求设计钢框架,此部分可参照《钢结构设计标准》相关规定。采用 pushover 分析的方法计算钢框架的各层抗侧刚度,根据所需木剪力墙的抗侧刚度设计每层所用墙体的尺寸和数量,综合建筑布置和结构布置等因素确定抗侧力墙体的位置,并对木剪力墙进行强度验算,此部分可参照《木结构设计标准》相关规定。其中,所需抗侧刚度下的木剪力墙构造(如钉间距等)可通过有限元软件计算确定。

完成设计后,计算此时结构的周期 T_1,若 T_a 与 T_1 之间误差较小,则认为满足要求;否则重复步骤一和步骤二。

(四)抗震变形验算

对结构进行抗震变形验算,即计算结构在不同地震水准下的层间位移角,并按不同地震水准下层间位移角限值对结构进行校核:若结构在多遇地震和罕遇地震下的层间位移角分别小于 0.6%和 2.4%,则认为满足要求;否则重复步骤三。层间位移角可按以下方法进行计算:

(1)多遇地震下对结构进行弹性变形验算,可选用底部剪力法或阵型分解法等方法计算结构的地震作用。但应注意底部剪力法的使用前提,即对高度不超过 40m,以剪切变形为主且质量和刚度沿高度分布比较均匀的结构。

(2)罕遇地震下构件大量进入塑性,此时宜采用时程分析法验算结构各部位的受力和变形。可以借助有限元分析软件 ABAQUS 或 OpenSees 对钢木混合结构进行建模,并选择合适的地震加速度记录,按相应的地震水准进行调幅,对结构进行分析。

(五)连接及基础设计

前四步完成之后,进一步进行连接及基础设计,即可得到满足规范各项要求的钢木混合结构。其中钢框架梁柱节点、柱脚设计可参照《钢结构设计标准》,钢框架与木剪力墙连接的设计方法见第六章。

第二节　直接位移抗震设计方法

传统的抗震设计方法大多为基于承载力的抗震设计,其设计关键点在于在设计初期设计人员需对结构的基本自振周期 T_1 的值进行合理估计,从而按规范反应谱确定结构在不同地震水准下的地震影响系数 α,进一步计算结构基底剪力 V_E。通常对结构基本自振周期预估的方法是利用经验公式,例如高耸结构常用经验公式 $(0.007 \sim 0.013)H$ 来估算拟建高耸结构的基本自振周期;高层钢结构和混凝土结构常用公式 $(0.10 \sim 0.15)n$ 和 $(0.05 \sim 0.10)n$ 来估算拟建结构的基本自振周期[59]。由于经验公式仅考虑结构的层数或高度而未考虑结构的抗侧刚度、重力荷载代表值等影响因素，通常是不准确的甚至与结构的真实基本自振周期偏差较大，在设计过程中可能会导致反复的校核和计算分析，增加结构设计的计算量。

近年来，基于结构层间位移的性能目标为广大学者所接受，相对比于传统设计方法中常被作为设计指标的承载力水平，层间位移不仅能反映结构整体的安全情况，还能反映结构主要构件的破坏情况[12][13]。除此之外，目前以结构位移作为性能指标的抗震设计方法主要包括按延性系数设计、能力谱法以及直接基于位移法三种，其中直接位移抗震设计方法较为直观，且避免了烦琐的反复迭代计算过程。

钢木混合结构直接位移抗震设计流程主要包括确定性能水准、将多自由度体系（MDOF）转化为等效单自由度体系（SDOF）、估算结构的等效阻尼比、基于抗震规范的加速度反应谱建立位移谱、计算结构基底剪力、将基底剪力分配至各层层剪力以及钢框架以及木剪力墙的构件设计，结构抗震设计总体流程图如图 8-2 所示。

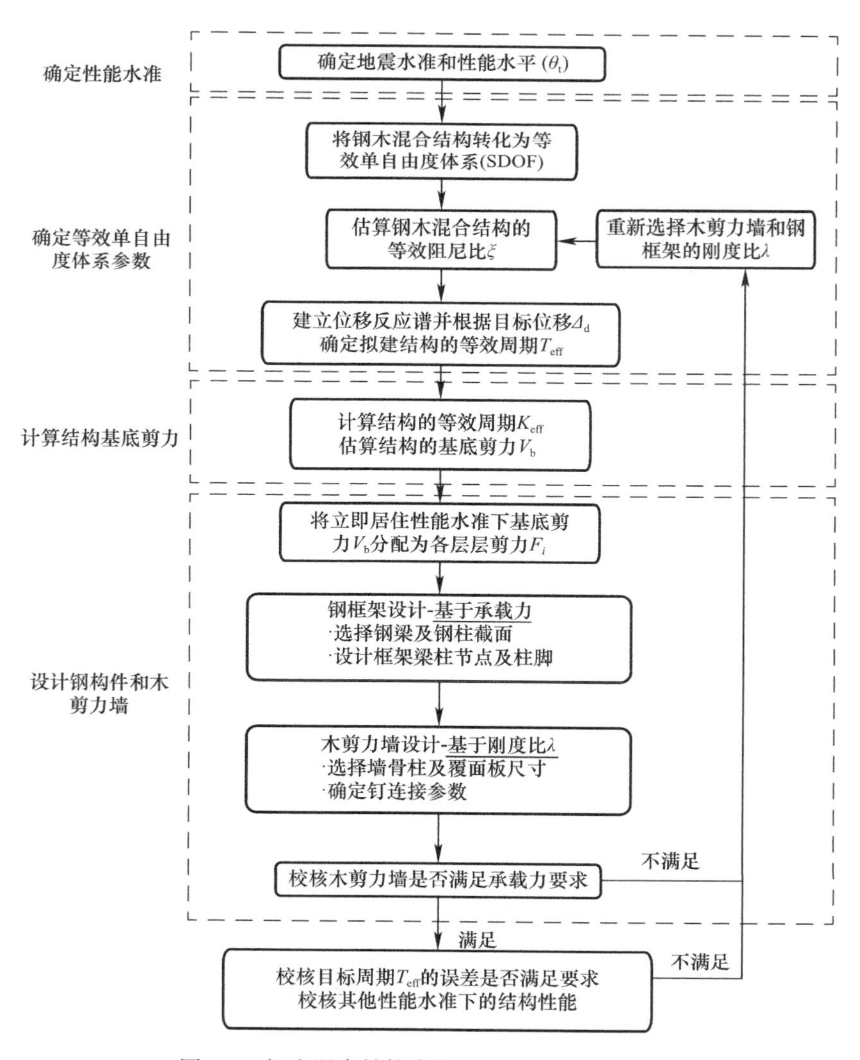

图 8-2　钢木混合结构直接位移抗震设计流程图

（一）确定性能目标

在基于性能的抗震设计过程中，首先要根据设计需要确定拟建结构在一定地震水准下的性能目标。设计人员可以根据结构的用途、业主和使用者的特殊要求，明确建筑结构的目标性能。

我国抗震规范规定，在结构分析中，多遇地震、设防烈度地震和罕遇地震对应的 50 年超越概率分别为 63%，10%和 2%，相应回归周期分别为 50 年，475 年和 2475 年。表 8-1 为满足我国抗震设计规范的“三水准”设计要求的钢木混合结构性能目标。

钢木混合结构性能目标　　表 8-1

地震水准	多遇地震	设防烈度地震	罕遇地震
结构性能水准	立即居住	生命安全	防止倒塌
层间位移角限值	0.6%	1.5%	2.4%

（二）确定等效单自由度体系参数

为获得钢木混合结构在目标位移下的设计刚度，需将多自由度体系的结构转换成等效的单自由度体系，如图 8-3 所示。转换假定多自由度体系按假定的侧移形状产生地震反应，且需满足以下两个相等原则：（1）多自由度体系与等效单自由度体系的基底剪力相等；（2）水平地震力在两种体系上所做的功相同。由此可得等效单自由度体系的目标位移 Δ_d、等效质量 m_{eff} 和等效高度 h_{eff} 的计算表达式，见式（8-1）～式（8-3）[60]。

$$\Delta_d = \frac{\sum_{i=1}^{n} m_i \Delta_i^2}{\sum_{i=1}^{n} m_i \Delta_i} \tag{8-1}$$

$$m_{eff} = \frac{\sum_{i=1}^{n} m_i \Delta_i}{\Delta_d} \tag{8-2}$$

$$h_{eff} = \frac{\sum_{i=1}^{n} m_i \Delta_i h_i}{\sum_{i=1}^{n} m_i \Delta_i} \tag{8-3}$$

式中　i——楼层层号；

m_i——多自由度体系中各质点的集中质量；

hi——多自由度体系各质点距基础的高度；

Δ_i——多自由度体系中各层的目标位移。

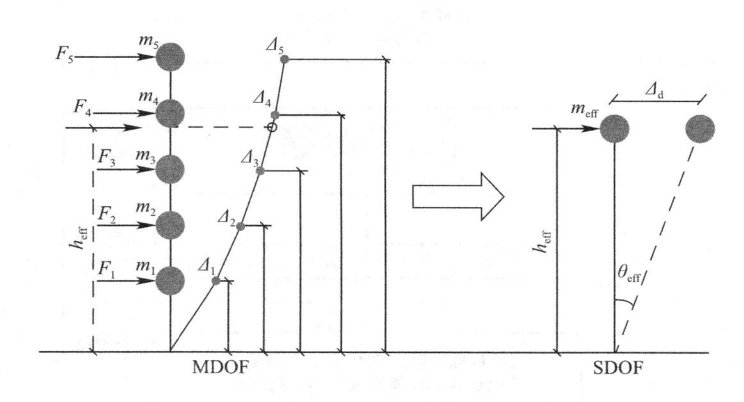

图 8-3　将多自由度体系转换为等效单自由度体系

MDOF 中各层目标位移可按式（8-4）进行估算[61]。

$$\Delta_i = \omega_\theta \theta_c h_i \left(\frac{4H_n - h_i}{4H_n - h_1}\right) \tag{8-4a}$$

$$\omega_\theta = 1.15 - 0.0034H_n \leqslant 1 \tag{8-4b}$$

式中　H_n——结构总高度；

θ_c——拟建结构的目标层间位移角；

ω_θ——高阶模态影响系数，按式（8-4b）进行计算，且 ω_θ的上限值取为 1，即不考虑高阶模态对低矮建筑的影响。

（三）估算等效阻尼比

结构的等效阻尼比 ζ 可表示为黏滞阻尼比 ζ_{int} 和滞回阻尼比 ζ_{hys} 的总和，见式（2-2）。延性需求系数 μ 可按设防目标确定，如在立即居住的性能目标下，要求结构的竖向和水平向抗侧力体系基本保持地震前设计的承载能力和刚度，结构的永久变形基本可忽略不计，此时可取 $\mu=1.0$；钢木混合结构在生命安全和防止倒塌的性能目标下 μ 可分别取 1.0～1.5 和 1.5～2.0。

（四）建立位移反应谱

直接位移抗震方法是以考虑了不同性能目标中等效阻尼比的位移反应谱为基础的，位移反应谱的建立主要通过以下两种方法获得：（1）通过分析大量地震记录获得自振周期和最大位移反应之间的关系；（2）利用式（8-5）将规范的加速度反应谱转化为位移反应谱。

$$S_D = \frac{T^2}{4\pi^2} S_a \tag{8-5}$$

式中　S_a——加速度反应谱中加速度值；

T——结构自振周期。

本节采用转化加速度反应谱的方法建立位移反应谱，如图 8-4 所示，其中图 8-4（a）为《建筑抗震设计规范》中的反应谱，图 8-4（b）为转换后的位移反应谱。

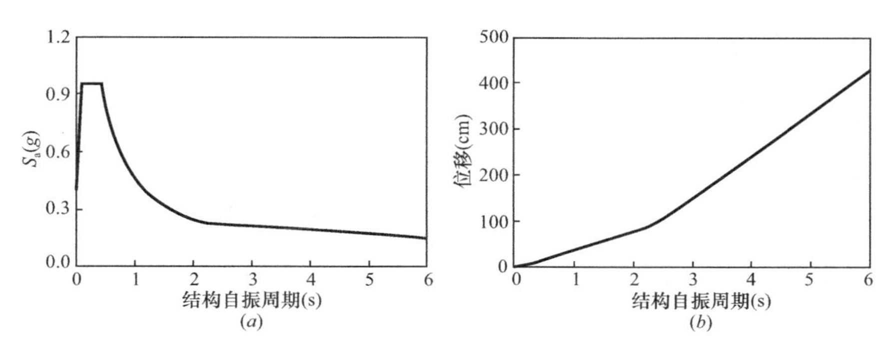

图 8-4　位移反应谱转化方法示意图

（a）加速度反应谱；（b）位移反应谱

（五）计算基底剪力

位移反应谱建立后，可在位移反应谱中根据目标位移 Δ_d 获得与之对应的等效单自由度体系的等效周期 T_{eff}。

等效单自由度体系的基底剪力 V_b 的计算方法可以通过以下两种方法求得：（1）基于规范的加速度反应谱，按底部剪力法求出基底剪力 V_b；（2）求出等效周期 T_{eff}进一步利用动力学原理求出等效单自由度体系的等效刚度 K_{eff}，继而通过刚度的定义求的基底剪力 V_b，见式（8-6）和式（8-7）所示。

$$K_{eff}=\frac{4\pi^2}{(T_{eff})^2}m_{eff} \tag{8-6}$$

$$V_b=K_{eff}\times\Delta_d \tag{8-7}$$

（六）分配层剪力

将基底剪力分配至第 i 层水平地震力 F_i 的方法主要包括以层高为比例和以目标位移为比例分配[62]两种，分别见式（8-8）和式（8-9），其中以目标位移为比例分配基底剪力的方法更为合理。

$$F_i=V_b\frac{G_iH_i}{\sum_{i=1}^{n}G_iH_i}(1-\delta_n) \tag{8-8}$$

式中 G_i——质点 i 的重力荷载代表值；

δ_n——顶部附加地震作用系数。

$$F_i=V_b\frac{m_i\Delta_i}{\sum_{i=1}^{n}m_i\Delta_i} \tag{8-9}$$

（七）构件设计及校核

获得各层水平地震力 F_i 后，即可将 F_i 分配到木剪力墙和钢框架中，继而合理设计各层的钢构件截面、节点连接方式，并选择木剪力墙构造参数。

由于钢木混合结构塑性阶段的剪力分配系数取值较难确定，本节建议的构件设计方法如下：首先对钢木混合结构的钢框架和木剪力墙进行立即居住性能水准的设计，此时钢木混合结构的剪力分配系数 $\kappa=\lambda/(\lambda+1)$，即各层钢框架和木剪力墙分配到的水平剪力分别为 $F_i/(\lambda+1)$ 和 $F_i\lambda/(\lambda+1)$；确定钢和木构件的尺寸和构造后，利用有限元软件对结构进行建模，对结构周期进行校核，并校核结构在生命安全和防止倒塌的性能水准下的最大层间位移角取值情况，若校核结果不满足要求，则需要重新选择 λ 进行设计。

第三节 阻尼器的设计方法

一、性能谱设计法

性能谱设计法由 Jack GUO 提出。该方法可以用于设计滞回型阻尼器或黏弹性阻尼器。摩擦型阻尼器是一种滞回型阻尼器，可以用性能谱设计法设计。该方法由三步组成。

（1）结构简化

先将不含阻尼器的多自由度体系简化成为具有初始刚度 K_f、周期 T_f 和标准化承载力 V_f 的弹塑性单自由度体系。承载力的标准化方法遵循式（8-10）。

$$V_f=V_{bf}/[S_a(T_f)m] \tag{8-10}$$

式中 V_{bf}——多自由度体系推覆分析所得底层极限承载力；

$S_a(T_f)$——弹性加速度反应谱对应周期 T_f 的加速度值；

m——简化的单自由度体系质量。

当式中 $V_f \geqslant 1$ 时，表示简化的单自由度体系在地震作用下仍处于弹性。

再将附加阻尼器简化为有初始刚度 K_d 和激发力 V_d 的弹塑性结构体系，附加在上述单自由度体系上。附加阻尼器的刚度用刚度比 $\alpha = K_f/(K_f + K_d)$ 来描述。阻尼器的变形能力用变形能力比 $\mu_d = u/u_d$ 来描述，式中 u 为不含阻尼器的单自由度体系的极限位移。

(2) 指标定义

为了考虑附加阻尼器结构的最大位移和底部剪力水平，引入标准化的位移 R_d 和剪力 R_a，分别按式 (8-11) 和式 (8-12) 定义。

$$R_d = D_{damped}/S_d(T_f) \tag{8-11}$$

$$R_a = V_{damped}[S_a(T_f)m] = A_{damped}/S_a(T_f) \tag{8-12}$$

式中 D_{damped}——附加阻尼器的单自由度简化结构最大位移；

$S_d(T_f)$——弹性位移反应谱对应周期 T_f 的位移值；

V_{damped}——附加阻尼器的单自由度简化结构的最大底部剪力；

A_{damped}——附加阻尼器的单自由度简化结构的最大加速度。

使用这种定义方法，可以再定义无阻尼器结构在附加阻尼器后的变形能力指标，如式 (8-13) 所示。

$$\mu_f = R_d/V_f \geqslant 1.0 \tag{8-13}$$

结构的残余变形指数按式 (8-14) 所示。

$$R_s = RD_{damped}/D_{damped} \leqslant 1.0 \tag{8-14}$$

式中 RD_{damped}——附加阻尼器的单自由度简化结构残余变形。

(3) 绘制性能谱

对于一个具有特定周期 T_f 和承载力 V_f 的不含阻尼器结构，性能谱定义了 R_a 与 R_d 的关系，以及 R_s 与 R_d 的关系。对于不同的 α 和 μ_d 取值，可以得到不同的关系曲线。获得这些曲线有两种途径，一种是通过一组地震波的时程分析，另一种是通过大规模时程分析得出的经验回归公式。将这些关系曲线画进一幅图中，即得到了性能谱。通过观察性能谱中不同 α 和 μ_d 取值对应的 R_a、R_s 与 R_d 的关系，结合 R_a、R_s 与 R_d 的目标值，即可发现最优的 α 和 μ_d 组合。

(4) 回推原结构设计

得到最优的 α 和 μ_d 组合后，需要把这两个指标回推到原结构的设计中。对于无阻尼器的结构，回推每层的刚度基于式 (8-15)。

$$K_{f,i} = \left(\frac{2\pi}{T_f}\right)^2 \frac{\sum_{j=i}^{n} m_j \phi_j^1}{\Delta\phi_i^1} \tag{8-15}$$

式中 m_j——第 j 层集中质量；

ϕ_j^1——无阻尼器结构第一振型 j 层分量；

$\Delta\phi_i^1$——无阻尼器结构第一振型第 i 层与第 i-1 层振型之差。

对于阻尼器刚度，基于类似的公式如式 (8-16) 所示。

$$K_{d,i} = \left(\frac{2\pi}{T_i}\right)^2 \frac{\sum_{j=i}^{n} m_j d_j^1}{\Delta d_i^1} - K_{f,i} \geqslant 0 \tag{8-16}$$

式中 T_i——附加阻尼器结构的周期，$T_i = T_f\sqrt{\alpha}$；

d_j^1——设计目标第一振型 j 层分量；

Δd_i^1——设计目标第一振型第 i 层与第 i-1 层振型之差。

对于阻尼器的激发力，假定各层阻尼器在目标振型下同时激发，可以通过式（8-17）～式（8-19）计算阻尼器的激发力。

$$V_{d,i} = \Delta_{d,i}\left(\frac{K_{d,i}}{\mu_d}\right) \geqslant 0 \tag{8-17}$$

$$\Delta_{d,i} = R_d \Gamma_d S_d(T_f)\Delta d_i^1 \tag{8-18}$$

$$\Gamma_D = \frac{\sum m_i d_i^1}{\sum m_i (d_i^1)^2} \tag{8-19}$$

式中　$V_{d,i}$——第 i 层阻尼器的激发力。

得到了每层的阻尼器刚度和激发力，即可完成阻尼器的设计。

二、性能谱设计法应用于混合结构的方法

性能谱设计法是针对新建结构和既有结构改造所提出的一种阻尼器设计方法，具有一定的适用范围。但是略加以调整，即可运用于有阻尼器钢木混合框架剪力墙结构设计中。

与普通性能谱设计法的原理相比，有阻尼器钢木混合框架剪力墙结构设计的最大区别在于结构包含钢框架和木剪力墙两种抗侧力体系，而在性能谱设计法中，无阻尼器的结构只包含有一种抗侧力体系。这就需要进行一定的简化，使性能谱设计法的原理和计算公式适用于有阻尼器钢木混合框架剪力墙结构的设计中。

由于附加阻尼器的目标是保护木剪力墙，使其在基本地震强度下不发生明显不可修复的破坏，所以在阻尼器极端情况下发生锁定之前，可以将木剪力墙近似地视为弹性。这里视为弹性是指在设计过程中进行的简化，设计好之后还要使用木剪力墙的实际模型重新验证。由于阻尼器本身的刚度较小，初始刚度与剪力墙相比大很多，可以在设计过程中视为刚接连接。这时就可以把性能谱方法中的 K_d 视为木剪力墙的有效刚度，V_d 仍为阻尼器的激发力。

第四节　设计案例

一、基于承载力的抗震设计实例

（一）项目信息

本工程为四层内廊式建筑，横向为三跨，边跨跨度为 4.8m，中间跨跨度为 2.4m。纵向设 6 个开间，跨度为 4.8m。结构平面轴线尺寸为 28.8m×12.0m。层高为 3.3m，总高 13.2m。该结构为同济大学进行四层钢木混合结构振动台试验的原型。

1. 荷载信息

（1）恒荷载

恒荷载按照楼面、屋面及墙体实际材料计算：楼面恒荷载取 1.9kN/m^2，屋面恒荷载取 1.8kN/m^2。外墙均布恒荷载取 1.9kN/m，内墙均布恒荷载取 1.8kN/m。

（2）活荷载

办公室、会议室、楼梯等　　2.0kN/m^2

走廊　2.5kN/m²

屋面（不上人）　0.5kN/m²

（3）雪荷载

基本雪压取 0.5kN/m²。

（4）地震作用

该结构拟建场地为中国四川省某地区，根据《中国地震动参数区划图》，设防烈度为 8 度（0.20g），设计地震分组为第二组。场地类别为Ⅱ类，特征周期 0.40s。

2. 结构布置

该建筑的轴向尺寸为 28.8m×12m×13.2m，其平面及立面布置图如图 8-5 和图 8-6 所示，其中，Z 代表框架柱，KL 代表框架梁，Q 代表木剪力墙。

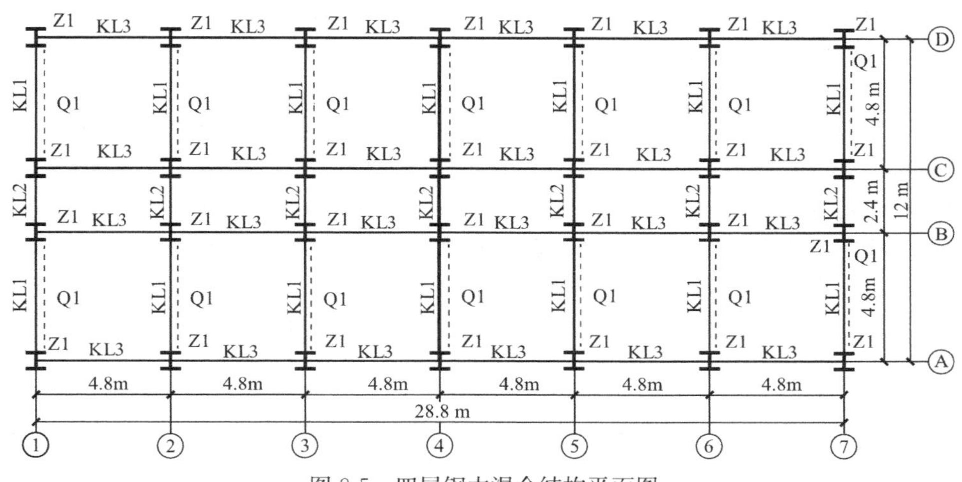

图 8-5　四层钢木混合结构平面图

（二）设计流程

1. 估算 T_a 和 λ

估算的结构基本周期 T_a 取为 0.7s，抗侧刚度比 λ 取为 2.0。

2. 地震作用估算

将各楼层的质量集中在每一层的楼面处，取为 1 个自由度，并按底部剪力法进行计算。结构水平地震作用的标准值，按《建筑抗震设计规范》进行确定。

结构阻尼比取 0.05，则地震影响系数曲线的阻尼调整系数 η_2 按照 1.0 取值，曲线下降段的衰减指数 γ 取 0.9，直线下降段的下降调整系数 η_1 取 0.02。取③轴处的单榀框架为例进行计算，可得 1～4 层地震剪力分别为 71.04kN，63.12kN，47.27kN，23.51kN。

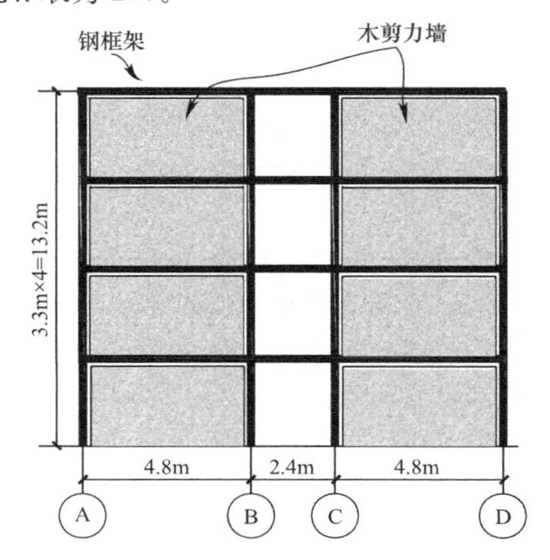

图 8-6　四层钢木混合结构侧立面图

3. 剪力分配

利用式（2-3）计算内填轻型木剪力墙和钢框

架的剪力分配系数，可得 $\kappa=0.67$，即 1～4 层内填轻型木剪力墙承担的剪力分别为 47.60kN，42.29kN，31.67kN，15.75kN，钢框架承担的剪力分别为 30.55kN，27.14kN，20.33kN，10.11kN。

4. 构件设计

根据钢框架所承担的竖向荷载和地震作用，综合抗震构造要求、楼层荷载和跨度等因素对钢框架进行设计，确定框架梁、框架柱的材料及截面等特性，如表 8-2 所示。

对钢框架进行模态分析，可得 1～4 层钢框架的抗侧刚度分别为 8155kN/m，5932kN/m，5932kN/m，3351kN/m，则所需内填轻型木剪力墙的抗侧刚度为 16310kN/m，11864kN/m，11864kN/m，6702kN/m。

以底层剪力墙为例说明选墙方法：首先对 OSB 板的厚度及钉间距等参数进行预估（此处初选的 OSB 板厚度为 11mm，钉间距为 75mm，墙骨柱间距为 400mm），其次采用 ABAQUS 中精细化建模的方法，按所选参数进行建模，并对其进行低周往复荷载作用下的有限元模拟分析。由此可得上述参数下单面覆板内填轻型木剪力墙的滞回曲线，通过分析滞回曲线数据，并对初始参数进行调整即可获得满足条件的内填轻型木剪力墙构造（例如若所得的抗侧刚度较小，可选择减小钉间距或采用双面覆板等方式修改模型，加大剪力墙的抗侧刚度）。对于本工程，采用上述参数下双面覆板的内填轻型木剪力墙即可得到所需抗侧刚度的底层剪力墙。按《木结构设计标准》相关规定对内填轻型木剪力墙进行承载力验算，可知该内填轻型木剪力墙满足承载力要求。

对该钢木混合结构进行模态分析，可得结构的基本周期为 0.710s，与估算周期较为接近，满足要求。

四层钢木混合结构钢框架截面选用表 **表 8-2**

构件	层数	构件编号	截面 $h\times b\times t_w\times t_f$（mm）	材料	轴线长度（mm）
梁	1、2、3	KL1	H250×175×7×11	Q235	4800
		KL2	H150×100×6×9	Q235	2400
		KL3	H200×150×6×9	Q235	4800
	4	KL1	H200×150×6×9	Q235	4800
		KL2	H150×100×6×9	Q235	2400
		KL3	H150×100×6×9	Q235	4800
柱	1	Z1	H200×200×8×12	Q235	3300
	2、3	Z1	H175×175×7.5×11	Q235	3300
	4	Z1	H150×150×7×10	Q235	3300

5. 层间位移角限值验算

利用有限元软件 OpenSees 计算多遇地震下结构的最大层间位移角，可得 1～4 层层间位移角分别为：0.14%，0.20%，0.21%，0.17%，均小于表 2-1 中的限值 0.6%，故满足要求。

罕遇地震下，结构进入弹塑性状态，其变形的精确计算方法为时程分析法：利用有限元软件 OpenSees 中对结构进行建模，输入 10 条调幅后的地震加速度记录，通过对结构进行分析并统计，可得最大层间位移角为 2.04%，小于 2.4%，故符合设计要求。

二、直接位移抗震设计实例

（一）项目信息

设计实例项目信息本节第一部分。

（二）设计流程

按我国抗震设计规范确定拟建四层钢木混合结构的性能目标：在多遇地震水准下满足立即居住性能水准，在设防烈度地震水准下满足生命安全性能水准，在罕遇地震水准下满足防止倒塌性能水准。具体到层间位移角限值上，即通过设计使结构在多遇地震水准下层间位移角小于 0.6%，在设防烈度地震水准下层间位移角小于 1.5%，在罕遇地震水准下层间位移角小于 2.4%。

由于该四层钢木混合结构结构平面布置较规则，可按单榀典型框架进行设计，本节取③轴处单榀框架进行设计。经计算，③轴处各层楼面处的集中质量自下而上分别为：22.73t、22.73t、22.73t 和 15.67t，如图 8-7 所示。按式（8-1）～式（8-3）计算该四层钢木混合结构等效单自由度体系的目标位移 Δ_d、等效质量 m_{eff} 和等效高度 h_{eff}，如图 8-8 所示，按不同性能目标设计的等效单自由度体系参数见表 8-3。

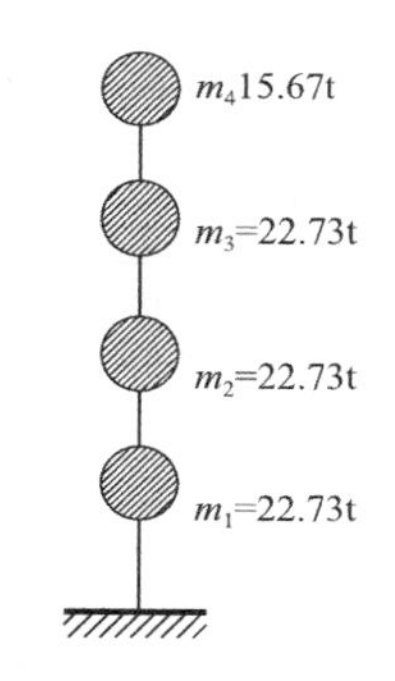

图 8-7　四层混合结构 MDOF 示意图

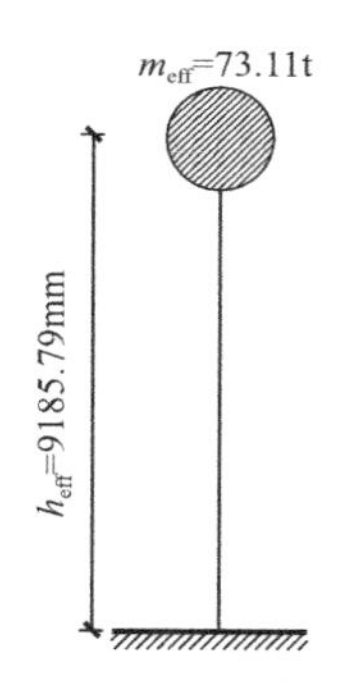

图 8-8　四层混合结构等效 SDOF 示意图

等效单自由度体系转化参数表　　**表 8-3**

性能目标	层数	h_i (mm)	Δ_i (mm)	θ_i (%)	m_i (t)	$m_i\Delta_i$	$m_i\Delta_i^2$	$m_i\Delta_ih_i$	Δ_d (mm)	m_{eff} (t)	h_{eff} (mm)
立即居住 (IO)	1	3.3	0.02	0.60	22.73	0.45	0.01	1.49	47.23	73.11	9185.79
	2	6.6	0.04	0.52	22.73	0.84	0.03	5.54			
	3	9.9	0.05	0.44	22.73	1.17	0.06	11.58			
	4	13.2	0.06	0.36	15.67	0.99	0.06	13.11			
生命安全 (LS)	1	3.3	0.05	1.50	22.73	1.13	0.06	3.71	118.09	73.11	9185.79
	2	6.6	0.09	1.30	22.73	2.10	0.19	13.86			
	3	9.9	0.13	1.10	22.73	2.93	0.38	28.96			
	4	13.2	0.16	0.90	15.67	2.48	0.39	32.76			
防止倒塌 (CP)	1	3.3	0.08	2.40	22.73	1.80	0.14	5.94	188.94	73.11	9185.79
	2	6.6	0.15	2.08	22.73	3.36	0.50	22.18			
	3	9.9	0.21	1.76	22.73	4.68	0.96	46.34			
	4	13.2	0.25	1.44	15.67	3.97	1.01	52.42			

接下来，按式（2-2）对四层钢木混合结构的等效阻尼比进行估算，其中木剪力墙和钢框架的抗侧刚度比 λ 取 1.0，生命安全和防止倒塌性能目标下的延性需求系数 μ 分别取 1.5 和 2.0。计算得到生命安全和防止倒塌性能目标下结构的滞回阻尼比 ζ_{hys} 分别为 10.58%和 15.87%，考虑黏滞阻尼比 ζ_{int} 的影响，结构在三种性能水准下等效阻尼比 ζ 取值如表 8-4 所示。

四层钢木混合结构不同性能水准对应等效阻尼比　　表 8-4

性能水准	立即居住	生命安全	防止倒塌
等效阻尼比 ζ	4.5%	15.08%	20.37%

然后，按《建筑抗震设计规范》中规定建立上述三种性能水准对应地震水准的加速度反应谱，并利用式（8-5）将分别其转化为位移反应谱，如图 8-9～图 8-11 所示。通过位移反应谱可以看出，满足三种性能水准目标的 T_{eff} 分别为 2.26s、2.42s 和 2.20s。

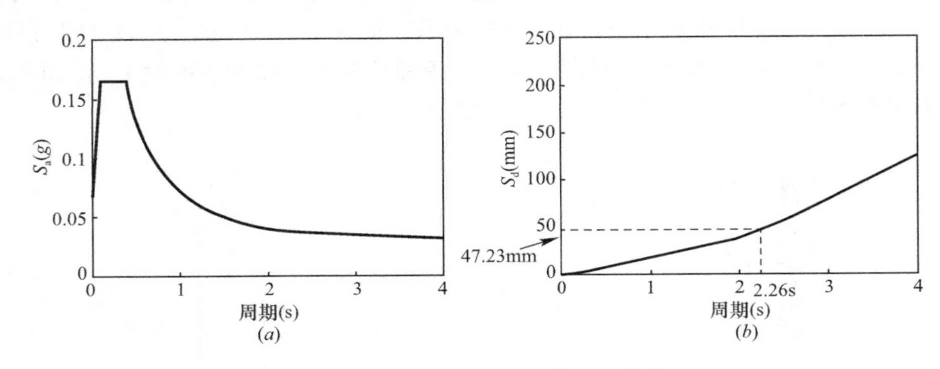

图 8-9　多遇地震水准对应的反应谱

（a）加速度反应谱；（b）位移反应谱

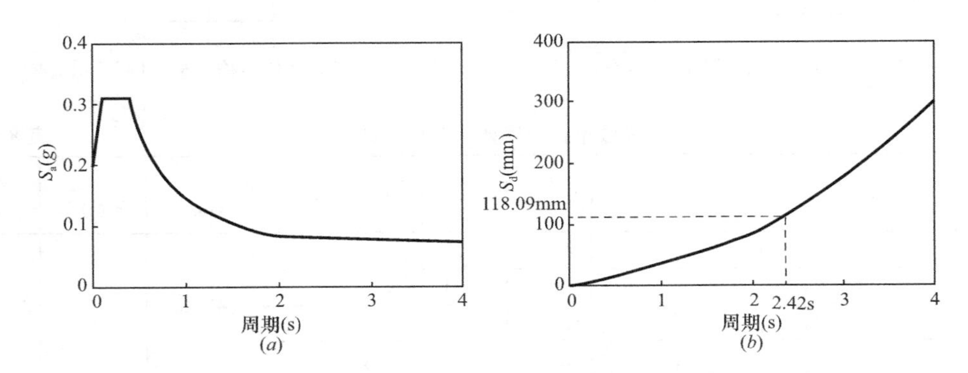

图 8-10　设防烈度地震水准对应的反应谱

（a）加速度反应谱；（b）位移反应谱

可以看出，多遇地震水准下满足立即居住性能水准所需的等效周期 $T_{eff,IO}=2.26s$，而罕遇地震水准下满足防止倒塌性能水准所需的等效周期 $T_{eff,CP}=2.20s \leqslant T_{eff,IO}=2.26s$，同时考虑在罕遇地震水准下，结构大量进入塑性，结构的抗侧刚度有较显著的降低，即其等效周期 T_{eff} 应较弹性段有一定增大。说明对于本节所确定的该场地条件、荷载取值以及性能水准条件下，相对比于在多遇地震下满足立即居住的要求，结构更难满足在罕遇地震下

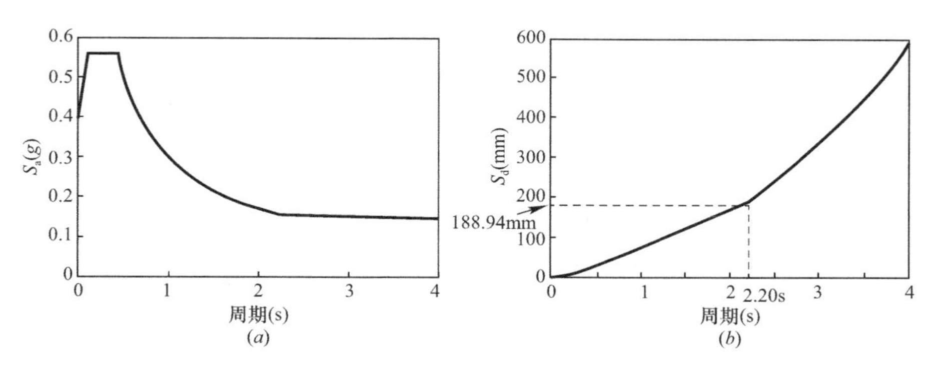

图 8-11　罕遇地震水准对应的反应谱

(a) 加速度反应谱；(b) 位移反应谱

防止倒塌的要求，故考虑提高结构在多遇地震下的性能水准进行设计，如本节考虑将多遇地震水准下最大层间位移角目标减小至 0.2%，以保证按此性能目标设计的结构在罕遇地震水准下满足防止倒塌的要求。性能目标修正后的等效单自由度体系在多遇地震下的目标位移 $\Delta_d=15.74$mm，此时对应的等效周期 $T_{eff}=0.89$s。进一步按式（8-6）和式（8-7）计算结构在修正后的不同性能目标下等效刚度 K_{eff}和基底剪力 V_b如表 8-5 所示。

四层钢木混合结构等效刚度与基底剪力统计表　　表 8-5

性能水准	立即居住	生命安全	防止倒塌
等效刚度 K_{eff}（kN/m）	3643.82	492.84	596.34
基底剪力 V_b（kN）	57.4	58.2	112.7

接下来，将多遇地震下的基底剪力按式（8-9）分配到各层中，可得 $F_1=7.47$kN，$F_2=13.95$kN，$F_3=19.43$kN，$F_4=16.49$kN，采用 D 值法或利用有限元软件对各层的钢框架和木剪力墙截面进行设计，其中由于结构处于弹性阶段，此时认为钢木剪力分配系数 $\kappa=\lambda/(\lambda+1)=0.5$，由此得到的四层钢木混合结构③轴处钢构件截面如表 8-6 所示。

四层钢木混合结构③轴处钢构件截面表　　表 8-6

项目	层数	构件编号	截面	材料	轴线长度（mm）
梁	1、2、3	KL1	HM250×175×7×11	Q235	4800
		KL2	HM150×100×6×9	Q235	2400
	4	KL1	HM200×150×6×9	Q235	4800
		KL2	HM150×100×6×9	Q235	2400
柱	1	Z1	HW200×200×8×12	Q235	3300
	2、3	Z1	HW175×175×7.5×11	Q235	3300
	4	Z1	HW150×150×7×10	Q235	3300

最后在 OpenSees 中对按多遇地震水准设计的钢木混合结构进行建模，并采用 push-over 分析的方法，获得层间位移角、结构顶点位移以及基底剪力之间的关系，如图 8-12 及图 8-13 所示。

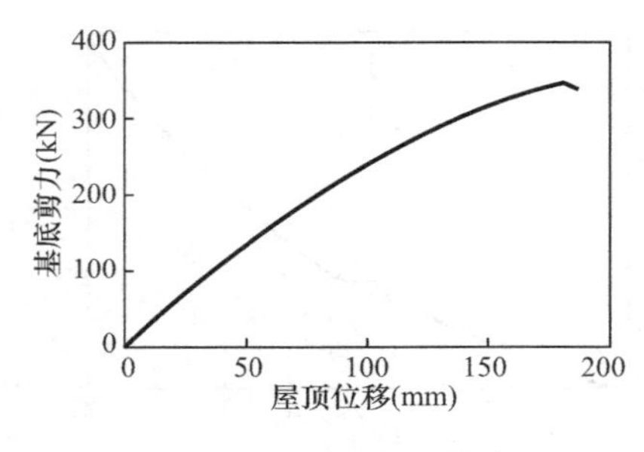

图 8-12　Pushover 曲线

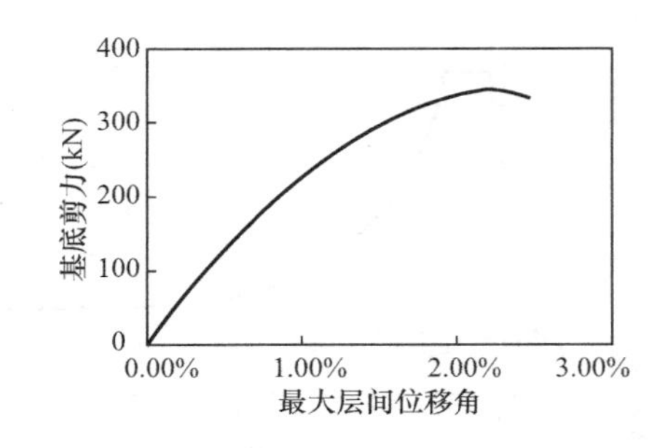

图 8-13　最大层间位移角与基底剪力关系

可以看出，当结构基底剪力达到表 8-5 中生命安全水准下地基剪力计算值 58.2kN 和防止倒塌性能水准下基底剪力计算值 112.7kN 时，结构几乎处于弹性阶段，此时应重新取延性需求系数 μ，考虑取设防烈度地震水准 $\mu=1.0$，罕遇地震下考虑部分塑性发展取 $\mu=1.3$，得到新的设防烈度地震水准反应谱和罕遇地震水准反应谱，根据新的反应谱，可计算得结构在设防烈度地震及罕遇地震下的层间位移角分别为 0.68%和 1.35%。

三、非线性动力时程分析

本章第二节介绍了钢木混合结构直接位移抗震设计方法，并通过一个四层钢木混合结构的设计实例进一步阐述了此种方法的设计流程。下面将按直接位移法设计的四层钢木混合结构进行非线性动力时程分析，对其在不同地震水准下的可靠度进行计算，并验证直接位移抗震设计方法的可行性。

（一）地震记录选择及调幅

本节非线性动力时程分析采用的结构模型信息见本章第二节设计实例，为更全面地考察钢木混合结构在地震中的结构响应，选取了 20 条地震动记录作为非线性时程分析的地震激励，如表 8-7 所示。

分析中应用的地震动记录　　　**表 8-7**

序号	地震	时间	测站	分量	加速度峰值（g）
1	Imperial Valley	1979.10.15	Cerro Prieto	CPE147	0.168
2	Imperial Valley	1979.10.15	Parachute Test Site	PTS225	0.113
3	Kern Country	1952.07.21	Taft Lincoln School	TAF021	0.159
4	Tottori	2000.06.10	HRS021	EW	0.261
5	Northridge	1994.01.17	Moorpark-Fire Sta	MPR09	0.193
6	Northridge	1994.01.17	LA-Baldwin Hills	BLD090	0.239
7	Northridge	1994.01.17	Hollywood-Willoughby Ave	WIL090	0.136
8	San Fernando	1971.02.09	Santa Felita Dam	FSD172	0.155
9	Cape Mendocino	1992.04.25	Fortuna-Fortuna Blvd	FOR000	0.117
10	Cape Mendocino	1992.04.25	Eureka-Myrtle&West	EUR000	0.154
11	Chichi	1999.09.20	CHY046	EW	0.145
12	Chichi	1999.09.20	TCU046	EW	0.142
13	Chichi	1999.09.20	TCU056	EW	0.156
14	Chuetsu-oki	2007.07.16	Hinodecho Yoshida Tsubame City	NS	0.112

续表

序号	地震	时间	测站	分量	加速度峰值（g）
15	Chuetsu-oki	2007.07.16	NIGH1	NS	0.184
16	Iwate	2008.06.13	AKTH19	EW	0.164
17	Iwate	2008.06.13	Kami	NS	0.128
18	Darfield	2010.09.03	Canterbury Aero Club	EW	0.186
19	Darfield	2010.09.03	DFHS	EW	0.472
20	Darfield	2010.09.03	Riccarton High School	EW	0.190

借助软件 Seismomatch 对以上 20 条记录进行调幅，调幅的目标反应谱分别为我国建筑结构抗震设计规范中多遇地震、设防烈度地震和罕遇地震的加速度反应谱，三种地震对应的反应谱平台段最大加速度分别为 $0.16g$，$0.45g$ 和 $0.90g$。为了更有效地获得结构在地震激励下的响应，将 $0.2T \sim 1.5T$ 作为地震记录的调幅区间，其中 T 为该四层钢木混合结构的基本自振周期，为 0.861s。调幅后的地震记录反应谱如图 8-14 所示。

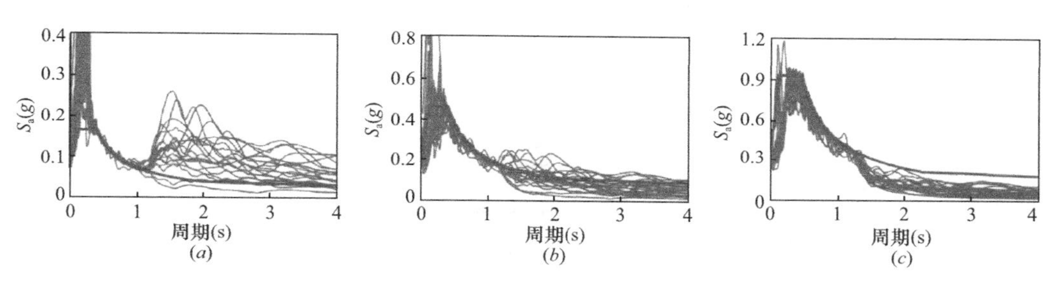

图 8-14　按各地震水准调幅后的地震记录反应谱

（a）多遇地震；（b）设防烈度地震；（c）罕遇地震

（二）基于易损性的地震可靠度分析

累积分布曲线法可较直观地评估结构在特定地震水准下的失效概率，可通过将结构在地震作用下的峰值响应可拟合成对数正态分布的方式绘制结构的累积分布曲线，如式（8-20）所示。

$$F_X(x) = \Phi\left(\frac{\ln x - \lambda}{\zeta}\right) \tag{8-20}$$

式中　$\Phi(\cdot)$——正态分布算子；

λ，ζ——对数正态分布参数，可采用对非线性时程分析中结构峰值响应的数据回归的方法得到。

本节以结构的最大层间位移角衡量地震作用下的结构响应，将本章非线性动力时程分析结果进行统计分析，得到四层钢木混合结构在不同地震水准下的层间位移角峰值累积分布曲线，如图 8-15 所示。

从图 8-15 中可以看出该四层钢木混合结构抗震性能较好，其在立即居住、生命安全和防止倒塌性能目标下失效概率几乎为 0。同时可以看出，在多遇地震下，结构超越 0.2%的预计层间位移角的概率较大，约为 63.8%；在设防烈度地震和罕遇地震下，结构超越 0.68%和 1.35%的预计层间位移角概率相对较小，分别为 18.3%和 20.4%左右。

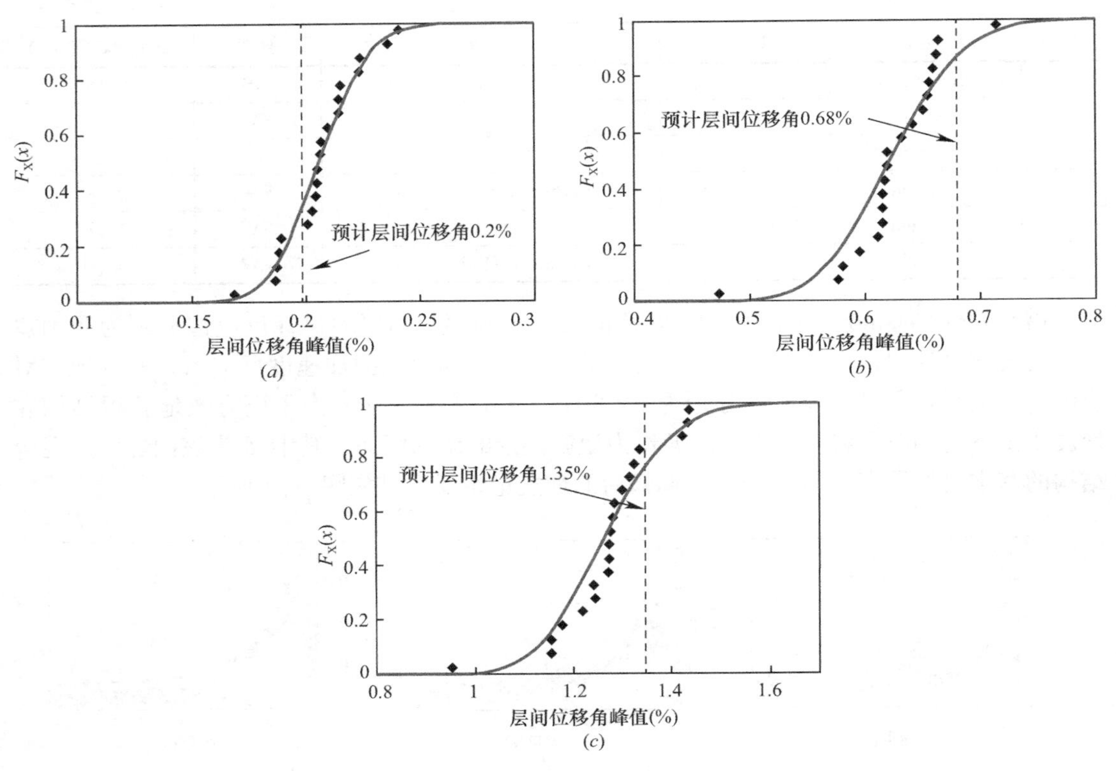

图 8-15 四层钢木混合结构累积分布曲线
（a）多遇地震水准；（b）设防烈度地震水准；（c）罕遇地震水准

（三）直接位移抗震设计方法验证

将非线性动力时程分析中结构各层层间位移角峰值及楼层位移峰值进行统计，并将其均值与目标层间位移角、目标楼层位移进行对比，如图 8-16～图 8-18 所示。可以发现，在三种地震水准下，结构层间位移角峰值与楼层位移峰值的平均值与目标值整体较为接近。其中，一层层间位移角估计值与真实值有一定误差，在二层及以上误差较小。各层楼层位移的目标值均略大于非线性动力时程分析得到的楼层位移平均值，这可能是设计时较保守地估计结构的延性需求系数导致的。

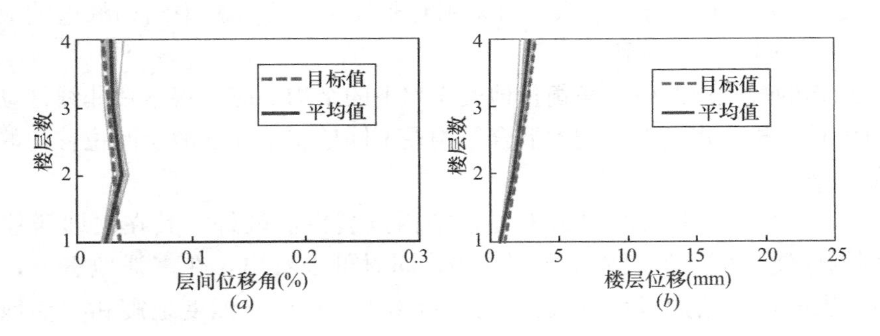

图 8-16 多遇地震水准结构响应对比图
（a）层间位移角；（b）楼层位移

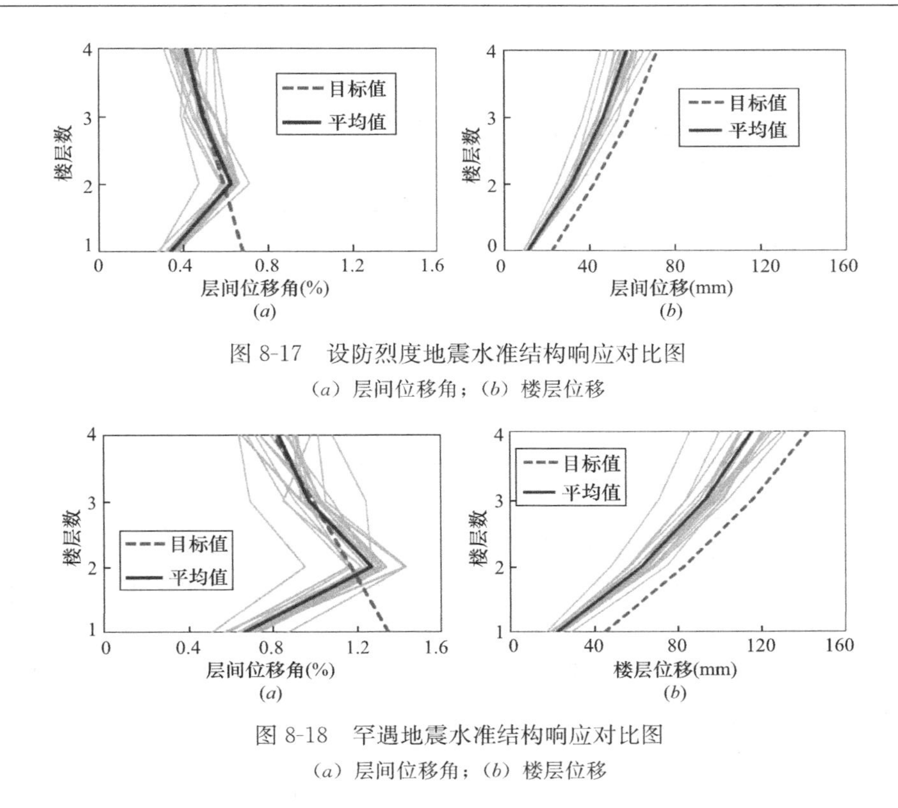

图 8-17　设防烈度地震水准结构响应对比图

(a) 层间位移角；(b) 楼层位移

图 8-18　罕遇地震水准结构响应对比图

(a) 层间位移角；(b) 楼层位移

四、阻尼器设计实例

下面以一个四层有阻尼器钢木混合框架剪力墙结构设计为例，介绍性能谱法的具体设计方法。

(一) 设计条件

本研究的四层混合结构假定位于中国四川省某地区，根据《中国地震动参数区划图》，该地区的基本设防烈度为 8 度 (0.2g)。场地为Ⅲ类场地，第二分组。该结构为一四层内廊式建筑，横向为三跨，外侧两跨跨度为 4.8m，中间跨跨度为 2.4m。中间跨作为走廊，两侧为房间。纵向设 6 个开间，跨度为 4.8m。结构平面轴线尺寸为 28.8m×12.0m。层高为 3.3m，总高 13.2m。该结构的平面与立面布置图如图 8-19 所示。

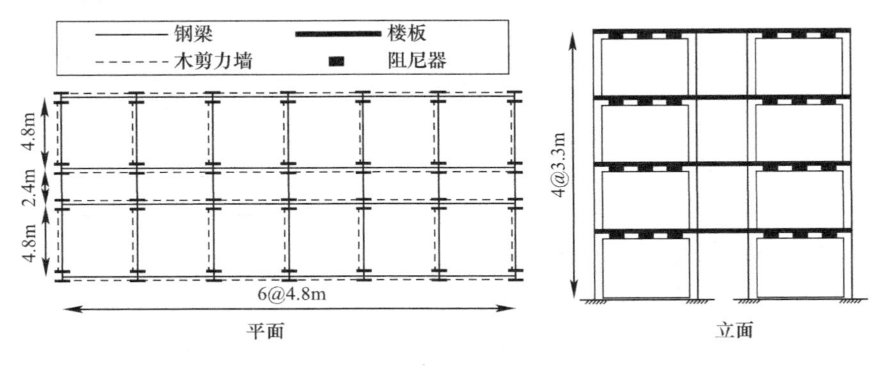

图 8-19　结构布置图

结构的恒载和活载根据实际情况取值。最终的竖向荷载取值见表 8-8。

竖向荷载取值　　表 8-8

工况	位置	取值
恒载	楼面	$1.9kN/m^2$
恒载	屋面	$1.8kN/m^2$
恒载	内墙	1.8kN/m
恒载	外墙	1.9kN/m
活载	室内	$2.0kN/m^2$
活载	走廊	$2.5kN/m^2$
活载	屋面	$0.5kN/m^2$
雪荷载	屋面	$0.5kN/m^2$

（二）钢结构初步设计

首先进行钢结构的设计。由于在有阻尼器钢木混合框架剪力墙结构体系中，钢结构的主要作用是承担重力，次要作用是与剪力墙共同承担侧向力，所以设计中首先考虑钢结构承担重力，再初步考虑钢结构承担侧向力的情况。

先假设不存在木剪力墙和阻尼器，按上一小节中的设计要求进行钢框架结构的设计。然后假定木剪力墙的刚度约为钢框架抗侧力刚度的 2 倍，采用弹性对角弹簧模型，利用振型分解反应谱法进行初步的小震下结构弹性响应的估计。这样做的目的是防止钢框架的刚度过小，以至于设计得到的剪力墙刚度过大，实际无法满足。

设计后的钢框架截面见表 8-9。

钢结构截面设计　　表 8-9

位置	楼层	钢结构截面
钢柱	4 层	HW150×150×7×10
	3 层	HW175×175×7.5×11
	2 层	HW175×175×7.5×11
	1 层	HW200×200×8×12
Y 方向主梁	4 层	HM150×100×6×9
	3 层	HM200×150×6×9
	2 层	HM200×150×6×9
	1 层	HM200×150×6×9
X 方向主梁	4 层	HM200×150×6×9
	3 层	HM250×175×7×11
	2 层	HM250×175×7×11
	1 层	HM250×175×7×11
走道梁	各层	HM150×100×6×9

（三）性能谱法设计木剪力墙和阻尼器

得到了初步设计的钢框架后，可以用性能谱法设计木剪力墙和阻尼器。结构的横向抗侧能力比纵向小，所以以横向的设计为主。下面以横向平面抗侧力单元为例，介绍利用性能谱法进行设计的方法。

（1）钢结构特征值和推覆分析

首先对平面钢框架结构进行特征值分析，以获得性能谱法中所需要的数据。特征值分析通过 SAP2000 来完成。特征值分析的结果为平面钢框架结构的第一周期为 1.259s，第二周期为 0.451s。前两阶振型为

$$\boldsymbol{\Phi}_1 = [1.000\ 0.812\ 0.549\ 0.206]^T$$

$$\boldsymbol{\Phi}_2 = [1.000\ -0.201\ -0.724\ -0.430]^T$$

采用与第一振型成比例的侧向荷载对平面钢框架进行推覆分析，得到钢框架的推覆曲线如图 8-20 所示。根据这一曲线，取钢框架的极限底部剪力为 304kN。

（2）确定抗震需求

中国抗震规范中规定了设计场地对应的抗震加速度放大系数谱，由此可以得到对应的加速度反应谱。从规范中可以得出，本设计中假定的Ⅲ类场地第二组在 8 度（0.2g）设防区域对应大震下的加速度放大系数谱平台段的加速度放大系数为 0.9。其加速度反应谱如图 8-21 所示。根据规范中的规定，还可以确定在小震、中震下的加速度反应谱。两种地震强度所对应加速度反应谱的平台段加速度分别为 0.16g，0.45g。另外，还考虑将加速度反应谱的平台段加速度按比例放大为 1.2g，作为极端状态进行研究，本节称之为极大震工况。

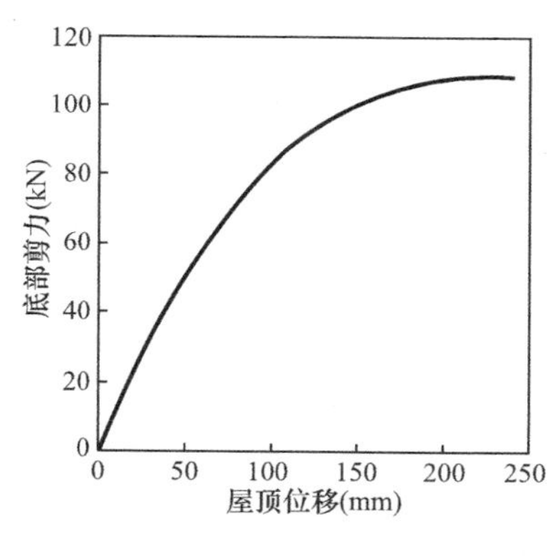

图 8-20　钢框架的推覆曲线

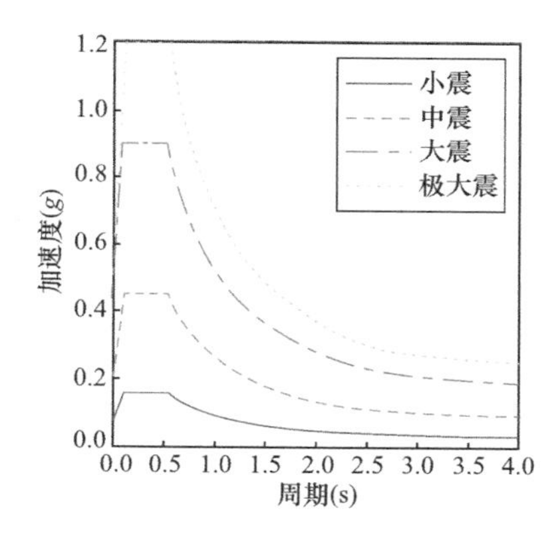

图 8-21　大震下加速度反应谱

（3）设计目标的量化

本设计的主要目标是减少结构填充墙的损伤。这里将大震下层间位移角为 1%作为目标之一。这时钢结构在地震下基本仍处于弹性，可以较好地发展塑性。在极端情况下，将这一目标放宽至 1.5%。另外，为了达到保护木剪力墙的目标，木剪力墙的受力不能过大，在大震下应该处于极限承载力的 50%以内。还有一个与正常使用有关的设计目标，就是残余位移。将屋顶残余位移 0.5%作为设计目标之一，以便结构震后的修复。对于底部剪力的目标，设置为与大震的弹性振型分解反应谱法所得到的底部剪力相同。

将上述目标按性能谱法标准化后，得到三个指标的设计目标值如表 8-10 所示。考虑到层间位移角会有局部的放大，所以对总体的位移目标乘上一个 0.89 的折减系数。括号中的数值就是考虑了局部放大的数值。

设计目标　　表 8-10

地震强度	R_d	R_s	R_a
大震	0.52（0.46）	0.5	1.0
极端情况	0.58（0.52）	0.33	0.75

（4）性能谱绘制

根据上述讨论，可以绘制出所设计结构的性能谱，如图 8-22 所示。尽管通过已有的分析已经得出结构的 $T_f=1.25s$，$V_f=65\%$，但是为了考察所得结果对于这两个参数的敏感性，针对 $T_f=1.15s$ 和 $V_f=90\%$ 的情况分别又生成了相应的性能谱，即得到 4 个性能谱。图中黑色网状线表示 R_a 与 R_d 的关系，红色线表示 R_s 与 R_d 的关系。黑色线中的每一个圆点对应一组阻尼器的 μ_d 和 α 组合。满足设计目标的范围用灰色标出。其中满足全局目标的范围用亮灰色标出，满足局部折减后的目标范围用深灰色标出。综观四个性能谱，可以发现无阻尼体系的周期 T_f 对图像的影响不大，但是标准化承载力 V_f 对图像的影响较大。因此忽略 $T_f=1.15s$ 的情况，主要针对 $T_f=1.25s$ 的两个性能谱进行讨论。

对于性能谱中点的选取，首先需要满足设定的各无量纲参数的目标值。从图中可以看出，只有 $\alpha=0.25$ 的曲线上有点落在目标范围内。因此取 $\alpha=0.25$。在这一曲线上，选择 $\mu_d=6$ 的点作为设计点，该点对应的 R_d、R_s 和 R_a 的值都处在一个比较合理的范围。

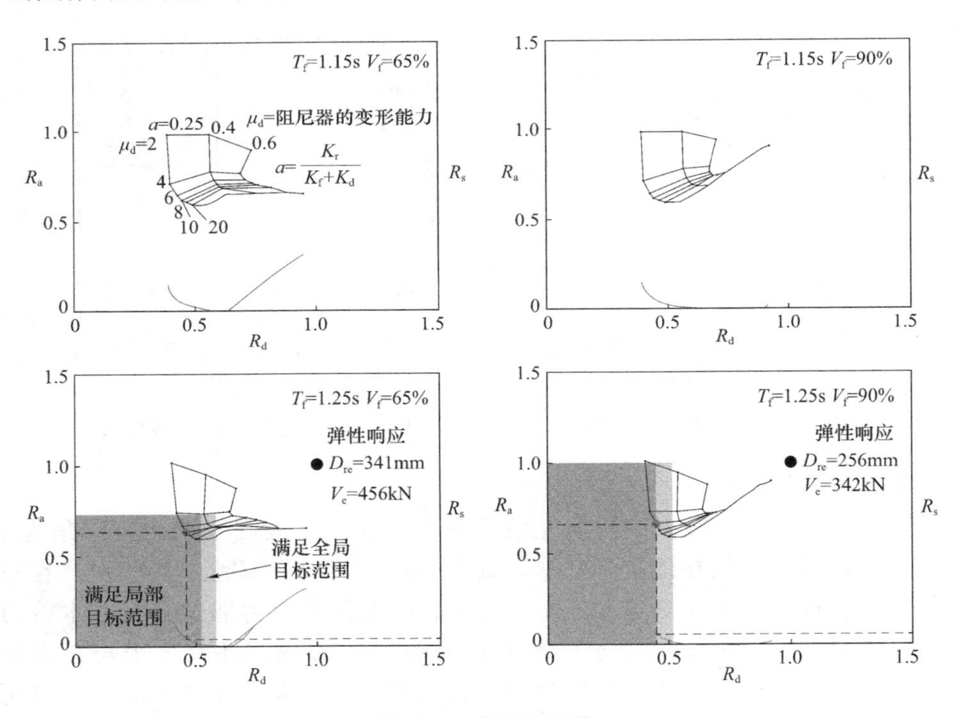

图 8-22　设计性能谱

（5）反推结构设计

得到了 $\alpha=0.25$ 和 $\mu_d=6$ 这两个设计值后，就可以反推出结构设计的各参数。计算的结果见表 8-11。表中，框架的质量根据荷载设计值确定，无阻尼器框架各层的刚度根据结构的第一振型推导而得。各层的承载力近似地认为与各层的刚度成正比。Φ_d 表示目标第一振型，这里设计为各层振型分量与楼层标高成正比。K_d 为各层木剪力墙的等效刚度，V_d 为各层阻尼器的激发力。

阻尼器设计　　**表 8-11**

楼层	不含阻尼器框架			阻尼器		
	m（kg）	K_f（kN/mm）	V_f（kN）	Φ_d	K_f（kN/mm）	V_d（kN）
1	24338	6.49	304	0.25	15	80
2	24275	3.54	166	0.5	15	180
3	24219	3.34	160	0.75	10	95
4	15670	2.08	100	1	5	20

附录一　木剪力墙精细化建模方法

一、采用木结构计算专用有限元程序 WALL2D

WALL2D 为加拿大英属哥伦比亚大学（The University of British Columbia）的 Timber Engineering and Applied Mechanics 研究团队编制的针对木结构剪力墙的专用有限元软件。其原型为 Foschi 编制的钉连接计算软件。WALL2D 程序界面如附图 1-1 所示。

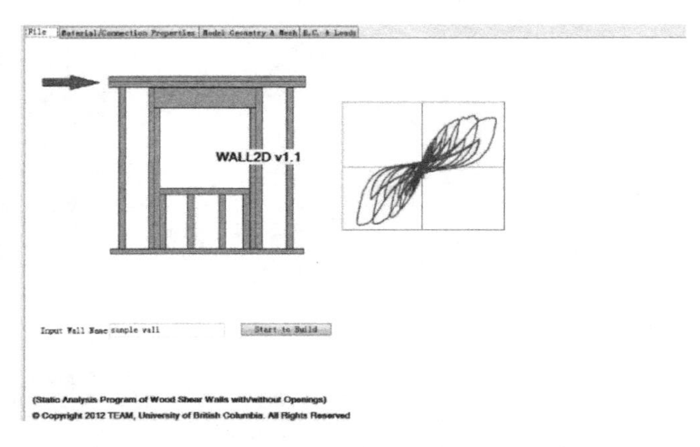

附图 1-1　WALL2D 木剪力墙非线性分析程序界面

在 WALL2D 中，木剪力墙被简化为平面构件。其墙骨柱以线性梁单元模拟，覆面板以壳单元模拟，锚固件和 Hold-down 以线性弹簧单元模拟，面板钉连接节点的本构关系则采用 Foschi 提出的"HYST"算法确定。"HYST"算法如附图 1-2 所示，钉连接节点中的钉子通过弹塑性梁单元模拟，而其周围的木结构介质以只压非线性弹簧单元模拟。因木介质为只压弹簧，故当钉子与木材发生挤压时，木材的变形在加载方向改变时无法恢复，从而在钉子与木材间形成了缝隙，而这些缝隙的形成恰恰是节点刚度、强度退化和捏缩特性的原因。该模型中，当钉连接受力变形时，节点内力可通过钉子和只压弹簧的相互作用关系通过积分计算得到，从而从根本上避免了从滞回曲线形状层面对钉连接节点的模拟，具有更好的稳定性和更快的计算速度[1]。

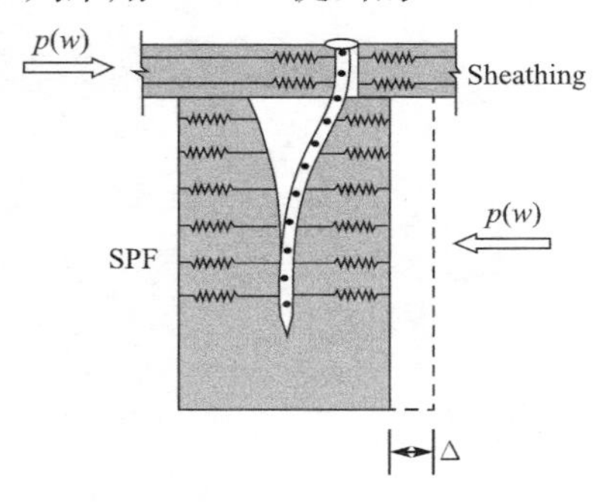

附图 1-2　"HYST"算法示意图

二、采用基于 ABAQUS 特殊单元的子程序

在往复荷载作用下，木剪力墙体现出充分的强度、刚度退化和捏缩等特性。目前，在通用结构分析软件中，均不具有可充分体现木剪力墙抗侧力性能的单元。而为模拟木剪力

墙而编制的专用计算程序，因其前处理、后处理模块多不够完善，且对单元和节点个数多有所限制，故其在分析复杂结构体系时仍存在较大局限性。

通用有限元分析软件 ABAQUS 具有自定义单元子程序（UEL）接口，可让用户通过 FORTRAN 语言编制所需单元的程序代码，并通过该接口完成子程序与 ABAQUS 主程序的数据交换。采用如附图 1-3 所示的定向耦合弹簧作为钉连接模型进行自定义单元开发。该连接单元共有两个弹簧分量，其中 u 方向为钉连接节点的初始变形方向，v 方向是与 u 垂直的次要变形方向。通过这样的方式，连接的刚度矩阵在 x 和 y 两个方向被耦合在一起。连接在 u 向和 v 向的刚度 k_u、k_v 以及节点力 P_u 和 P_v 分别是钉连接 u 向位移和 v 向位移的函数。

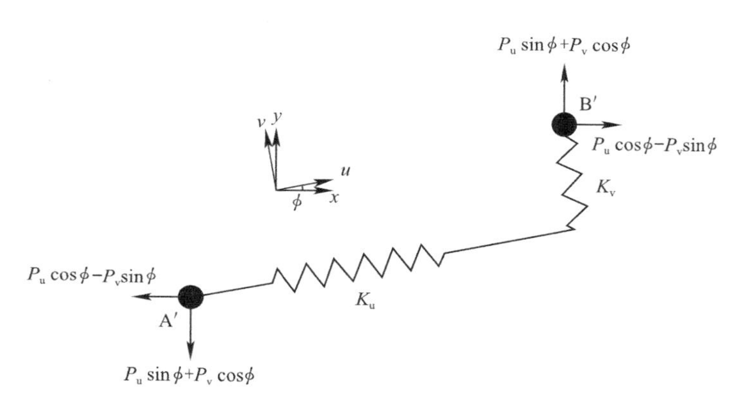

附图 1-3　定向耦合弹簧对示意

在该钉连接模型中，当 u 方向的位移 δ 小于破坏位移 δ_{fail} 时，程序定义了一个参数 D_f 来对次要变形 v 方向的力和刚度进行折减，此时 $D_f=1-\delta/\delta_{fail}$，当 u 方向的位移 δ 大于破坏位移 δ_{fail} 时，该模型认为钉连接的变形主要沿 u 方向，v 方向弹簧的力为零。

在子程序的开发中，v 方向和 u 方向的弹簧单元均采用“HYST”算法编制，并采用 FORTRAN 代码建立了子程序与 ABAQUS 主程序的接口。自定义单元的刚度矩阵如式（附 1-1）所示，钉连接的抗剪承载力主要来源于其在平面内的变形，其平面外变形提供的抗力较小。因此，在钉连接单元中，可限制其在 z 方向的自由度，并在刚度矩阵中将该方向的对应刚度置以很小的数值。

$$K=\begin{bmatrix} K_{11} & K_{12} & K_{13} & -K_{11} & -K_{12} & -K_{13} \\ & K_{22} & K_{23} & -K_{12} & -K_{22} & -K_{23} \\ & & K_{33} & -K_{13} & -K_{23} & -K_{33} \\ & & & K_{11} & K_{12} & K_{13} \\ & sym & & & K_{22} & K_{23} \\ & & & & & K_{33} \end{bmatrix} \tag{附 1-1}$$

式中
$K_{11}=K_u\cos^2\phi+K_v\sin^2\phi$；
$K_{12}=K_u\cos\phi\sin\phi-K_v\cos\phi\sin\phi$；
$K_{22}=K_u\sin^2\phi+K_v\cos^2\phi$；
$K_{ij}=1\quad ifi=3orj=3$。

该用户自定义 UEL 子程序在 ABAQUS 中的工作原理和流程如下：

(1) 通过初始迭代步确定弹簧单元的初始变形方向 ϕ；

(2) 将钉连接包含节点的相应位移传入用户自定义 UEL 子程序；

(3) 子程序通过 ABAQUS 主程序传入的节点位移计算弹簧在 u 方向和 v 方向的变形，并采用"HYST"算法得到在相应位移下弹簧在 u 方向和 v 方向的分力 F_u、F_v 以及刚度 k_u、k_v；

(4) 在子程序中，通过式（附 1-1）组装单元刚度矩阵，并将矩阵传入 ABAQUS 主程序，参与结构整体刚度矩阵的组装；

(5) 通过 ABAQUS 求解器迭代计算，如收敛，将新的节点位移传回子程序，并重复步骤 (2)～(5)[1]。

附录二　轻型木楼盖数值模拟

轻型木楼盖数值模拟是整体钢木混合结构模拟的基础，包括两种方法。一种是对楼盖建立精细化模型，主要用于单独楼盖的模拟；另一种是对楼盖建立等效简化模型，主要运用在整体结构分析中。

一、楼盖精细化模型

楼盖精细化模型需对楼盖的每个组成部分进行模拟，例如搁栅、覆面板、钉节点、横撑等。

（一）楼盖搁栅单元

楼盖 SPF 搁栅在 ABAQUS 中用两节点线性梁单元 B21 模拟，其弹性模量 E、密度 ρ 由 SPF 规格材材性试验得到。木材由于各向异性，顺纹与横纹方向弹性模量差别很大。但试验加载时，搁栅主要弯曲方向沿着木材顺纹方向，因此弹性模量 E 取沿顺纹方向的弹性模量值。截面按实际尺寸取值。在 ABAQUS 中建立梁单元并且赋予其截面属性后，还需定义梁单元方向，以确定搁栅截面摆放情况。

（二）覆面板单元

在 ABAQUS 中，覆面板由 4 节点的平面应力单元 CPS4R 模拟。覆面板为各项异性材料，在 Property 模块下的 Engineerig Constants 中对各项异性材料进行定义。E_1 为面板沿平行于木屑铺设方向的弹性模量；E_2 为垂直于木屑铺设方向的弹性模量；G_{12} 为剪切模量。弹性模量 E_1、E_2、板材密度 ρ 根据 OSB 板材性能试验取值；剪切模量 G_{12} 参照加拿大木设计手册《Wood Design Manual》（2010）[63]取值。在对 OSB 覆面板赋予截面属性后，需用 Assign Material Orientation 命令对 CPS4R 单元指定材料方向。覆面板之间拼缝按实际铺板情况留 3mm 间隙。

（三）钉连接单元

在单向荷载作用下模拟轻型木楼盖时，可以采用 Cartesian 单元或 U1 单元对钉连接单元进行模拟。对于 U1 单元，针对楼盖中钉的本构关系分别输入相应的垂直与平行钉连接的平均曲线指数曲线拟合参数 k_1、k_2、k_3、F_0、δ_{yield}、δ_{u} 以及 δ_{fail}。Cartesian 单元模拟钉连接时，模型采用椭圆模型，其相应的本构关系 $F_{1.\mathrm{c.e}}(u_1, u_2)$、$F_{2.\mathrm{c.e}}(u_1, u_2)$ 分别由钉相应的垂直及平行钉连接荷载位移指数拟合曲线按式（附 2-1）～式（附 2-3）得到。

$$F_{1.\mathrm{c.e}}(u_1, u_2) = \cos(\gamma) \cdot F_1(u_1^*, 0) \tag{附 2-1}$$

式中　γ——坐标轴原点与任意点（u_1，u_2）的连线与 u_1 轴的夹角；

$F_1(u_1^*, 0)$——平行钉连接荷载位移曲线 $F_1(u_1)$ 在 u_1^* 的值；

u_1^*——等效在 u_1 轴上的等效位移，通过式（附 2-2）可得出。

$$\frac{r}{r_{\max}} = \frac{u_1^*}{u_{1\max}} \tag{附 2-2}$$

式中　r——从点（u_1，u_2）到坐标轴原点的距离；

r_{max}——沿着 r 方向与椭圆的交点到坐标原点的距离。

同理，椭圆模型沿 u_2 方向的弹簧本构关系 $F_{2.c.e}(u_1, u_2)$ 由式（附 2-3）求得：

$$F_{2.c.e}(u_1, u_2) = \sin(\gamma) \cdot F_2(0, u_2^*) \quad \text{(附 2-3)}$$

往复荷载作用下，采用 U1 单元模拟，滞回模型采用改进的 Stewart 模型。钉的 U1 单元参数 k_1、k_2、k_3、F_0、δ_{yield}、δ_u、δ_{fail}分别根据垂直钉连接和平行钉连接的单向荷载位移曲线或滞回曲线骨架曲线拟合得到；k_4、k_5、F_1、α_{LD}、β 分别根据垂直钉连接和平行钉连接的滞回曲线拟合得到。可以在 ABAQUS 中先建立好线性 Spring 弹簧单元，然后通过修改模型的 inp 文件从而调用 U1 弹簧单元。

（四）其他单元及连接

横撑为双 SPF 拼合而成，建模时单元选用 B21。横撑与搁栅之间以及搁栅框架之间的钉连接用 Join 单元模拟，即铰接。

二、楼盖等效桁架模型

楼盖的总变形包括剪切变形与弯曲变形两部分，楼盖跨宽比较小时，其剪切变形占据总变形的绝大部分。李硕（2010）[44]曾对跨×宽为 4.88m×3.66m 轻型木楼盖进行了水平抗侧性能试验，测得楼盖的剪切变形几乎等于总变形，并在结构的整体分析中用等效桁架模型模拟楼盖平面内刚度。周楠楠（2010）[64]用等效桁架模型代替轻型木剪力墙对四川向峨小学进行了地震时程分析。

在钢木混合结构分析中，有很多木楼盖及剪力墙，每个楼盖及剪力墙的尺寸、开洞、钉节点布置等都不一样。如果每个楼盖及剪力墙都建立精细化模型，工作量将十分繁重，也几乎不可能计算，因此需要将楼盖及剪力墙进行简化。当轻型木楼盖的单向及往复荷载作用下均以剪切变形为主时，即可将楼盖简化为等效桁架模型。该模型由轴向刚度很大的刚性杆及非线性对角弹簧组成，刚性杆之间铰接，非线性对角弹簧连接四个角点，如附图 2-1 所示。楼盖在受水平荷载时，等效桁架模型中的刚性杆会发生刚性位移，但不会变形，楼盖的变形只通过对角弹簧的伸长或缩短来实现，且变形只有剪切变形。

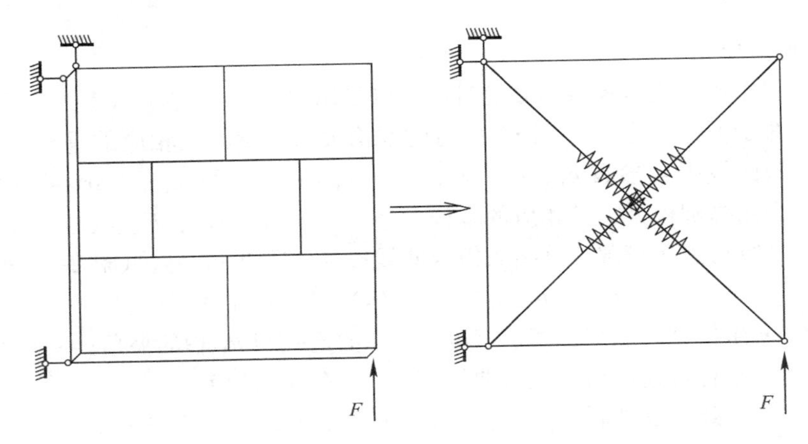

附图 2-1　楼盖等效桁架简化模型

等效桁架模型中的对角弹簧在 ABAQUS 中均采用 U1 定向弹簧对单元模拟，滞回模型采用改进的 Stewart 模型。刚性杆可以用杆单元 T3D2 模拟，将其弹性模量 E 设置一个很大的数，使之成为刚性杆。杆单元之间用 Join 连接单元模拟其铰接，如附图 2-2 所示。

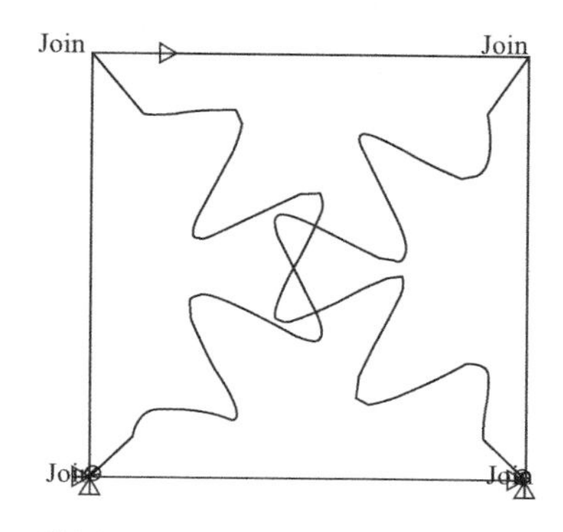

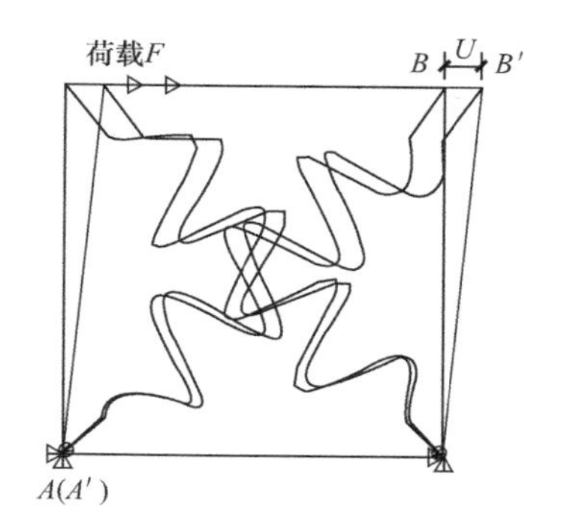

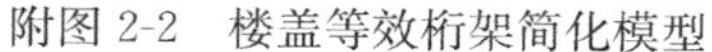

附图 2-2　楼盖等效桁架简化模型

附图 2-3　等效桁架模型变形图

等效桁架简化模型需要确定非线性 U1 弹簧单元荷载位移曲线本构的各个参数。在附图 2-3 中，一对定向非线性弹簧 U1 连接楼盖中的对角点，U1 单元两个方向弹簧保持不变，其中 u 方向为弹簧单元初始变形方向，v 方向是与 u 垂直的次要变形方向。未加载之前，A 点位于楼盖左下角固定处，B 点位于楼盖右上角；楼盖受水平力变形后，A 点变形到位置 A'，B 点变形到位置 B'。弹簧单元中的初始变形方向 u 与 x 轴（水平轴）的夹角 φ 在 U1 单元程序中按照式（附 2-4）～式（附 2-6）确定：

$$\cos\varphi = \frac{DISPX}{DISPR},\quad \sin\varphi = \frac{DISPY}{DISPR} \qquad \text{（附 2-4）}$$

$$DISPX = U(3) - U(1),\quad DISPY = U(4) - U(2) \qquad \text{（附 2-5）}$$

$$DISPR = \sqrt{DISPX^2 + DISPY^2} \qquad \text{（附 2-6）}$$

式中　$U(1)$、$U(2)$——分别为 A 点 x 方向及 y 方向的位移；

$U(3)$、$U(4)$——分别为 B 点 x 方向及 y 方向的位移。

从附图 2-3 中可以看出，$U(1)$、$U(2)$ 均为 0，而 y 方向变形与楼盖尺寸相比可忽略，因此 $U(3)=U$、$U(4)=0$。将各 U 值代入公式（附 2-5）和式（附 2-4）中，即可得出弹簧初始变形 u 方向即为 x 方向。U1 单元假设弹簧在 u 方向和 v 方向的刚度相同，但在加载过程中楼盖的变形始终沿 x 方向，使弹簧的变形主要沿着初始变形轨迹 u 方向，v 方向的变形很小可忽略，对计算结果影响很小。由于采用一对交叉弹簧，因此弹簧在 u 方向受力即为楼盖沿 x 方向荷载的一半。非线性弹簧单元 U1 的抗侧刚度可根据公式（附 2-7）、式（附 2-8）得到：

$$U_u = U,\quad F_u = F/2 \qquad \text{（附 2-7）}$$

$$K_u = \frac{F_u}{U_u} = \frac{F/2}{U} = \frac{K}{2} \qquad \text{（附 2-8）}$$

式中　U_u——非线性弹簧单元 U1 在初始变形 u 方向的变形；

U——楼盖侧向变形；

F_u——非线性弹簧单元 U1 在初始变形 u 方向的力；

F——楼盖侧向力；

K_{u}——非线性弹簧单元 U1 在初始变形 u 方向的刚度；

K——楼盖抗侧刚度。

式（附 2-7）、式（附 2-8）建立了楼盖荷载、位移及抗侧刚度与等效桁架模型中对角非线性弹簧单元的荷载、位移及刚度之间的关系。因此若已知楼盖的荷载位移曲线，即可根据式（附 2-7）、式（附 2-8）得到对角非线性弹簧荷载位移曲线所需的各个参数。

附录三　钢木混合结构简化模型建模要点

一、钢木混合结构在 ABAQUS 中的模拟要点

附录一介绍了木剪力墙结构在 ABAQUS 中精细化建模方法，但木结构剪力墙中多包含成百乃至上千个钉连接，如果在整体有限元模型中，对钉连接一一进行精确建模，则会耗费较多计算资源。因木剪力墙整体的抗侧力性能为通过其上的钉连接体现，故其滞回曲线与单个钉连接的滞回曲线在形状上极其相似。基于这一现象，国内外诸多学者采用对角弹簧的形式模拟轻型木结构中的剪力墙。基于此方法，提出了采用“HYST”算法模拟整个剪力墙性能的概念，这样得到的木剪力墙可仅用一个或一对“HYST”弹簧模拟，也可称为“Pseudo nail”非线性弹簧单元。

基于以上考虑，可利用等效桁架简化模型来模拟轻木-钢框架混合体系中木剪力墙的抗侧力性能，如附图 3-1 所示。在该模型中，剪力墙由刚性梁单元和一对“Pseudonail”非线性弹簧单元来模拟。刚性梁单元之间铰接，且不为整体结构提供抗侧力。在侧向荷载的作用下，由于刚性杆的刚度很大，可忽略其变形，因此墙体的变形主要为对角弹簧的变形，墙体的非线性可全部由斜向的“Pseudonail”弹簧单元特性来实现。具体做法为以整个木剪力墙往复加载下的包络线为目标，回归得到“HYST”算法中的相关参数。这样便可大大减少数值模型中的非线性弹簧数目，从而使模型的计算效率大幅提高。一系列研究成果表明，该简化方法不仅可以很好模拟木剪力墙在静力荷载下的整体抗侧力性能，还可对地震激励下木剪力墙的动力反应进行模拟，且具有计算快速、稳定的特点[1]。

由于采用一对“Pseudonail”弹簧模拟木剪力墙的抗侧力性能，因此弹簧在 u 方向的抗侧刚度即为墙体沿 x 方向刚度的一半。每个“Pseudonail”弹簧单元的抗侧刚度可根据式（附 3-1）得到。

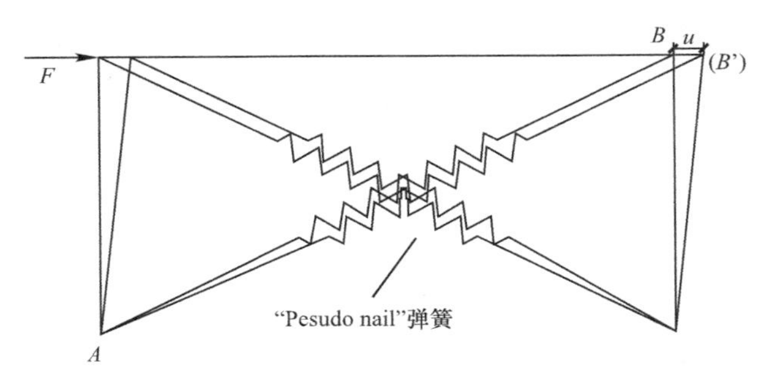

附图 3-1　木剪力墙的简化模型

$$u_u = u \tag{附 3-1a}$$

$$F_u = \frac{F}{2} \tag{附 3-1b}$$

$$K_{\mathrm{u}}=\frac{F_{\mathrm{u}}}{u_{\mathrm{u}}}=\frac{\frac{F}{2}}{u_{\mathrm{u}}}=\frac{K}{2} \tag{附 3-1c}$$

式中 u_{u}——“Pseudonail” 弹簧单元在 u 方向的变形；

u——剪力墙的侧向变形；

F_{u}——“Pseudonail” 弹簧单元在变形 u 方向的力；

F——剪力墙在变形 u 下的侧向力；

K_{u}——“Pseudonail” 弹簧单元在初始变形 u 方向的刚度；

K——剪力墙的抗侧刚度。

式（附 3-1）建立了剪力墙的荷载、位移和抗侧刚度与简化模型中的对角非线性弹簧单元的荷载、位移和刚度之间的关系，因此若已知墙体的荷载-位移曲线后，即可得到简化模型中对角非线性弹簧的荷载-位移曲线所需要的各个参数，从而建立与原剪力墙段等效的简化模型。

采用 ABAQUS 有限元分析软件对轻木-钢框架混合体系进行整体建模。对于轻木-钢框架混合体系中的内填木剪力墙，采用上述 “Pseudonail” 非线性弹簧单元模拟；对于轻木-钢框架混合体系中的其他构件，采用 ABAQUS 单元库中的自有单元模拟。值得说明的是，本模型对楼板的模拟亦采用了简化方法。该方法采用对角弹簧单元模拟楼盖的平面内刚度。弹簧刚度需通过试验得到的楼盖平面内刚度确定。研究表明，该方法可较好对楼盖传递侧向力的行为进行模拟。

整体轻木-钢框架混合体系的非线性由 “Pseudonail” 非线性弹簧单元和钢材弹塑性本构关系共同体现，附图 3-2 为轻木-钢框架混合体系的有限元模型。有限元模型中各构件所选用的单元及相关参数如附表 3-1 所示。

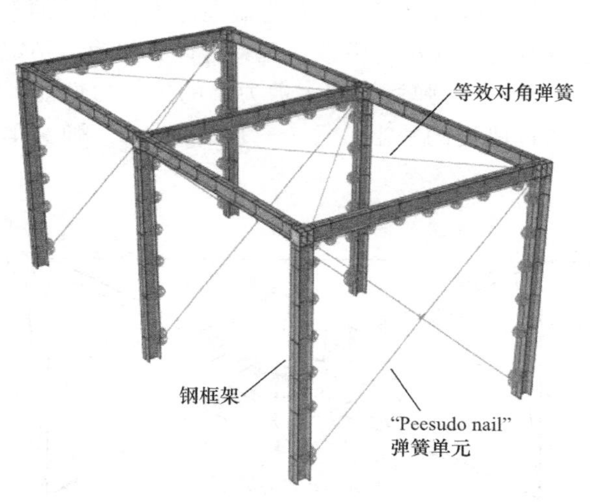

附图 3-2　轻木-钢框架混合体系整体有限元模型

有限元模型单元选择和参数设置　　**附表 3-1**

构件	ABAQUS 单元类型	单元参数
钢构件	平面应力单元 S4R	采用 Combinedhardening 准则； 材料弹塑性本构关系按钢材材性输入

续表

构件	ABAQUS 单元类型	单元参数
木剪力墙	用户自定义单元 “Pseudonail”非线性弹簧	采用拟合得到“HYST”算法相关参数
钢-木螺栓连接	多段线性弹簧单元 SPRING-Nonlinear	弹簧的力-变形关系按钢-木连接节点性能输入
楼板	多段线性弹簧单元 SPRING-Nonlinear	弹簧的力-变形关系按楼盖平面内刚度输入

二、轻木-钢框架混合体系在 OpenSees 中的模拟要点

OpenSees 是由美国国家自然科学基金资助、西部大学联盟太平洋地震工程研究中心主导、加州大学伯克利分校为主研发而成的、用于结构和岩土方面地震反应模拟的一个较为全面的开放的程序软件体系。与大型通用有限元软件相比，它便于改进，易于协同开发。由于 OpenSees 具有开源特性，用户可以根据自身的需求，开发单元并上传至软件共享。目前，OpenSees 拥有十分丰富的单元库，且还在不断扩充中。

钢框架可采用基于刚度的纤维单元（dispBeamColumn）进行模拟，由于基于刚度法的纤维单元模型把单元划分为若干个积分区段，积分点处截面的位移通过 3 次 Hermit 多项式插值得到，该插值函数不能很好地描述端部屈服后单元的曲率分布，为减少 Hermit 函数造成的误差，可以采用多细分单元的建模方法，以提高精度。对于半刚性柱脚，模拟方式与 ABAQUS 中类似，通过 TwoNodeLink 单元将柱脚与基础相连，相当于在柱脚与基础间形成了一根弹簧，再对弹簧赋予弹性本构关系即可。

木剪力墙采用 twoNodeLink 单元进行模拟。轻型木剪力墙的特征之一，是其明显的捏缩效应。捏缩效应可以选用单轴材料 Pinching4 来模拟。Pinching4 材料模型首先定义荷载-位移关系的骨架曲线，在荷载-位移关系曲线的第一象限和第三象限分别利用包含原点的 4 个点进行定义，其本构关系如附图 3-3 所示。这样就可以把骨架曲线以四段折线的代替。通过调节 Pinching4 单元的三个特征参数来定义捏缩特性，就可以实现捏缩效应的模拟。

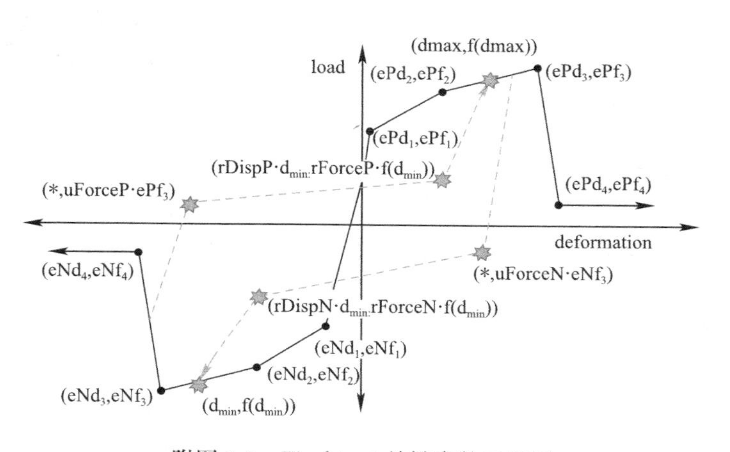

附图 3-3　Pinching4 关键参数示意图

附录四　钢框架轻型木剪力墙连接模拟

一、钢木混合结构在 ABAQUS 中的模拟要点

（一）普通螺栓连接模拟

在 ABAQUS 中，选择双折线模型作为普通螺栓连接的本构模型，对钢框架与剪力墙上的点用线单元连接，并定义连接单元，连接类型为 Cartesian。Cartesian 可以定义两个相互垂直方向的非线性本构关系。试验观察到木垫板的挤压破坏，说明普通螺栓连接除了承担钢框架与轻型木剪力墙相互错动所产生剪力 V 外，还兼有承担与此剪力垂直的压应力 N，如附图 4-1 所示。因此除了输入剪切方向上的本构关系。垂直方向上，应定义抗压刚度。试验中观察到许多木垫板在工作中被拉开，如附图 4-2 所示，说明部分木垫板不参与工作。因此只为靠近柱端的连接定义抗压强度，抗压刚度设置为线性，数值为 3kN/mm。由于实际压力未经测量，此数值可以根据整体试件的荷载-位移曲线模拟情况进行适当调整。

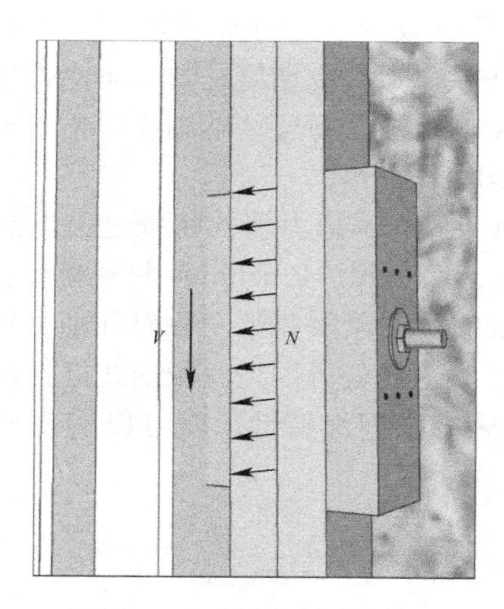

附图 4-1　连接实际受力情况

附图 4-2　木垫板被拉开

（二）高强螺栓连接模拟

高强螺栓连接的本构模型根据《钢结构设计标准》，简化为附图 4-3 所示。在达到摩擦型高强螺栓设计承载力 N_v^b 前，不发生滑动；达到 N_v^b 后，螺栓发生滑动；滑动至顶紧孔壁后，认为锁死，位移不再继续增大，此时螺栓从摩擦型高强螺栓转变为承压型高强螺栓。按照概念设计，摩擦型高强螺栓滑动即认为失效，因此滑移后的承压段可作为实际结构的安全储备。

在 ABAQUS 中，对钢框架与剪力墙上的点用线单元连接，并定义连接单元，连接类型为 Cartesian。由于此试验为水平抗侧力试验，连接主要传递水平力，因此连接只定义水平方向的本构关系。采用规范设计值进行计算，结果是偏于保守的，可以保证结构安全，

因此在设计中采用规范设计值进行设计是可行的。理论上超过摩擦型高强螺栓抗剪承载力设计值 N_v^b 时，即开始滑移，此时刚度应为0，但在ABAQUS中，斜率为0无法进行计算。因此，定义本构关系参数时，本构关系中的水平段只能用小斜率折线段近似代替，不可将斜率设置为零。

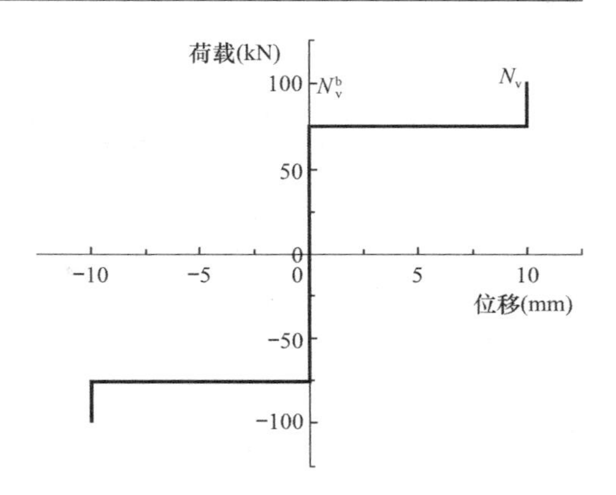

附图 4-3　高强螺栓连接本构模型

（三）底梁角钢的模拟

对高强螺栓连接的钢木混合结构，底梁角钢约束了木剪力墙的水平位移和竖向位移，由于底部自攻螺钉连接刚度不大，并不能很好约束墙体转动。因此可将底梁角钢视作铰支座，在模型中将轻型木剪力墙底部铰接即可。另外，双向铰接限制了轻型墙体的竖向运动，因此在定义高强螺栓连接时，不应再定义连接的竖向本构关系，否则会重复约束，使约束过强，刚度偏大。

二、基于 OpenSees 的钢木混合体系模拟

OpenSees 是由美国国家自然科学基金资助、西部大学联盟太平洋地震工程研究中心主导、加州大学伯克利分校为主研发而成的、用于结构和岩土方面地震反应模拟的一个较为全面的开放的程序软件体系。与大型通用有限元软件相比，它便于改进，易于协同开发。由于 OpenSees 具有开源特性，用户可以根据自身的需求，开发单元并上传至软件共享。目前，OpenSees 拥有十分丰富的单元库，且还在不断扩充中。

ABAQUS 中建立的精细化有限元模型，可以较好地模拟钢木混合体系。但它仍存在一些问题，如，无法精确模拟滑移、更改连接条件后收敛困难、计算效率比较低等缺点。对于更加复杂的结构，采用这种方法建模无疑是很困难的，不利于钢木混合结构的推广。为此，本节拟以弹塑性有限元程序 OpenSees 为基础，建立单榀钢木混合体系的简化有限元模型，弥补 ABAQUS 精细化模型的一些不足。

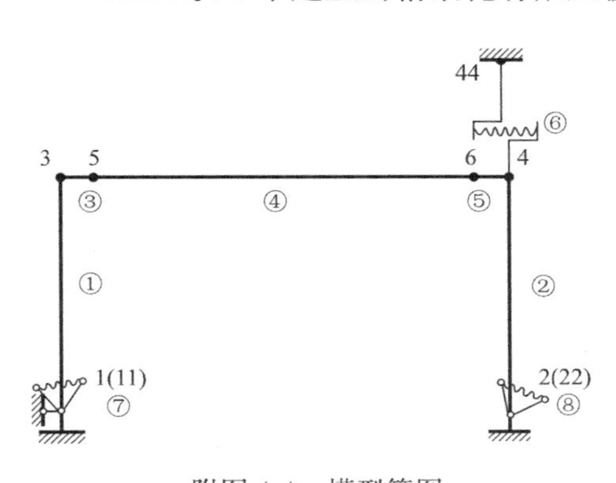

附图 4-4　模型简图

本节利用 OpenSees 来完成数值模拟，OpenSees 没有前处理程序，需要自行划分单元和节点，计算简图及单元节点编号如附图 4-4 所示，各部分所选单元和材料见附表 4-1。

构件单元材料库选择　　**附表 4-1**

构件	所选单元	单元号	所用材料
钢框架梁柱	ForceBeamColumn	1、2、3、5	Steel01
狗骨式节点（RBS）	ForceBeamColumn（带屈服梁端）	4	Steel01
轻型木剪力墙	TwoNodeLink	6	Pinching4、ElasticPPGap、Parallel、Series
半刚性柱脚	TwoNodeLink	7、8	Steel01

对于钢框架，OpenSees 中提供可以自身迭代的 forceBeamColumn 单元，它在单元内部自动化分为多段，求解时在内部迭代完成，可以实现复杂形函数的模拟。因此不必对梁、柱进行单元细分，用一个单元即可达到模拟要求。

对于 RBS，在 OpenSees 中，forceBeamColumn 单元可以将单元梁端指定为屈服梁段重新定义截面。因此只需要在单元中设定 RBS 的长度和截面即可，大大提高了求解和建模效率。钢框架与 RBS 的材料性质都仍采用钢材的双折线本构模型，在材料 Steel01 中进行设定。

对于半刚性柱脚，模拟方式与 ABAQUS 中类似，通过 TwoNodeLink 单元将柱脚与基础相连，相当于在柱脚与基础间形成了一根弹簧，再对弹簧赋予弹性本构关系即可。

对于轻型木剪力墙，通过 TwoNodeLink 单元将钢框架与基础相连，相当于在钢框架与基础间形成了一根弹簧，通过赋予弹簧轻型木剪力墙的属性，即可模拟轻型木剪力墙的效果。

轻型木剪力墙的特征之一，是其明显的捏缩效应。捏缩效应可以选用单轴材料 Pinching4 来模拟。Pinching4 材料模型首先定义荷载-位移关系的骨架曲线，在荷载-位移关系曲线的第一象限和第三象限分别利用包含原点的 4 个点进行定义。这样就可以把骨架曲线以四段折线的代替。接下来通过调节 Pinching4 单元的三个特征参数来定义捏缩特性，就可以实现捏缩效应的模拟。

对于普通螺栓连接的钢木混合结构，由于其存在初始滑移，引入 ElasticPPGap 材料来模拟初始滑移，ElasticPPGap 材料特性是只拉不压或只压不拉，将它与 Pinching4 材料进行弹簧串并联（Series 和 Parallel 材料），即可实现对其滑移木剪力墙的模拟。

对于高强螺栓连接的钢木混合结构，直接通过 Pinching4 材料和它的轻型木剪力墙骨架曲线，即可实现对其模拟。

参考文献

［1］李征．钢木混合结构竖向抗侧力体系抗震性能研究［D］．上海：同济大学土木工程学院，2014.

［2］马仲．钢木混合结构水平向抗侧力体系抗震性能研究［D］．上海：同济大学土木工程学院，2014.

［3］董文晨．钢木混合体系中钢框架与轻型木剪力墙连接形式及结构性能研究［D］．上海：同济大学．2017.

［4］何敏娟，FrankLam，杨军，张盛东．木结构设计［M］．北京：中国建筑工业出版社．2008.

［5］丁成章．轻钢（木）骨架住宅结构设计［M］．机械工业出版社．2005.

［6］《中国建筑耗能研究报告（2016）》发布［J］．暖通空调，2016，(12)：148.

［7］林宪德．绿色建筑：生态·节能·减废·健康［M］．北京：中国建筑工业出版社，2011.

［8］田慧峰，张欢，孙大明．中国大陆绿色建筑发展现状及前景［J］．建筑科学，2012，28（4）：1～7.

［9］马维娜，梅洪元，俞天琦．我国绿色建筑技术现状与发展策略［J］．建筑技术，2010，41（7）：641～644.

［10］汪光焘．大力发展节能省地型建筑，建设资源节约型社会［J］．中国建设信息化，2006（8）：9～11.

［11］陈忠范．高层建筑结构［M］．东南大学出版社．2008.

［12］Rosowsky D V，Ellingwood B R．Performance-based engineering of wood frame housing：Fragility analysis methodology［J］．Journal of Structural Engineering，2002，128（1）：32～38.

［13］Rosowsky D V．Reliability-based seismic design of wood shear walls［J］．Journal of Structural Engineering，ASCE，2002，128（11）：1439～1453.

［14］中华人民共和国国家标准．建筑抗震设计规范（GB 50011—2010）（2016 年版）［S］．北京：中国建筑工业出版社，2016.

［15］American Society of Civil Engineers．ASCE 7-05 Minimum design loads for buildings and other structures［S］．Washington DC：American Society of Civil Engineers，2005.

［16］Chopra A K．结构动力学理论及其在地震工程中的应用［M］．北京：高等教育出版社，2007.

［17］Chopra A K，Goel R K．Capacity-demand-diagram methods for estimating seismic deformation of inelastic structures：SDF systems［R］．Berkeley：Pacific Earthquake Engineering Research Center，No．PEER-1999/02，1999.

［18］王希珺．钢木混合结构设计方法研究［D］．上海：同济大学．2017.

［19］冯鹏，强翰霖，叶列平．材料、构件、结构的"屈服点"定义与讨论［J］．工程力学，2017，34（3）：36～46.

［20］Karacabeyli E，Ceccotti A．Quasi-static reversed-cyclic testing of nailed joints［C］．Proc．Int．Council for Build．Res．Studies and Documentation，Working Commission W18-Timber Structure，Meeting 28，Copenhagen，Denmark，1996.

［21］Ceccotti A．Timber connections under seismic actions［J］．Timber engineering-STEP 1. 1st Edition，1995，1（1）：C17.

［22］Timber evaluation of mechanical joint systems-part 3：earthquake loading［S］．Melbourne：Commonwealth Scientific and Industrial Research Organization，1996.

［23］ASTM E 2126-05．Standard test method for cyclic（reversed）load test for shear resistance of walls for buildings［S］．Pennsylvania：American Society for Testing and Materials，1996.

［24］Yasumura M，Kawai N．Estimating seismic performance of wood-framed structures［C］．Proceedings of 1998 I．W．E．C．，Switzerland，1998：564～571.

[25] GB 50068—2001. 建筑结构可靠度设计统一标准 [S]. 北京：中国建筑工业出版社，2001.
[26] 中华人民共和国国家标准. 钢结构设计标准（GB 50017—2017）[S]. 北京：中国建筑工业出版社，2017.
[27] 曲哲，叶列平，潘鹏. 建筑结构弹塑性时程分析中地震动记录选取方法的比较研究 [J]. 土木工程学报，2011，44（7）：10～21.
[28] Vamvatsikos D，Cornell C A. Incremental dynamic analysis [J]. Earthquake Engineering & Structural Dynamics，2002，31（3）：491～514.
[29] Vamvatsikos D，Cornell C A. Incremental dynamic analysis [J]. Earthquake Engineering & Structural Dynamics，2002，31（3）：491～514.
[30] 杨志勇，黄吉锋，田家勇. 罕遇地震弹塑性静、动力分析方法中结构阻尼问题探讨 [J]. 地震工程与工程振动，2009，29（6）：115～120.
[31] Bezabeh M A，Tesfamariam S，Stiemer S F. Equivalent viscous damping for steel moment-resisting frames with cross-laminated timber infill walls [J]. Journal of Structural Engineering，2016，142（1）：1～12.
[32] Gulkan P，Sozen MA. Inelastic responses of reinforced concrete structures to earthquake motions [J]. Journal of the American Concrete Institute，1974，71（12）.
[33] 何敏娟，罗琪，董文晨，董翰林，李征. 钢木混合结构体系抗震性能试验研究 [J]. 中国土木工程学会 2017 年学术年会论文集，2017：210-231.
[34] Dwairi H M，Kowalsky M J，Nau J M. Equivalent damping in support of direct displacement-based design [J]. Journal of Earthquake Engineering，2007，11（4）：512～530.
[35] 柳炳康，沈小璞. 工程结构抗震设计（第 3 版）[M]. 武汉：武汉理工大学出版社. 2012.
[36] Guo J W W，Christopoulos C. Performance spectra based method for the seismic design of structures equipped with passive supplemental damping systems [J]. Earthquake Engineering & Structural Dynamics，2013，42（6）：935～952.
[37] 中华人民共和国国家标准. 木结构设计标准（GB 50005—2017）[S]. 北京：中国建筑工业出版社，2017.
[38] ASTM E 2126-05. Standard test method for cyclic（reversed）load test for shear resistance of walls for buildings [S]. Pennsylvania：American Society for Testing and Materials，1996.
[39] Van Beerschoten W，Newcombe M P. The effect of floor flexibility on the seismic behaviour of post-tensioned timber buildings [J]. 2010.
[40] Baldessari C. In-plane behaviour of differently refurbished timber floors [D]. University of Trento，2010.
[41] Li S，He M，Guo S，et al. Lateral load-beariing capacity of wood diaphragm in hybrid structure with concrete frame and timber floor [C]//World Conference on Timber Engineering. Trentino：Curran Associates. 2010：3404～3411.
[42] 何敏娟，马仲，马人乐，李征. 轻型钢木混合楼盖水平荷载转移性能 [J]. 同济大学学报自然科学版，2014，42（7）：1038～1043.
[43] Cohen G L. Seismic response of low-rise masonry buildings with flexible roof diaphragms [D]. Austin：The University of Texas at Austin，2001.
[44] 李硕. 混凝土与木混合结构抗震性能研究 [D]. 上海：同济大学，2010.
[45] 上海市城乡建设和交通委员会. DG/TJ 08-2059-2009. 轻型木结构建筑技术规程 [S]. 上海：上海市建筑建材业市场管理总站，2009.
[46] Federal Emergency Management Agency. FEMA 273. Nehrp guidelines for the seismic rehabilita-

tion of buildings [S]. Washington, D. C.: FEMA in furtherance of the Decade for Natural Disaster Reduction, 1997.

[47] Federal Emergency Management Agency. FEMA 356. Prestandard and commentary for the seismic rehabilitation of buildings [S]. Washington, D. C.: Kris Ingle, 2000.

[48] ASCE. ASCE/SEI 41-06. Seismic rehabilitation of existing buildings [S]. Virginia: American Society of Civil Engineers, 2007.

[49] New Zealand Society for Earthquake Engineering. NZSEE. Assessment and improvement of the structural performance of buildings in earthquakes [S]. Wellington: NZSEE, 2006.

[50] Standards Association of New Zealand. NZS 3603. Timber structures standards [S]. Wellington: Standards New Zealand, 1993.

[51] Peralta D F, Bracci J M., Hueste M B D. Seismic behavior of wood diaphragms in pre-1950s unreinforced masonry buildings [J]. Journal of Structural Engineering, 2004, 130 (12): 2040~2050.

[52] Wilson A., Quenneville P., Ingham J. Assessment of timber floor diaphragms in historic unreinforced masonry buildings [C]//The 1st International conference on structural health assessment of timber structures. Portugal, 2011.

[53] Cohen G. L. Seismic response of low-rise masonry buildings with flexible roof diaphragms [D]. Austin: The University of Texas at Austin, 2001.

[54] Christopoulos, Constantin. Principles of passive supplemental damping and seismic isolation [M]. Italy: IUSS Press, 2006.

[55] ISO 16670. Timber structures-Joints made with mechanical fasteners-Quasi-static reversed cyclic test method [S]. Geneva, Switzerland. 2003.

[56] Daňa J. Lebeda. The effect of hold-down misplacement on the strength and stiffness of wood shear walls [J]. Practice Periodical on Structural Design & Construction, 2005: 79-87.

[57] 中华人民共和国行业标准. 建筑抗震试验方法规程(JGJ 101—96)[S]. 北京:中国建筑科学研究院. 1997.

[58] 杨扬. 多层钢木混合结构抗震性能研究 [D]. 上海:同济大学土木工程学院. 2015.

[59] 中华人民共和国国家标准. 建筑结构荷载规范(GB 50009—2012)[S]. 北京:中国建筑工业出版社, 2012.

[60] 梁兴文,黄雅捷,杨其伟. 钢筋混凝土框架结构基于位移的抗震设计方法研究 [J]. 土木工程学报, 2005, 38 (9): 53~60.

[61] Calvi G M, Sullivan T J. A model code for displacement-based seismic design of structures: draft issued for public comment [C]. Pavia, Italy: IUSS Press, 2009.

[62] Sullivan T J, Lago A. Towards a simplified direct DBD procedure for the seismic design of moment resisting frames with viscous dampers [J]. Engineering Structures 35, 140~148.

[63] Canadian Wood Council (CWC). Wood design manual [M]. Ontario: Canadian Wood Council, 2010.

[64] 周楠楠. 强震区轻型木结构房屋抗震性能研究 [D]. 上海:同济大学, 2010.